简明自然科学向导丛书

神奇的新材料

主 编 蒋民华

U0289229

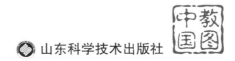

山东科学技术出版社

前言

　　材料是人类文明的物质基础，是社会进步的先导。材料的使用与发展标志着人类进步的里程，现代高技术发展和材料的发展紧紧相连，一种新材料的突破往往孕育一系列新技术的诞生和发展，甚至会引起一个重要领域的技术革命。

　　材料是人们用以制造有用物件的物质。材料的获得、质量的改进和使之成为人们可以利用的构件或器件都离不开生产工艺和制备技术。因此，人们往往把"材料科学"与"工程"相提并论，称为"材料科学与工程"。尽管人类利用材料的历史悠久，但研究材料的学科真正成为科学仅是近半个世纪以来的事。材料科学与工程是关于材料组成、结构、制备工艺与其性能及其使用过程之间相互关系的知识开发和应用的科学。材料科学是多学科交叉的新兴领域，材料科学与工程密切相关，且有很强的应用目的。

　　材料的种类繁多，从石器时代、青铜时代、工业革命的钢铁时代，直至今日基于半导体材料广泛应用和发展的信息时代（有人将其称为硅时代），都有大量重要的材料得到发展，如何恰当地选择所介绍材料的种类和内容，是摆在本书作者面前首要的问题。

　　材料有不同的分类方法，习惯上人们将材料分为传统材料（也称为基础材料）和新材料（也称为先进材料）两大类。如钢铁、水泥一类传统材料，是诸多支柱产业的基础，是人类社会、国民经济可持续发展的决定因素；而新材料则是高技术产业的基础和先导，许多与社会进步、国家安全的重要技术的发展都是建立在新材料发展基础上的。两类材料都必须给予同等的重视。不重视基础材料，会制约支柱产业的发展，乃至影响人类生存空间；不重视先进材料,高技术产业必然落后,跨越式发展和小康社会的建立就无从谈起。因此,为了进一步提高人们对于材料的认识,我们在选材方面充分兼顾了这两个重要方面。鉴于人们对于传统材料的认识和了解多于先进材料,在实际介绍中,新材料的篇目多于传统材料。即使在介绍传统材料的章节中,我们也重视了传统材料的发展及其新的应用和前景。因为从某种意义上说,在先进材料和传统材料之间并没有严格的界线,因运用高技术而获得发展的传统材料也可称为先进材料,而先进材料的应用时间长了,也就成了传统材料。

另一个摆在本书作者面前的是如何处理好专业和普及的关系问题。撰写本书的作者,大多是从事材料科学与工程教学和科研多年的教师和研究人员,尽管对材料科学与工程相关领域有很好的基础知识和很深的学术造诣,但要写出既能给出严格正确的科学定义和知识,又通俗易懂、耐人寻味的科普文章,却也是一件不容易的事情。本书作者经多次讨论,相互切磋,几易其稿,精益求精,终于给读者送上一部具有初中文化水平以上可理解,又可满足有较高水平科技人员学习先进知识和成果的科普读物。

当然,尽管我们对于本书的各个方面都做了较细致的考虑和努力,但囿于各作者专业背景和个人文风的差异,仍难免会存在一些错漏,我们企盼读者提出宝贵意见。

我们愿借本书出版的机会,使材料科学与工程这门新兴的科学技术为更多的人所了解,也会有更多的人,特别是青少年能满怀热情地关注和投入这一前程远大的事业。

编　者

目录

三、无机非金属材料

四、有机高分子材料

五、复合材料

六、功能材料

九、生物医用材料

十、纳米材料

十一、建筑材料

十二、生态环境材料

一、材料科学基础

材料与材料的发展史

人们常说,材料是人类文明的物质基础。那么,材料到底是什么呢？答案很简单:材料就是可以制造有用物件的物质。材料无处不在:我们穿的衣服是由各种布料缝制起来的;我们住的房屋是由各种建筑材料(大部分由人工合成)建成的;窗户上的玻璃、吃饭用的餐具、我们使用的手机、乘坐的汽车、家里的电器等等,都是由各种各样的材料制成的。小到简单的缝衣针,大到复杂的航天飞机,都离不开材料这一基础物质。也可以说,材料是人类用来制造物品、器件、构件、机器或者各种其他产品来满足多种需要的物质。材料是物质,但并不是所有物质都可以称为材料,一般而言,燃料和化学原料、食品和药物等通常都不划入材料范畴。材料总是与一定的用途相联系,由一种或者若干种物质构成。同一种物质,由于制备方法或者加工方法不同,可成为用途迥异的不同类型和性质的材料。

材料是人类进步的里程碑,从一定意义上讲,人类的历史可以说就是人类利用材料的历史。在历史中,每一种重要材料的发现、发明和利用,都会把人类支配和改造自然的能力提高到一个新的水平,给社会和生活带来重大的变革,把人类的物质文明和精神文明向前推进一步。

早在100多万年前,古人类开始直接利用石头做工具,这标志着旧石器时代的开始。大约1万年以前,人类开始知道对石头进行加工,使之成为更精致的器皿和工具,从而进入新石器时代。中国在8 000年前就开始用蚕丝织造绸缎而成衣,印度人在4 500年前就开始培植棉花纺纱织布以制装,绸缎和棉布作为材料,使人们不再以树叶兽皮蔽体,不但能御寒,而且可以体面地生活。在远古时代,人们学会了采用黏土来制作陶器,加之火的应用,从而烧肉煮饭而熟食,得到丰富的养分,增强了体能,促进了人类的健康发展。在新石器时代,人类已经知道利用天然的金和铜,但是因为天然金和铜尺寸小、数量少,不可能成为普遍使用的材料。直到人类在寻找石料的过程中认识了矿石,在烧制陶器的过程中又炼出了铜,炼铜技术的发明,使人类进入了青铜器时代。这是人类大量使用金属的开始,也是人类文明发展的重要里程碑。在青铜器时代,用青铜铸鼎造工具、制刀枪剑矢,促进了生产力的发展和国家的建立。在大约公元前2世纪,我国劳动人民发明了炼铁技术,开始利用铁器。铁矿石比铜矿石多得多,铁器硬度高,以铁炼钢,钢铁制品品种多、应用广,铁工具要比青铜工具更为实用,铁器的制造成本远低于铜制品。从此,人类进入铁器时代。我国出土的人工铁制品表明:我国生铁冶炼技术遥遥领先于同时期的世界其他地区,特别是铸剑术名传天下,干将、莫邪名剑传千古。铸铁、炼钢技术的发明促进了生产力的发展和人类文明。这些技术在大约公元6世纪先后传到了东亚和北欧,推动了整个世界文明的进步。18世纪蒸汽机的发明和19世纪电动机的发明,新品种材料的开发、利用和规模生产突飞猛进。例如,转炉和平炉炼钢术的发明,使世界钢产量从1850年的6万吨突增到1900年的2 800万吨,到如今,仅我国的钢铁年产量就远远超过亿吨。钢铁工业是整个现代工业的基础,钢铁的发展大大促进了机械制造、铁路交通各项事业的发展。不同类型的特殊钢相继问世,以及有色金属(如铝、镁、钛)的利用,加之很多稀有金属相继被发现,从而使金属材料在20世纪占据了结构材料的主导地位。到20世纪初,随着化学的发展,西方科学家仿照中国丝绸发明了人造丝。从此,人类不再单一依靠天然纤维制衣保暖,这是人类发展新材料的又一里程碑。如今,世界人工合成高分子材料产量达1亿吨以上,体积已经超过了钢材。有些发达国家年产高分子的体积已经超过了钢的两倍。到20世纪50年代,人类用特殊方法制造出了一系列先进陶瓷,它们资源丰富,材料具有比重小、耐高温、耐磨的特点,发展前途广阔。先进陶瓷已成为近几十年材料科学中非常活跃的研究领域。复合材料是20世纪后期发展起来的另一类材料,生活中就有很多复合材料的例子,人们很早就会在泥巴中加入麦秸用来建造房屋,现在人

们把钢筋和水泥复合在一起建造高楼大厦。近几十年来,复合材料的发展也是日新月异,种类繁多的复合材料不断地改善着人类的生活。

除了结构材料,各种现代功能材料也使人们的生活发生根本改变,如硅单晶的发明和大规模集成电路的应用,使计算机技术得到极大发展。1960年,激光技术的发明、大量光电功能材料的应用以及光通信技术的发展,使人类进入信息社会,人们常常用"地球村"来形容我们现在的距离和联系,这都是由于功能材料的发展和应用带来的变化,我们将在后面做专门介绍。

从以上的简单介绍,我们可以清楚地了解材料在现代社会中不可或缺的重要作用。

材料的重要性

材料既是人类社会进步的里程碑,又是现代文明的物质基础。新材料的研究开发与应用反映着一个国家的科学技术与工业水平,新材料的研制开发与应用和一个国家的创新能力及工农业、军事实力的增长密切相关。

中国的桥梁技术是世界闻名的,我国古代赵州桥、苏州的枫桥、宝带桥都是用石材修起的拱桥,至今仍为人们传达关于千古传情的遐想。然而,现代工业的发展,钢铁、吊索的制作,现代中国建设了无数新的桥梁,从各种形式的立交桥,到杭州海湾大桥、青岛的胶州湾大桥,钢铁和水泥材料建成的大桥让千万辆汽车穿梭其上。秦砖汉瓦构筑了中国建筑业的基石,从秦始皇的阿房宫到故宫太和殿的金碧辉煌,诉说着中国古代建筑的成就,而现代城市拔地而起的高楼大厦,黄浦江畔的金茂大厦、东方明珠和广州塔,正在显示新型建筑材料发展的作用。古代人们幻想着飞天、嫦娥奔月只能在梦想中依靠仙药来实现,而人类登上月球的航天飞船的发展在很大程度上是建立在航天新材料发展基础上的。

结构材料的发展在人类文明的前进中起着关键作用,功能材料的发展在现代科技中更占有举足轻重的位置。

在电子技术的发展过程中,新材料的研制与开发起着举足轻重的作用。在 20 世纪初到 40~50 年代,收音机、电视机、电子计算机的发展都是电子管发明的结果,随后发明的半导体晶体管,使得电子设备朝小型化、轻量化发展,并且使器件的可靠性提高,寿命延长。20 世纪 50 年代发展起来的集成电路技术的发展速度十分惊人,以硅单晶为主的半导体材料的发展使得计算机等电子设备的性能有了质的飞跃。

1966 年,英籍华裔工程师高锟提出,当光纤传输损耗足够小的时候可以实现光通信,经过 10 年的努力,终于试验成功了世界上第一条光纤通信线路。由于光纤造价低、传输信息的容量大、中继站少、保密性强、抗干扰,所以光纤通讯发展迅猛,在几十年内,从连接各大陆的海底电缆到很多城市和家庭都遍布了光缆,成为现代信息高速公路和信息网络化的重要组成部分,光纤通信使整个地球变成了一个"大村落"。

磁性材料用途十分广泛,是现代社会不可或缺的材料之一。收音机、电视机、电子计算机和其他通信设备都离不开磁性材料。磁性材料在电动机、发电机和变压器中也占有很重要的地位。磁性材料又分为硬磁材料和软磁材料,由于新磁性材料的损耗更小、磁能积更大,所以应用更为广泛。新磁性材料的应用给我们的生活带来了巨大的变化,例如 20 世纪 80 年代出现的钕铁硼铁氧体,磁能积比钢高 100 倍,它的应用使得音响设备体积变得更小,电机的功率则大大提高。

超导技术是人们努力发展的另一种技术,它可以让电流在没有任何损耗的状态下传输,这样可以将电力输送到更远的地方。但是由于超导材料的临界温度都比较低,还未能达到工业化的要求,高温超导体的研究成为科学研究的重点。超导技术的引入将使很多领域发生飞跃式的发展,如超导量子干涉器有很高的灵敏度,可以测出很微弱的磁场,如果将其装在卫星或者飞机上,既可以探测矿藏的分布,也可以在生物学领域检测生物磁场;如果将超导材料用于制造磁悬浮列车,列车的速度可以大大提高,而震动和噪音可以减少到最低限度;超导材料可以制成磁流发电机和受控热核反应装置的重要部件。航空航天技术是人类现代文明的又一重要标志。20 世纪 40年代,喷气式飞机就是在高温材料和高性能材料的应用基础上发展的,特别是高温合金的不断发展,使得涡轮温度不断提高,提高了歼击机的性能,而且为大型客机的安全和有效负载的提高、连续飞行时间和发动机寿命的延长提供了可能。航天与卫星的发展是科学技术现代化的标志之一,航天器特别需要耐超高温、抗辐射、耐离子云以及原子氧侵蚀等的材料,而且对材料的硬度和强度要求更为苛刻,因为航天飞行器每减少 1 000 克,便可以使

运载火箭减少 1 吨的质量。导弹和火箭的上级结构质量减少 1 000 克,将增加射程接近 3 000 米,材料对航天技术是多么重要啊!

材料的分类

现代材料的种类繁多,材料的分类方法也多种多样,最普遍的是按照材料的组成、结构特点,将材料分为金属材料、无机非金属材料、有机高分子材料(常称高分子材料)和复合材料四大类别,每一大类又可分为若干小类。

事实上,这种分类方法是十分粗略的。例如黑色金属是钢铁一类物质的总称,而钢和铁的区别主要在于其以铁为主的材料中碳元素的含量不同,铁有生铁、熟铁之分,钢又可分为碳素钢、合金钢、特种钢等。在钢铁中所添加杂质的种类组分不同,性能差异很大。生铁杂质含量较高,坚硬,但脆性高。而钢的机械性能和工艺性能优于生铁,某些特种金属元素的加入,又可以进一步改变其性质,使其符合人们不同用途的需求。但是长期以来,由于历史和学科发展的进程,人们普遍接受了这样的分类。

除了将材料分成上述四大类外,还有其他的分类方法,如根据材料的使用目的以及对性能要求的特点,可以将材料分为结构材料与功能材料两大类。结构材料是以材料的力学性能为基础,用以制造受力构件所用的材料。当然,结构材料对物理或化学性能也有一定要求,如热导率、抗辐照、抗腐蚀、抗氧化等。功能材料则主要是利用材料特有的物理、化学性质或生物功能。利用材料物理性能的功能材料有电子材料、光电材料、半导体材料、磁性材料、导电材料、磁性材料、光学材料等;利用其化学性能的功能材料有储氢材料、生物医用材料、环境材料等。

通常,也可以将材料分为传统材料和新型材料。传统材料是指那些已经成型且在工业中批量生产并大量应用的材料,如钢铁、水泥、塑料等,这类材料由于用量大、产值高、涉及面广泛,又是很多支柱产业的基础,所以又称为基础材料。新型材料(先进材料)建立在新思路、新概念、新工艺、新检测技术的基础上,以材料的优异性能、高品质、高稳定性参与竞争,是具有优异性能和应用前景的一类材料,属高新技术的一部分。新型材料与传统材料之间并没有明显的界限,它们是互相依存、互相促进、互相转化、互相替代的关系。传统材料通过采用新技术,提高技术含量,提高性能,大幅度增加附加值,就可以成为新型材料;新材料在经过长期生产与应用之后也就成为传统材料。传统材料是发展新材料和高技术的基础,而新型材料又往往能推动传统材料的进一步发展。

本书的材料分类方法综合考虑了上述几种分类方法的特点,同时兼顾山东省材料科学研究的实际情况和材料研究的发展方向,将材料分为以下几大类:金属材料、无机非金属材料、有机高分子材料、复合材料、功能材料、半导体材料、人工晶体材料、纳米材料、生物医用材料、建筑材料、生态环境材料。这样的分类方法既考虑到传统的材料分类方式,又新增了按使役行为的分类;考虑到山东省晶体材料研究多年来已形成自身鲜明的特色,将人工晶体材料单独列出;纳米材料科学与技术是当今材料领域研究的热点,独立成章来加以介绍,更能给大家一个比较清晰全面的认识;而构建和谐社会、保护自然环境则涉及我国的基本国策,于是将生态环境材料部分也重点加以介绍。

材料的结构与性能

璀璨夺目、价值连城的金刚石和黑漆漆的石墨是"同宗兄弟",它们都是由碳元素组成的,只不过是碳与碳之间结合的方式不同而已。对金刚石而言,碳原子是以类似于金字塔的四面体方式结合在一起的,碳与碳之间的键连接贯穿整个晶体,各个方向都结合得十分完美,它是迄今为止天然存在的最硬的材料;而石墨是以平面六边形的层型结构堆积而成的,层与层之间存在着较弱的相互作用力,所以石墨就十分柔软,并且石墨层容易脱落。除了用来制作常见的铅笔芯之外,石墨还是良好的固体润滑剂。为什么"同宗兄弟"的差别会如此之大呢?要解答这个问题,还得从材料的结构与性能之间的关系着手。但仅此仍然不够,如果抛开材料的制备和材料的设计单纯讨论结构与性能的关系,容易造成片面性。我们必须全盘考虑材料结构、性能、制备和设计这四大方面之间的内在联系。

大家都知道,埃及的金字塔虽然经历了几千年的风风雨雨,但是仍然屹立在北非的沙漠中,它的稳定性大家是有目共睹的,上面也提到正是金刚石有这种"金字塔式"的四面体结构,才使得它成为世界上最硬的材料。其实在材料科学领域本身也存在着一个"金字塔",只不过这个金字塔的 4 个顶点

分别是材料的结构、材料的性能、材料的制备、材料的设计(以材料的表征与分析为基础)。这 4 个方面覆盖了材料科学领域的方方面面,凝练了材料科学领域的全部内涵,它们相互依存,缺一不可。材料的制备是这个金字塔的基础,材料不能制备,材料的结构与性能就无从谈起,材料的结构决定着材料的性能,材料的性能反过来又制约着材料的设计和制备,只有性能优良的材料才具有强大的生命力,应用驱动是探索新材料永不枯竭的动力源泉。

材料的结构是材料的组成单元(原子或分子)之间相互吸引和排斥作用达到平衡时的空间排布方式。从宏观到微观,材料的结构可分成不同的层次,即宏观结构、显微结构和微观结构。宏观结构是用肉眼或放大镜能够观察到的材料结构状态,通常是指毫米级及其以上尺度范围以内的结构状况,如材料中的晶粒尺寸、气孔、宏观裂纹等。显微结构又称亚微观结构,是借助于光学显微镜和电子显微镜才能够观察到的晶粒、物相的集合状态或材料内部的微区结构,其尺寸为 $10^{-7} \sim 10^{-4}$ 米。比显微组织结构更细的一层结构即微观结构,包括原子和分子的结构以及原子和分子的排列结构。由于一般分子的尺寸很小,故将分子结构排列列为微观结构。

材料的性能取决于材料自身的结构,了解材料的结构是了解材料性能的基础。材料内部的结构与材料的化学组成及外部条件密切相关,因此,材料的性能与其化学组成及外部条件也是密切相关的。在材料的组成单元中,各个原子通过化学键结合在一起组成固体材料。各类材料,当键的结合方式不同,如为离子键、共价键、金属键或氢键时,便具有不同的结构和特性。因此,金属材料、无机非金属材料、高分子材料的差异本质上是由不同的元素和以不同的键合方式造成的。

材料的性能包括材料的使用性能和工艺性能。使用性能是指材料有效、可靠地进行工作时所必须具备的性能,包括物理性能、化学性能和力学性能(机械性能)。工艺性能是指材料对各种成型、加工、处理等工艺的适应能力,或者说是用某种工艺方法对材料进行成型、加工、处理等,使之达到所要求的形状、尺寸和性能的难易程度。

材料的制备

目前,世界上可供人们使用的材料不计其数,材料的发展日新月异,几乎每天都有新材料、新产品问世。在材料科学中,制备工艺和技术显得尤为重要,它涉及一种材料是否有用,能否制成物美价廉的可用物件的关键问题。材料制备的内容十分丰富,既包括了诸如现代大钢铁采用的冶炼、铸锭、轧制等技术,也包括了制备半导体集成电路所需的单晶生长、分子束外延、金属有机化合物气相沉积制备薄膜等,同时也包括了制备各种微纳材料乃至量子点、量子线的近代制备技术。从微观、介观到宏观,从制备高纯单一元素材料到多种材料的复合,各种制备方法,包括物理的、化学的、机械加工的各种方法综合应用,对于新材料的研究、应用乃至实用化起着决定性的影响。新的制备方法促进了新材料的发展,而新材料的发展又往往带动了材料制备技术的发展。在现代科技的发展中,新材料和新制备技术密不可分,如光子晶体就是由材料制备新技术所制备的自然界不存在的全新的人工材料。材料制备技术促进材料之例处处皆在,下面我们举几例加以说明。

铝是大家熟知的一种金属,我们天天都和铝制品打交道,但是,由于铝是一种比较活泼的金属,自然界中只有氧化铝存在,并不存在单质铝。直到1854年,法国化学家德维尔发明了一种可以较大量地获得铝的技术。他用比铝更活泼的金属钠夺取氧化铝中的氧而获得铝。这种方法十分昂贵,在当时每千克铝的售价竟高达 1 200 元以上,使铝成为像黄金一样昂贵的金属,以至于法国国王宴请大臣们的时候自己使用铝制餐具,而大臣们则使用黄金或白银餐具。

1886 年,英国一名 22 岁的青年学生霍尔与法国一名与他同龄的年轻化学家埃罗在两个不同的实验室几乎同时发明了一种新的炼铝技术。他们发现,虽然氧化铝的熔点非常高(2 150℃),但是在氧化铝粉末中加入冰晶石粉末,可以使其熔点大大下降。他们将这种混合物融化,通以电流,结果纯铝就在阴极上沉积下来。

霍尔、埃罗的炼铝方法使铝成为一种比较便宜的金属。这种方法几经改进,使铝的价格不断降低,产量逐年提高。现在,铝及铝合金已经成为一种用量仅次于钢铁的家喻户晓的金属材料。

提到金刚石,大家都知道它是一种价值连城的宝石。一颗 0.2 克(1 克拉)重的粉红色天然金刚石价值约 120 万元。从古到今,人们都把美丽的天然金刚石加工成贵重的装饰品。在古代,钻石被镶嵌到王冠和权杖上,是财

富和权力的象征。

科学研究表明,金刚石和石墨的成分都是碳,它们是碳的两种同素异形体。1799 年,法国化学家摩尔沃曾经成功地把一颗金刚石转变为石墨。虽然这项发明没有实用价值,但是它的科学意义是证明了金刚石和石墨是同素异构的"兄弟"。

金刚石的密度比石墨的密度大 55%,为什么不能对石墨施加压力,迫使组成石墨的原子排列成金刚石所固有的那种紧密排列呢? 科学家经过半个多世纪的不懈努力,在 1955 年发明了一种高温高压新技术,使石墨在高温高压及金属触媒参与下转变成了闪亮的金刚石。目前,人造金刚石的年产量已达 60 亿克左右,人造金刚石工具已经成为机械、材料加工、石油钻探、地质探矿的重要工具。同时,人们也在用人工的方法来制备各种宝石级的金刚石,已经可以得到所有 4 种类型的大尺寸金刚石。我国吉林大学超硬材料的研究发展了这类金刚石的制备装置和技术。

1948 年,美国贝尔实验室的物理学家肖克利、布拉顿和巴丁研制成功了世界上第一只晶体三极管,这一伟大发明为现代信息产业奠定了基础。为此,他们 3 人共同荣获了 1956 年的诺贝尔物理学奖。与这一发明具有同样意义的是同期发明成功的区熔法半导体提纯技术和硅、锗单晶生长技术,以及化学气相法半导体薄膜外延技术。用于制造半导体器件的材料必须具有高纯度,区熔提纯可以使硅、锗半导体内的杂质总含量小于 10^{12},也就是说,在 1 万亿个硅原子中杂质原子的含量不超过 10 个。半导体晶体要求很高的完整性,提拉法单晶技术解决了这一问题。在制造半导体器件之前,必须通过定量掺杂技术在硅片上生长导电机理不同的 N 型和 P 型半导体薄膜。化学气相外延技术的发明实现了这一目标。正因为有了这一系列创新技术,才保证了半导体晶体管和半导体集成电路的高质量,以及生产效率的大大提高,成为新一轮技术革命的"领头羊"。

上述事例说明,材料制备技术是多么重要啊!

材料的表征与分析

材料表征与分析技术是指对材料的化学组成、内部组织结构形式乃至各类原子排列状况及材料基本特性的检测分析技术和手段。它是材料充分发挥作用的前提和基础。早期的材料表征与分析手段简单单一,除简单地称称质量外,基本上是靠能工巧匠的肉眼观察或依靠多年积累的经验对材料做一定的评估。近代科学的发展使这些经验建立在物理、化学理论和实验的基础之上。通过对材料性能的全面分析,掌握材料组分及组织的各种特征,就能为材料的设计、加工提供信息,从而保证材料满足使用的要求。因此,材料性能的测试技术,即对材料组织从宏观到微观不同层次的表征技术,不仅构成了材料生产工厂和实验室鉴定材料产品质量、判断生产工艺是否完善的常规手段,而且成为材料科学技术的一个重要组成部分。

由于一种材料可以有多方面的应用,所以材料的表征也必然是多方面和多样化的,如形貌(即几何学)、力学、热学、光学、磁学、电学、化学、生物学等方面的特征。早期的材料检测仅包括借助化学分析对材料的组成进行元素分析,用肉眼检查材料的完整程度及破坏端口,用简单的机械试验材料的力学性能等。从 19 世纪起,冶金学受到重视,19 世纪末到 20 世纪初,钢的一般成分的化学分析方法已经建立,通过物理性能测定或热分析方法研究相转变也积累了经验。1863 年,英国人索比发明了金相技术,为研究材料中的相组成及显微结构提供了有力的工具。20 世纪 20 年代以后,X 射线衍射分析对材料的结构测定起了重要作用,利用 X 射线可以对材料内部进行"透视"。20 世纪 50 年代,应用电子显微镜及一大批现代显微镜和各种不同的谱仪,对材料的组分、结构以及微观结构做了深入的研究,如位错的存在与运动、表面与界面的结构及作用等研究,澄清了许多关键问题。使材料的表征与分析从微米尺度深入到纳米甚至原子、分子的层次。现在人们可以利用高分辨率电子显微镜或原子力显微镜直接观察和操纵单个原子。现代材料表征与分析技术的进步大大减少了选择、处理和使用材料的盲目性,促进了材料的研究与生产向人工设计的方向迈进。

材料表征与分析技术发展的共同要求是快速、低成本、高灵敏度、适用性强和结果准确,计算机对此将起到重要的推动作用。今后材料表征与分析的发展趋向有以下几个特点:

(1)表征与分析的层次向更细微的尺度发展。随着认识的深入和低微材料的发展,探测更小尺度的要求日益强烈。作为显微表征分析的重要技术——电子显微术和扫描隧道显微技术等新技术和新仪器,已经将发展的

前沿放在对表面及极微细粒子的微观结构观察上。微电子学、纳米材料与技术、金刚石膜等高技术和新材料的发展,也推动检测手段向更细微的层次深入。

（2）随着研究的深入,不仅需要了解材料相对宏观的内部信息,还要深入研究材料的表面、内部的各种界面和特殊微观区域的信息,而且随着材料向低维化的发展,传统的表征方法显然不能满足需要了,因此,相继出现了许多新的方法。例如,实用表面与界面分析技术自 20 世纪 70 年代以来得到迅速发展。

（3）高精尖表征仪器的开发和应用。在材料性能测试中,检测的精细程度很大程度受到仪器水平的限制。因此,表征技术的发展不可忽视高精尖仪器的研制以及相关技术领域成果的借用。近年来,随着传感技术、电子技术、自动控制技术和计算机技术的发展,现代表征技术已进入到以采用计算机控制和数据处理为特征的信息加工阶段,可以更精确、更广泛地采集和利用各种物理效应,对材料的结构和性能进行更科学准确的分析评价。

随着信息技术和材料科学的发展,材料的表征与分析技术必然会有更广阔的发展空间,表征技术将更加科学、精确,更好地揭示材料的物理本质和准确反映材料的行为规律,不断满足新材料研究测试的需求,与新材料开发和应用相互促进、共同发展。

（赵显　蒋民华）

二、金属材料

金属材料

　　说起金属,我们肯定不会陌生。做饭用的不锈钢锅,那里面主要含的是铁。灯泡的发明给我们的黑夜带来了光明,那里面发挥作用的主要是高熔点的金属钨。还有情人之间的定情信物,已经由铜、银、金发展到了现在的铂(白金)。在人类历史上,金属的使用比较晚,原因是金属在自然界中常以化合物的形式出现。

　　金属具有特有的光泽,一般不透明。如我们常见的金呈黄色,铜呈赤红色,还有很多金属呈现银白色光泽。这是因为金属内部有自由电子,受到阳光照射时吸收一定波长的光再反射出来的结果。金属还富有展性、延性及导热性、导电性。金属有延性,是说金属可以抽成细丝,例如白金丝可以拉到直径 2×10^{-4} 毫米。金属的展性是指可以压成薄片,例如 50 克黄金压成的金箔可以覆盖两个篮球场。金属之所以具有延展性,是因为当金属受到外力作用时,金属内原子层之间容易发生相对位移,金属发生形变而不易断裂,因此,金属具有良好的变形性。但也有少数金属,如锑、铋、锰等较脆,没有延展性。

　　各国对金属有不同的分类方法。有的分为铁金属和非铁金属两大类,铁金属指铁及铁合金,非铁金属则指铁及铁合金以外的金属。有时也称铁金属为黑色金属,而称非铁金属为有色金属。

　　黑色金属并不是指黑颜色的金属,而是指铁、锰、铬 3 种金属,它们的单质为银白色。之所以叫黑色金属,是因为钢铁表面常覆盖着一层黑色的四氧化三铁,而且锰和铬主要应用于制造合金钢,所以将铁、锰、铬及它们的合金叫做黑色金属。这样分类,主要是从钢铁在国民经济中占有极重要的地位出发的。

有色金属是指黑色金属以外的金属,大多数为银白色,少数有其他颜色(铜为赤红色、金为黄色)。有色金属有60多种,又可分为4类:

(1)重金属:一般是指密度在4.5克/厘米^{3}以上的金属。例如铜、锌、镍、钨、钼、锑、铋、铅、锡、镉、汞等,过渡元素大都属于重金属。

(2)轻金属:密度在4.5克/厘米^{3}以下的金属。例如钠、钾、镁、钙等。周期系中第ⅠA(除氢外)、ⅡA族均为轻金属。

(3)贵金属:指金、银、铂、铑、钯、铱、钌、锇等8个元素。它们之所以被誉为贵金属,是因为它们的物理、化学性质极其稳定,色泽瑰丽,在人类生活中常被用作贵重首饰或货币,也因为它们具有稳定而优良的性质,在现代高科技中广为应用。但是这些金属在地壳中含量较少,不易开采,价格较贵,所以叫做贵金属。

(4)稀有金属:通常指在自然界中含量较少或分布稀散的金属。它们难以从原材料中提取,因此在工业上制备及应用较晚。稀有金属和普通金属并没有严格的界限,如有的稀有金属在地壳中的含量比铜、汞等金属还要多。

各种各样的金属在我们的生活中发挥着各自的作用,如果没有金属,我们的生活中就没有高楼大厦,没有飞机火箭;如果我们身体中缺少钙、铁、锌等微量元素等,就会发生不适;但是如果我们误食了汞和铅等,就会产生重金属中毒。各种金属都施展着自己的本领,使我们的世界多姿多彩。我们不仅要大力开发好的金属来为我们服务,也要意识到金属可能对人体健康的危害。

工业的骨骼——黑色金属

人们常说:"石油是工业的血液,钢铁是工业的骨骼。"钢铁构建了现代社会的主要框架,离开钢铁,现代社会就会瘫痪。在日常生活中,钢铁是随处可见的,从火车到汽车,从运动场到家庭,随处都可以发现钢铁的身影。

钢铁是黑色金属的主体,黑色金属主要指铁、锰、铬及其合金,如钢、生铁、铁合金、铸铁等。纯净的铁、铬并不是像我们日常生活中见到的颜色,它们是银白色的,而锰呈银灰色。钢铁表面通常会有一层黑色的四氧化三铁,有时还有一层我们称之为"铁锈"的氧化物,锰及铬则主要应用于冶炼黑色的合金钢,这三种金属都是冶炼钢铁的主要原料,所以被称为"黑色金属"。黑色金属的产量约占世界金属总产量的95%。

既然黑色金属家族这么庞大,为了方便,还将它们再分成几类:根据是否含有合金元素来分,钢又可分为碳素钢和合金钢。碳素钢按照冶炼质量又分为普通碳素钢和优质碳素钢;合金钢则有普通合金钢和特殊钢之分。按照用途可把钢分为结构钢、工具钢和特殊性能钢。结构钢主要用于制作结构件及机器零件;工具钢用于制作各种工具件,根据不同用途又可以分为刃具钢、模具钢和量具钢;特殊性能钢是指具有特殊性能的钢,如不锈钢、耐热钢、耐磨钢等。

铁矿和锰矿是我国的主要矿产资源之一,藏在深深的地下等待我们去发现、去开采,使其能够在人们的生活中充分体现自己的价值。那么,我们去哪里能够找到它们呢?

我国黑色金属矿产资源及其分布主要是:

(1)铁矿:我国的铁矿多属贫矿,含铁30%左右,现有铁矿储量400多亿吨,其中,鞍山式变质的沉积铁矿几乎占全部铁矿储量的一半。铁矿资源丰富,但不少矿床组分复杂,不易采选。铁矿资源分布广,但不均衡,华北、东北两个地区的储量占了全国储量的一半之多,其中最集中的地区是辽宁本溪、鞍山、西昌和冀东地区。

目前,我国铁资源比较丰富的大型铁矿区主要有:辽宁鞍山本溪铁矿区、冀东北京铁矿区、山西灵丘平型关铁矿区、山西五台岚县铁矿区、河北邯郸邢台铁矿区、内蒙古包头白云鄂博铁稀土矿、安徽霍丘铁矿、云南滇中铁矿区、云南大勐龙铁矿、湖北鄂东铁矿区、四川攀枝花西昌钒钛磁铁矿、江西新余吉安铁矿区、海南石碌铁矿、甘肃红山铁矿、山东鲁中铁矿区等。

(2)锰矿:我国锰矿储量十分丰富,大多为沉积型或次生氧化堆积型,以碳酸锰矿石和中低品质为主。产地集中于中南、西南两大地区,包括桂、湘、黔、川、滇、鄂等省区,全国主要的锰矿区有:辽宁瓦房子锰矿;福建连城锰矿;广东小带、新椿锰矿;湖南湘潭、民乐、玛瑙山、响涛园锰矿;贵州遵义锰矿;广西八一、下雷锰矿;四川高燕和轿顶山锰矿等。

（3）铬矿：相对于铁矿和锰矿来说，铬矿资源就不是那么丰富了，我国主要的铬铁矿有：新疆萨尔托海、西藏罗布莎、内蒙古贺根山、甘肃大道尔吉等。

黑色金属在我国的发展已经历了十分漫长的时期，历史上有铁器时代之说，是铁资源充分发挥其优势的时期，形成了几个主要特点：加工工艺比较成熟，成本低，加工难度小，强度高，易于回收等。

除此之外，在黑色金属中还有许多"特种队员"，例如汽车发动机和传动系统均由特殊钢制造，发动机气阀弹簧、离合器膜片弹簧等必须采用弹簧钢制成，汽车中的变速箱齿轮、后桥齿轮等必须采用齿轮钢制成，曲轴、连杆、转向节、缸盖螺栓等则一般采用调制钢制造。

为生活增光添色的有色金属

常见的变压器是用铜线绕在硅钢片上制成的，彩电荧光粉则是用稀土元素钇、铕、铽的化合物制成的；在移动电话的电路板上，你会发现金、银、钯、钴、锡等众多金属；稀有金属钽、铌化合物用在手机里做电容器；铟、锡化合物是制造手机、手提电脑、平板电视显示屏的重要材料；用银的化合物做感光剂制成的胶卷，感光速度快，即使在微弱的光线下也能拍出非常清晰的照片；节日的夜晚，五彩缤纷的烟花发出耀眼强光是镁、铝、钛、锆等金属化合物发出的：红光是钾（或锶）、绿光是钡、蓝光是铜等金属的盐类产生的；在高空中高速飞行的喷气式飞机，它的机翼和发动机是用质量轻又结实的金属钛制成的，钛也是制造火箭、导弹、人造卫星、宇宙飞船、坦克、潜水艇、水雷等的重要材料。

这些为我们的生活增光添色的金属都属于有色金属的范畴。在周期表所列的 93 种金属元素中，有 64 种金属属于有色金属，是物质世界的主要"成员"。有色金属因其种类繁多，性能各异，在不同领域发挥着重要作用。

金属铝色泽银白，体轻性软，可拉成纤毫之微的丝，压成 0.005 毫米的膜，且不易生锈，价格便宜。铝合金具有密度低、强度高、耐腐蚀、导电导热性能好以及加工性能好等优良品质，因而发展非常迅速，是航空航天、交通运输、民用等领域不可或缺的重要材料，其用量之多、范围之广仅次于钢铁，成为第二大金属，产量占整个有色金属产量的 1/3 以上。

金属镁的比强度、比刚度高,导热、导电性能好,电磁屏蔽、阻尼性能好,环保且价格低廉,是新世纪最有发展潜力的金属材料之一。目前,全球用于汽车零部件的镁合金用量以每年大约 15% 的速度增长。在笔记本电脑、手机、照相机等电器产品上,镁合金的用量也越来越大。

此外,还有铜、锡、金等其他许多有色金属,也被广泛用于各个领域,其例子举不胜举。

我国有色金属工业发展极快,2003 年,我国 10 种常用有色金属(铜、铝、铅、锌、镍、镁、锡、钛、汞、锑)的产量已飙升到 1 000 万吨以上,成为世界有色金属第一生产大国。国内开发的铝稀土合金锭、镁合金腐蚀阳极、铸造锌合金、干电池锌饼等冶金新产品,铝合金门窗、瓦楞板、百叶带、易拉罐、铝塑复合包装袋、铝轮毂、铝制散热器、太阳能管板集热器、彩色板、空调机散热器铜管等数千个品种、数万种规格的有色金属加工产品,在我国经济与国防建设中发挥着巨大作用。

我国在有色金属高性能材料、新型材料加工技术等方面已取得了重大进展。铝合金新材料的性能大幅度提高,部分高强高韧铝合金、铝锂合金、喷射沉积快速凝固耐热铝合金的性能达到国际先进水平;镁合金新材料的研究水平得到了明显提高,开发了 ZM1～ZM10 等十几个牌号的镁合金,通过细化、净化、微合金化等手段,使铸造镁合金的性能大幅度提高,镁合金铸件、压铸件已应用于汽车和摩托车等领域;钛合金材料形成了具有不同使用温度的高温钛合金;具有不同抗拉强度与塑性、韧性匹配的结构钛合金;具有不同屈服强度的舰船用钛合金和适用不同环境(介质)的耐蚀钛合金等四大系列。我国钛合金的研究水平已大体与国外接近。

今后我国将在有色金属方面大力发展新型功能材料。

重金属

说一种金属是重金属还是轻金属,目前并无严格科学的定义,较流行的有以下几种说法:一是金属比重大于 4.5 克/厘米^3 的为重金属,如金、银、铜、铅、锌、镍、钴、镉、铬和汞等。二是周期表中原子序数大于钙(20)的,即从钪(21)起为重金属。三是有毒金属为重金属。其中,第 3 种说法已被认为是错误的,实际上有毒的重金属主要是指汞、镉、铅、铬以及类金属砷等生物毒性显著的重金属，也指具有一定毒性的一般重金属，如锌、铜、钴、镍、锡等，其中某些元素并没有毒性。

重金属化学性质一般比较稳定。如金和银可用于制造钱币，用金、银、铜三种金属制造的首饰或装饰品也受到人们的青睐。铬、镍、钴等常被加入某些合金中用来改善合金的性能，如在钢铁中加镍常制成结构钢、耐酸钢、耐热钢而大量用于各种机械制造业，加铬用于制造不锈钢，加钴用来制造耐热合金、硬质合金、防腐合金、磁性合金等。还有许多重金属与我们的生活息息相关，如钨的熔点高，被用在灯泡中给我们带来光明；钼加到钢中可使钢变硬，其对植物也是一种很重要的营养素；铬是人体必需的微量元素，在肌体的糖代谢和脂代谢中发挥特殊的作用；涂锡的钢罐具有很好的耐腐蚀性，多用于贮藏食物等。当然，重金属中也有许多有害的例子，如砷的氧化物三氧化二砷，俗称砒霜，是白色含有剧毒的物质，少量误服即会夺去人的生命。

人类为利用自然界的重金属而进行采掘、冶炼、提纯，在这一过程中，可能造成重金属对环境的污染。此外，燃烧重油产生的钒，燃烧汽油（指加有抗爆剂四乙基铅的汽油）产生的铅，焚烧垃圾产生的锌、锡、钛、钡、铅、铜、镉、汞等化合物，施用化肥或农药带来的砷、铅、锰、汞、锌、锡、钼等，也会对环境造成严重污染，对健康造成严重危害。同时，随着全球经济化的迅速发展，含重金属的污染物通过各种途径进入土壤，造成土壤严重污染。土壤重金属污染可影响农作物产量和质量的下降，并可进入食物链危害人类的健康，还导致大气和水环境质量的进一步恶化。进入人体的重金属尤其是有害的重金属，有的会在人体内积累和浓缩，如果超过人体所能耐受的限度，可造成人体急性中毒、亚急性中毒、慢性中毒等危害。日本水俣湾由汞造成的"水俣病"，神通川流域因镉造成的"骨疼病"，就是重金属污染给人体健康带来损害的典型事例。

防治重金属污染，必须严格控制污染源，加强和提高工程技术治理，防止或减少重金属进入环境。这是防治重金属污染的关键和核心。对已排入环境的重金属要作到尽可能地回收再利用，实在不能再利用的要设法固定（如用水泥凝固）或收藏于安全场所。为了防止有害重金属与人体接触，要采取相应的控制和保护措施。对于已受到重金属污染危害的人体，要积极

进行治疗。

铝合金

当你喝饮料的时候,你是否知道自己手中握着的易拉罐是铝合金制造的。看看你的周围,从厨房里洁净的厨具到时尚家电的外壳,从汽车闪亮的轮毂到飞机发动机的活塞,从包装药品的铝箔到漂亮轻便的门窗,无处不在地展示着铝合金的"风范"。在众多的有色金属中,铝合金之所以能获得领头地位,一是它质量轻,比强度、比刚度相对于钢有较大的优势,其弹性模量是钢的 1/3;二是有良好的导热、导电性能;三是有很好的抗大气腐蚀能力,并且无毒;四是几乎可以铸造和加工成任何形状。正是因为有了这么多的优点,铝合金被广泛地应用于建筑和结构业、运输业、容器和包装业、电器工业、航空工业等领域中,成为应用最广的有色合金。

铝合金可分为形变铝合金和铸造铝合金两大类。前者是将合金熔化成铸锭,再经压力加工(轧制、挤压、模锻)成型而得,要求合金有良好的塑性变形能力。后者是将熔融的合金液直接浇入铸型中获取成型铸件,要求合金应有良好的铸造性能,尤其是流动性要好。

就像每个人都有自己的名字一样,铝合金也有自己的代号,那就是它们的牌号。形变(或变形)铝合金按性能特点分为 4 类:防锈铝、硬铝、超硬铝以及锻铝,它们的牌号分别以 LF、LY、LC、LD 开头。防锈铝合金主要属 Al-Mn 系及 Al-Mg 系合金,是不可热处理强化的。该类合金的特点是抗蚀性、焊接性和塑性好,易于加工成型及有良好的耐低温性能,但其强度较低,只能通过冷变形产生加工硬化,且切削加工性能较差。硬铝合金属 Al-Cu-Mg 系,一般含有少量的 Mn,可热处理强化,其特点是硬度大,但塑性较差。超硬铝属 Al-Cu-Mg-Zn 系,可热处理强化,是室温下强度最高的铝合金,但耐蚀性差,高温软化快。锻铝合金主要是 Al-Cu-Mg-Si 系合金,虽加入的元素种类多,但由于含量少,因而具有优良的热塑性,适宜锻造,故又称锻造铝合金。

铸造铝合金的牌号用"铸铝"两字的汉语拼音字首"ZL"及 3 位数字表示。第一位数表示合金类别(如 1 为 Al-Si 系,2 为 Al-Cu 系,3 为 Al-Mg系,4 为 Al-Zn 系)。其中,Al-Si 系铸造合金的应用最广泛,又称为铝硅明。此类合金有优良的铸造性能,热裂倾向小,工业中常用变质的方法改良其力学性能。Al-Cu 系铸造铝合金是工业上最早采用的铸造铝合金,其耐热性居铸造铝合金之首。淬火后的 Al-Mg 系铸造铝合金不仅强度提高,塑性较好,且耐蚀性优异。Al-Zn 系铸造铝合金是最便宜的一种铸造铝合金,该类合金具有良好的铸造性能、切削性能、焊接性能及尺寸稳定性。铸态下就有时效硬化能力,且强度较高,故有"自强化合金"之称,但铸造时吸气及热裂倾向大,尤其是耐蚀性差。

从远古时代走来的金属——铜

在 3 000 年前中国人的祭典中,一种混合着自然界中各类动物的特征组合而成的纹饰——饕餮纹,在熊熊的烈火中,怪兽怒目凝视,咧着大口,露出獠牙,一对锋利的爪子,额上有一对立耳或角,虽见狰狞,却神秘而美丽。而如此珍贵而又神奇的传世宝鼎,便是由我们日常生活中常见的金属铜和锡的合金——青铜制成的。

铜是人类历史上最早使用的金属之一,我国是最早使用铜器的国家之一。约在公元前 8000 年,地中海东岸和美索不达米亚地区已有人使用铜。公元前 5000 年,人类发现了冶炼铜的方法。约公元前 3500 年,居住在美索不达米亚地区的苏美尔人无意中把铜矿石和锡矿石混在一起熔炼而发现了青铜。青铜的出现,使人类由石器时代进化到青铜器时代。在 3 000 多年前的中国,不仅珍贵的艺术雕刻是用青铜器制成的,人们日常生活中的礼器、乐器和兵器甚至喝酒用的酒杯都是用青铜器制成的,由此可见,当时铜在人们生活中的重要性。

金属铜,元素符号 Cu,原子量 63.54,比重 8.92。纯铜呈浅玫瑰色或淡红色,表面形成氧化铜膜后,外观呈紫铜色。铜在地壳中分布极广,总含量不算大(0.01% 质量),居第 22 位,但天然铜有相当数量。铜具有很多优异的物理、化学特性,例如热导率和电导率都很高,化学稳定性好,抗拉强度大,易熔接,具有良好抗蚀性、可塑性、延展性,1 克的铜可以拉成 3 000 米长的细丝,或压成 10 多平方米的几乎透明的铜箔。铜和它的一些合金还有较好的耐腐蚀能力。铜在干燥的空气里很稳定,但在潮湿的空气中表面可生成一层绿色的碱式碳酸铜$[Cu_2(OH)_2CO_3]$,俗称铜绿。高温时铜可被氧化,生成一层黑色氧化铜。铜溶于硝酸和热浓硫酸,略溶于盐酸,容易被碱侵蚀,在一定温度下,铜也能与卤素、硫等非金属反应生成卤化物或硫化物。

今天,铜在我们的日常生活及工业生产中仍然发挥着巨大作用。由于其良好的导电性和耐蚀性,铜广泛用于电器工业上,制作各种电线、电缆和电器设备。可以想象,如果没有铜,我们的世界将陷入一片黑暗和冰冷之中。

此外,铜能与锌、锡、铅、锰、钴、镍、铝、铁等金属形成合金,如黄铜(Cu-Zn)、青铜(Cu-Sn)、白铜(Cu-Ni)等。铜及其合金在机械和仪器、仪表等工业上用来制造各种零件,在国防工业上用来制枪弹、炮弹,在化学工业上用来制造热交换器、深度冷冻装置等。随着人类社会和工业的发展,我们坚信铜这一从远古时代走来的金属必将在人类生活中发挥更大的作用。

"身轻如燕"的镁合金

在众多金属兄弟种族中,镁元素"人口"排行第 6,是地球上金属领域"人口"众多的轻金属元素之一。镁具有良好的"个人"特征:密度小(1.74 克/厘米^3),是铝的 64%、锌的 25% 和钢的 20%,可谓是"身轻如燕";比重轻,比强度和比刚度高,还能很好地运输热量和电。自 1808 年面世到 1886 年现身于工业生产,1929 年高强度 AZ91 诞生以来,镁合金家族在工业应用领域开始大显身手。

镁合金主要有变形镁合金和铸造镁合金两大"家族",两大家族又各有各的长处,活跃在不同的生活空间。变形镁合金一族经过长时间的繁衍发展,出现了 4 条主要"血脉"。① Mg-Mn 族:主要占据飞机蒙皮、壁板、模锻件和要求抗腐蚀性能高的零件等领域。② Mg-Al-Zn 族:价值体现于复杂锻件、导弹蒙皮的生产中。③ Mg-Zn-Zr 族:在飞机内部零件用的挤压制品和锻件上可以看到它们的身影。④ Mg-Th 系列:扮演温度在 350℃ 以下的零件的"生母"角色。铸造镁合金中有一般铸造镁合金、高强度铸造镁合金、热强铸造镁合金"三兄弟"。

镁合金材料要想真正做到物尽其用,还要根据使用需要来选择基体合金,如侧重铸造性能的可选择不含锆(Zr)的铸造镁合金为基体;侧重挤压性能的则一般选用变形镁合金。镁合金材料还可以通过增强体来帮助它们实现自身的价值,增强体要求物理、化学相容性好,尽量避免增强体与基体合金之间的界面反应,润湿性良好,载荷承受能力强等。常见的增强体"帮手"

主要有 C 纤维、Ti 纤维、B 纤维、SiC 晶须、B_4C 颗粒、SiC 颗粒等。

上面我们了解了镁合金的一些"身世",那么,镁合金家族又是如何繁衍生息的呢?

镁合金制备工艺主要有挤压铸造法、粉末冶金法、搅拌铸造法、喷射沉积法、真空浸渍法、压铸法,以及目前仅用于 Mg-Li 基复合材料的薄膜冶金法等。① 挤压铸造法:工艺过程可分为预制块制备和压力浸渗两个阶段。② 搅拌铸造法:可分为全液态搅拌铸造、半固态搅拌铸造和搅熔铸造 3 种。③ 镁基复合材料的制备方法:可分为粉末冶金法、喷射沉积法、真空浸渗法等。④ 冷、热室压铸法:镁合金具有良好的可压铸性,这使得现有镁金属制品绝大部分是压铸件,以便实现大批量、高效率的工业生产。

从目前的发展情况来看,镁合金中比较有发展前途的几个主要成员有:耐热镁合金:主要添加稀土金属和硅;耐蚀镁合金:通过严格控制合金中 Fe、Cu、Ni 等有害物质的含量以及进行表面处理等方法来提高自身的耐蚀性;阻燃镁合金和高强高韧镁合金等镁基复合材料:具有优良的力学和物理性能,与传统金属材料和铝基复合材料等"老前辈"相比,它在新兴高新技术领域中具有更大的应用发展潜力。自 20 世纪 80 年代末以来,镁基复合材料就得到了人们的热切关注。

镁合金具有优良的吸湿能力、流动性、尺寸稳定性、机械加工性能、扰屏蔽性能、阻尼减震等性能,同时,镁合金具有高强度、耐热、阻燃、耐蚀等优点,被广泛应用于航空航天、军用品、交通工具、机械设备、通信设备、办公设备、光学设备、体育用品等 10 多个领域。

前途无量的合金——钛合金

说起钛合金,大家可能不会太陌生,因为它在众多领域中得到了广泛应用,被大家越来越熟悉,有朝一日会像钢铁一样成为工业的"骨骼"。

钛呈银白色,具有光泽,在元素周期表中排行 22,自身化学性质十分活泼。如果想让它熔化,则需要 1 662℃的高温才行,它可是轻金属中的高熔点金属一族,硬度高,抗拉强度为 1 800 牛/毫米^2,可塑性强。钛的密度为 4.54 克/厘米^3,常温下钛为 α 相,呈低温密排六方结构,在 885℃时转变为 β 相,呈体心立方结构。

按性能可以将钛合金分为耐蚀钛合金、耐热钛合金、低温钛合金和高强钛合金，其中，高强钛合金又分为高强度 β 钛合金、高强高温钛合金和高强高韧钛合金。

钛及其合金有很高的强度和比强度、很好的抗腐蚀能力和高低温性能；钛及其合金无磁性，在很强的磁场中不会被磁化；有些钛合金还有一些特殊性质，如 Ti_2Ni 合金是很好的形状记忆材料，而 Nb_2Ti 合金是很好的低温超导材料。

近年来，钛合金行业得到迅速发展，出现了许多新技术：在熔炼方面，有已成功应用于工业化生产的冷床炉熔炼技术；在铸造方面，冷坩埚加离心浇铸技术、真空吸铸和压铸技术；在成型方面，代表性的是激光成型技术和金属粉末注射成型技术。

我们之所以说钛合金是一种前途无量的合金，不但是因为它本身具备的这些个性特点和近年来出现的新技术，而且它在我们日常生活中的应用领域越来越广，范围越来越大。

目前，钛及其合金在航空航天工业、石油、化工、冶金、生物医学和体育用品等领域得到广泛应用，并已成为新工艺、新技术、新设备不可缺少的金属材料。

（1）航空航天工业：据统计，钛在航空航天工业上的应用约占其总产量的 70% 左右，包括军用飞机、民用飞机、航空发动机、航天器、人造卫星壳体连接座、高强螺栓、燃料箱、发动机的压气机、风扇叶片、盘、导向叶片等。代表性的合金有 BT37、NINCT20、NINTi-600、Ti-60、TT15D、NINTi-40、NINTi-26 和 NINTP-650 合金等。

（2）船舶、舰船领域：钛及其合金强度高，耐腐蚀，可用于制造核潜艇的外壳、内部的管道回路系统，以及舰船上的耐压壳体、螺旋桨和桨轴、通海管路、阀及附件、各类管接头、热交换器、冷却器、冷凝器、发动机零部件等。其代表性的合金有 NINTi-B19 和 NINTi-91 合金等。

（3）生物医学领域：目前，医学领域广泛使用纯钛（TA1、TA2）和 Ti-6A1-4V、Ti-5Al-2.5Fe 和 Ti-6Al-7Nb 合金，我国科技人员成功研制出钛制可返转婴幼儿胸骨、肋骨牵开器，经国内 100 家医院在矫治先天性心脏病手术中的临床应用，获得了满意效果。

（4）汽车行业：汽车用钛始于20世纪50年代，近年来得到发展，钛制元件主要有悬簧、曲轴、连杆、阀座和阀门等。它具有降低噪音、振动、刚性等特点，从而提高汽车的使用寿命，增大内部空间等优点。

（5）体育器械行业：目前，在此领域最大的应用是铸造高尔夫球杆头。它具有质量轻、强度高的特点，高强钛合金精铸球头、带钨合金镶块的精铸钛球头、新的阻尼钛合金球头在研制和应用上发展都很快。

（6）化工和能源工业：化工、冶金、造纸、制碱、石油和农药工业是使用钛合金比较早的行业。主要用于耐腐泵、阀门、叶轮、加热器、蒸发器等。

另外，钛及其合金在建筑业、农业、畜牧业、食品业、制药业、核工业、日用消费品、军械和发电设备等领域也得到了广泛的应用，为我们展现了一个非常美好的发展前景，可谓前途无量。

金属间化合物

将铁块放在高温炉中冶炼，我们看到铁块慢慢发红、变软，直至最后熔化成铁水。高温是大多数金属的大敌，金属在高温下会失去它原有的高强度，变得"不堪一击"。然而对金属间化合物来说，却不存在这样的问题。在700～800℃的高温下，大多数金属间化合物只会变得更硬。可以说，在高温下方见金属间化合物的"英雄本色"。

金属间化合物具有的这种特殊性能，与其内部原子结构有关。所谓金属间化合物，是指金属和金属之间、类金属和金属原子之间以共价键形式结合生成的化合物，其原子的排列遵循某种高度有序化的规律。当它以微小颗粒的形式存在于金属合金的组织中时，将会使金属合金的整体强度得到提高，特别是在一定温度范围内，合金的强度随温度升高而增强，这就使金属间化合物材料在高温结构应用方面具有极大的潜在优势。

然而，事物的优劣总是一把双刃剑。伴随着金属间化合物的高温强度而来的是它本质上难以克服的室温脆性。20世纪30年代，在金属间化合物刚被发现时，其室温延展性大多数为零，也就是说，一拉就会断。因此，许多人预言，金属间化合物作为一种大块材料是没有任何实用价值的。然而20世纪80年代中期，美国科学家在金属间化合物室温脆性研究上取得了突破性进展。他们往金属间化合物中加入少量硼，可以使它的室温延伸率提高到 50%，与纯铝的延展性相当。这一重要发现及其所蕴含的巨大发展前景，吸引了各国材料科学家展开了对金属间化合物的深入研究，使之开始以一种崭新的面貌在新材料大世界登台亮相。

作为新型材料的金属间化合物的用途是十分广泛的。它耐高温、抗氧化、耐磨损的特点，使其有望成为航空航天、交通运输、化工、机械等许多工业部门重要的结构材料。除了作为高温结构材料以外，金属间化合物的声、光、电、磁等其他功能也相继被开发，使其成为极具潜力的功能材料，如稀土化合物永磁材料、半导体材料、软磁材料、储氢材料、超磁致伸缩材料、功能敏感材料等。金属间化合物材料的应用，极大地促进了当代高新技术的进步与发展，促进了结构与元器件的微小型化、轻量化、集成化与智能化，促进了新一代元器件的出现。

金属间化合物的应用源远流长，从使用的角度大体上可分为 4 个历史阶段，即利用陨石中 Fe-Ni 的有序合金特性做生产工具的史前阶段；从古代到近代之间的偶然发现阶段，如用 SbSn 硬化锡基和其他低熔点合金做餐具，用 δ-CuSn 做镜子及用 Sn_8Hg 做牙科填料等，这个阶段的特点是对合金的成分及加工技术做优化处理；第 3 个阶段为带有"开明的经验主义"色彩的当代阶段，这个阶段对组成、结构和性能之间的关系，对一些简单体系加工与结构间的关系有了相当充分的了解，通过对金属间化合物组成和加工方法的改善，可以得到与应用相关的综合性能，如 Ni_3（Al、Ti）强化超合金、$Fe_{14}Nd_2B$ 基永磁、$(NbTi)_3Sn$ 多股高场超导螺线管和 NiTi 记忆合金等；当前正在进入合金设计的第 4 个阶段，通过真正的合金设计可得到某项应用所要求的综合性能。汇集有关相图、晶体结构、热力学参数和原子参数等基本数据，借以确定特殊的金属间化合物体系与结构，达到所要达到的目的。

据专家估计，大约存在着 1.1 万种二元金属间化合物，其中大部分还仅通过相图和结晶学研究刚刚有所认识，对其性能知之甚少；真正的三元金属间化合物约有 50 万个，但已知存在的仅占这个数目的 3%；四元金属间化合物理论上有 1 000 万个，目前已知的还不到其中的万分之一。这种情况表明，金属间化合物在数量上尚有巨大的开发潜力，其取得进展的重要途径除要求加大理论指导的力度外，同时，还要利用超塑成型、快速凝固、分子束外延或机械合金化等特种加工工艺产生独特的结构，这对开拓或扩展它们的应用范围将大有裨益。

金属间化合物这一"高温英雄"最大的用武之地将会在航空航天领域，如密度小、熔点高、高温性能好的 Ti-Al 系化合物是潜在的航空航天材料，国外已用于军事领域，具有极其诱人的应用前景。

不锈钢

厨房里没有洗净的铁锅再用时发现生了一层暗红色的锈，真是不方便！众所周知，锈蚀是钢铁的大敌，世界上每年被锈蚀的钢铁约达生产总量的 1/4。不仅如此，因设备锈蚀损坏而引起的产品质量下降，甚至工伤事故，给社会财富和人员安全造成了巨大损失。于是人们研究了很多方法来克服钢铁生锈这个难题，其中最精彩的发现就是不锈钢。

只要在一般的碳素钢中加入一定量的铬元素，经过冶炼就可以制成不锈钢。怎么样，简单吧！目前生产的不锈钢有不锈耐酸钢及不锈耐热钢等几个品种，可以抵抗多种环境的腐蚀。大家可能有疑问，在钢铁里加一点铬就可以防锈了吗？对，关键就是铬这种元素。铬比铁活泼，在腐蚀性的环境中（如空气中，湿性、酸、碱和盐性环境），铬首先和腐蚀性介质反应，在含铬的钢件表面会生成一层坚固致密的氧化物膜，这层膜对金属起保护作用，阻止金属被进一步腐蚀。更厉害的是，含铬的不锈钢还具有自我修复的能力。在受到破坏的地方，铬会与介质中的氧重新生成钝化膜，继续起保护作用。既然铬的作用这么大，是不是加得越多就越好呢？事实上不是这样的。我们有时会发现，不锈钢制品也会生锈，这是因为在不同的环境中，要使用含铬量不同的不锈钢。也就是说，含铬量的高低决定了不锈钢性能的差异，不锈钢也不是什么情况下都不会生锈的"金刚"。

经历了时代的发展和变迁，我们的不锈钢家族壮大了不少，如现在出现了"超级不锈钢"。超级铁素体不锈钢不但具有普通不锈钢的高强度、抗氧化性及抗应力腐蚀等优点，而且改善了铁素体不锈钢对晶间腐蚀较敏感、在 475℃ 发脆和焊接时韧性低等缺点；超级奥氏体不锈钢通过提高普通奥氏体不锈钢中元素的纯度及有益元素（N、Cr、Mo）的含量，降低碳含量，提高了奥氏体不锈钢的强度；超级双相不锈钢（双相不锈钢是在其固溶组织中铁素体相和奥氏体相各占一半，最少相含量也达到 30% 的不锈钢）解决了中性氯化物的局部腐蚀问题；在普通马氏体不锈钢中减少碳含量、增加镍含量，便得到超级马氏体不锈钢，保持了马氏体不锈钢的高强度，同时还有良好的韧性等等。

同时，不锈钢家族也发展了功能性不锈钢新成员，如出现了含氮不锈钢，在不锈钢中加入氮，不但可以保持钢的塑性和韧性，而且还能提高钢的强度。发明含氮不锈钢的目的是减少镍的使用，降低生产成本。最新研究发现，镍虽然是奥氏体不锈钢的主要合金元素，可起到形成并稳定奥氏体相区的作用，但含镍医用材料会使植入体诱发毒性病变，并损害中枢神经，引起血管变异，严重者可导致癌症。于是人们通过加入氮和锰来代替镍，这样不但使不锈钢保持了单一的奥氏体结构，而且通过生物相容性实验证明，临床性能优于含镍奥氏体不锈钢。新型的含铜、银抗菌不锈钢不但能防锈，而且还抗菌。其中，含银（Ag）的抗菌不锈钢对大肠杆菌和黄色葡萄球菌等均具有很好的抗菌效果，且磨损后仍保持良好的抗菌性和耐蚀性。穿上了多彩"外衣"的彩色不锈钢，是通过化学（或电化学）处理，在不锈钢表面形成一层高抗蚀性氧化膜。这种不锈钢继承了原始不锈钢的各种优越性，多彩的"外衣"更为它增添了耐蚀、耐老化、耐紫外线照射的性能，在国外已被广泛应用于航空航天、军工、建筑装饰等领域，备受青睐。

会"记忆"的合金

大家听说过"记忆"材料吗？在我们的印象中，只有人和某些动物才有"记忆"能力，非生物是不可能有这种能力的。而形状记忆合金却是这样一类具有神奇"记忆"本领的新功能材料。一般金属材料受到外力作用后，首先发生弹性变形，达到一定极限（屈服点）时，就产生塑性变形，应力消除后留下永久变形。但有些材料在发生了塑性变形后，经过合适的热过程，能够恢复到变形前的形状，这种现象叫做形状记忆效应（SME）。具有形状记忆效应的金属一般是由两种以上金属元素组成的合金，称为形状记忆合金（SMA）。

记忆合金是 1963 年美国海军发现的。当时他们的军械实验室正研制一种新型装备，在试验中，他们需要用到镍—钛合金丝，当时镍—钛合金丝是弯曲的，需要将其拉直便于使用，但在将合金丝加热过程中，这些已经被拉直的合金丝又恢复到了原来的弯曲形状，而且和原来的一模一样，他们觉得很好奇,于是又反反复复做了多次试验,结果都是一样。他们预感到这是一类非常特殊的合金,即加热后能恢复到它原来的形状。后来人们将其称作"形状记忆的合金"。形状记忆合金不仅仅只"记忆"一次,它的记忆本领很大,即使重复500万次以上,记忆能力也不会消失,因此,人们用"永不忘本"、"百折不挠"来形容这类合金。不仅如此,它们还是"大力士",因为形状记忆合金的出力本领可达自重的100倍以上。

那么,记忆合金如何产生记忆效应?记忆合金是具有热弹性马氏体相变的合金材料,当马氏体状态进行一定限度的变形或变形诱发马氏体后,在随后的加热过程中,当温度超过马氏体相消失的温度时,材料能完全恢复到变形前的形状和体积。其形状记忆效应产生的主要原因是相变。

记忆合金已经进入到我们的生活中,仅以记忆合金制成的弹簧为例,当将这种弹簧放在热水里时,弹簧的长度立即伸长,再放到冷水中,它就会恢复到原来的形状。利用记忆合金的这种性质,可以控制浴室水管的水温,当热水温度过高时,通过"记忆"功能调节或关闭供水管道。普通金属变形程度越大,恢复原状的反弹力就越强。形状记忆合金的反弹力几乎固定不变,即使用力弯曲,也能柔软地恢复为原来的形状,这就是所谓形状记忆合金的"超弹性"。日本最大的移动电话生产厂商松下通信工业公司,最初采用铜质材料生产移动电话天线,现在已经全部改用镍钛形状记忆合金。除了移动电话天线,眼镜的镜架也开始用上形状记忆合金,即使镜腿尺寸稍有偏差,也不会使人有不舒服的感觉。用形状记忆合金制作的钓鱼线,不仅强度超出尼龙材料,而且具有良好的不沾水性。形状记忆合金在现代临床医疗领域内已获得广泛应用,如血栓过滤器、脊柱矫形棒、牙齿矫形丝、脑动脉瘤夹、接骨板、髓内针、人工关节、心脏修补元件、人造肾脏用微型泵等。

21世纪将成为材料电子学的时代。形状记忆合金的机器人的动作除温度外不受任何环境条件的影响,可望在反应堆、加速器、太空实验室等高技术领域大显身手。由于记忆合金是一种"有生命"的合金,利用它在一定温度下形状的变化,可以设计出形形色色的自控器件,它的用途正在不断扩大。

金属单晶

晶体可以分为单晶体和多晶体,其构成的材料分别为单晶材料和多晶材料。我们日常所见的金属及陶瓷等都是多晶材料,而单晶材料是指原子、离子或分子的三维有序排列在整个体积中重复出现的固体物质,比如人造半导体材料单晶硅和锗、金刚石、红宝石、蓝宝石等。

随着科学技术的迅速发展,单晶材料的应用领域不断扩大,各种人工单晶材料也迅速发展起来。难熔金属单晶材料具有塑性—脆性转变温度低、不存在高温和低温晶界破坏、高温结构性能稳定等优点,可以显著提高零件稳定性、可靠性和工作寿命,因此被广泛用于电子、机械、仪表制造、核动力工业和各种高技术研究领域。例如,钼单晶可以作为 W-Mo 热电偶的电极材料,提高热电性质的稳定性,并可使热电偶的使用温度提高 500℃,通过加入合金元素固溶强化制取的合金单晶,可以大大提高以耐热金属为基的合金单晶的强度,在电子、高能物理、原子能等方面的应用越来越广泛;钨单晶具有无晶界、结晶缺陷少、各向异性等优异的物理化学及机械性能,被广泛用于激光、高能物理、空间等技术领域;铌单晶在氢能源储存和超导领域具有很高的潜在应用价值。

获得金属型单晶材的重要方法之一是 1978 年日本千叶工业大学大野笃美教授发明的定向连续铸造技术,即 OCC 技术。定向凝固技术是在凝固过程中采用强制手段,在铸型中建立沿特定方向的温度梯度,使熔融合金沿着与热流相反的方向,按照要求的结晶取向进行凝固的铸造工艺。该技术最初用来消除结晶过程中生成的横向晶界,从而提高材料的单向力学性能。目前,定向凝固技术的最主要应用是生产具有均匀柱状晶组织的铸件,特别是在航空领域生产高温合金的发动机叶片;同时,定向凝固技术也是制备单晶的有效方法。OCC 技术将高效的连铸技术和先进的单向凝固技术结合起来,综合了二者的优点,通过工艺参数的优化,控制固液界面,促进晶粒的竞争生长及淘汰,得到具有单向凝固组织的铸坯。单晶连铸技术是 OCC 技术发展的高级阶段,二者具有相同的定向连续铸造原理,其特点是:① 满足定向凝固条件,可以得到完全单方向凝固的无限长柱状晶组织。② 铸锭表面呈镜面状态,断面可以呈任意形状。③ 铸锭内部无任何铸造缺陷。④ 铸锭性能得到改善,消除了铸锭中横向晶界,没有气孔、缩孔、夹杂、偏析等铸造缺陷。得到的单晶连铸铸锭可以作为生产超细超薄精细产品的优质坯料,完全消除晶界的单晶铸锭可以改善金属的电气性能、耐腐蚀性能及疲劳性能,开发金属材料的应用潜力。

单晶高温合金制备技术是材料科学与定向结晶凝固技术及设备相结合的一项高新技术,通过这种技术生产出的单晶合金叶片,在航空发动机的应用上产生了明显的技术经济效益。单晶叶片比定向柱晶叶片可提高工作温度 $25\sim50℃$,而每提高 $25℃$,相当于提高叶片寿命近 3 倍。实验结果表明,定向叶片的寿命为普通铸造叶片的 2.5 倍,而单晶叶片的寿命可达普通铸造叶片寿命的 5 倍。目前飞机发动机叶片的新材料已经发展为第 4 代单晶。钛铝化合物的定向单晶是目前国内外材料界的研究重点之一。

泡沫金属

当初人们制作金属材料的时候,为了提高金属的强度性能,减少气孔等缺陷,都是想方设法地降低金属里面气泡的含量。而人们偶然发现充满了泡沫的金属材料反而具有防震、吸声、隔声、阻燃、屏蔽、耐湿、质轻、可渗透性等其他实心材料不具备的功能,这个意外发现让人们喜出望外。

多年以来,人们对泡沫金属的制造工艺进行了不断地改进,除了原始的铸造法生产外,还发明了粉末冶金法、金属沉淀法和纤维烧结法等。其中,铸造法具有生产工艺简单、成本低等优点,受到了工厂的青睐。人们可以通过直接发泡法、加中空球料法、渗流铸造法和熔模铸造等方法,由熔融金属或合金冷却凝固直接得到泡沫金属,其空隙的范围和形状不受限制且没有规律。为了生产出高质量且性能稳定的泡沫金属,人们又开发了粉末冶金工艺。不过其工艺过程较复杂:首先是将金属粉末与发泡粉末按比例配制压成预制品,然后将预制品加工成半成品,最后将半成品放入钢模内加热,使发泡剂分解释放气体而形成多孔泡沫金属。这样得到的泡沫金属,其泡沫孔径大都小于 0.3 毫米,孔隙率一般不高于 30%。复杂严格的工艺、明确稳定的性能参数为之商业化的生产提供了保障。

金属沉积法和纤维烧结法更具有高科技含量。沉积法是将原子态金属沉积到有机多孔基体内,再去除有机体并烧结而成的,这时可得到孔连通、孔隙率高(均在 80% 以上)、具有三维网络结构的泡沫金属,但其强度性能还受到一定的限制。纤维烧结法使用高性能的金属纤维来代替粉末烧结,这样的替代除了成本的提高外,机械强度、抗腐蚀性能和热稳定性能也同时提高了。

也许你想问,做出了这样高级的泡沫金属都可以做什么用呢?也许你还没有注意到,利用泡沫金属的吸收冲击特性,小到汽车的防冲挡板,大到宇宙飞船的起落架,都是泡沫金属的舞台。再就是其透过性能也很强,可做成不同孔隙度的过滤器,用于从液体、空气或其他气流中滤掉固体颗粒。冬天我们穿羽绒服可以保暖,这是由于羽绒或棉花具有很大的比表面积,泡沫金属也同样可以用来制作热交换器及散热器。对于闭孔泡沫金属,还可用作绝热材料,利用泡沫金属的吸音性能可以消音降噪。

泡沫金属应用于建筑业,可以做建筑物内外装饰件、幕墙、间壁等,利用泡沫金属的耐火性,还可以做耐火材料和阻燃材料;用于包装业,可以做计算机台架、各种包装箱等;用于化工方面,可以作为催化剂的载体。另外,泡沫金属还可以做多孔电极等等。这些还不算,人们已经发现泡沫金属在航空航天、交通运输、建筑、能源等高技术领域也具有广阔的应用前景。

金属纤维

在现代化的各行各业中,大的金属板材可以造桥梁、造汽车,小的金属螺丝可以拼接零件,粗的金属管子可以铺设管道,细细的金属丝呢,会不会柔弱得干不成大事?不!金属纤维极细,表面积非常大,在内部结构、磁性、热阻和熔点等方面有着独特的性能。比如它具有良好的导热性、导电性、柔韧性、耐腐蚀性等,在石油、化工、化纤、纺织、电子、军工、航空等行业得到了广泛应用。

造金属丝很简单,可以用作拉面来形象地进行说明。只见拉面师傅这样三下五下,手里的面筋就越来越细,也越来越筋道。将金属丝材通过复合组装,像拉面一样处理,很多股在一起拉,一遍一遍地拉拔也成纤维了。金属纤维经过拉拔后,还要进行热处理等一系列特殊的工艺,这样就可以制造出每股有数千根的复合金属超微细丝。纤维丝直径为2~8微米,纤维强度可达1 200~1 800兆帕,延伸率大于1%。其实制作金属纤维的方法很多,还有切削法、熔抽法、集束拉伸法、振动切削法和悬滴熔融纺丝法等。

在集束拉伸法中,将几十甚至上万根金属线包在圆管里进行拉拔,实现了拉伸过程中多根线同时变细减径。待拉到所需的芯丝直径时剥去外管,将芯丝分开即可。这种方法效率很高,而且成本较低,因此,被人们用来生产常用的钢纤维。

在振动切削法中,原料用粗的金属锭即可,生产较简单快捷。切削过程中刀具振动,每振动一个周期,切削出一根纤维,就像做刀削面一样。可想而知,纤维直径应该是不同的,它随振动频率的变化而改变。此法生产出的纤维最小直径可达 20 微米,长度为 0.5~20 毫米,截面多为扁状。这种生产工艺要求加工金属的切削性能良好,如碳钢、不锈钢、铜、铝及其合金。

在悬滴熔融牵引法中,金属线在加热器中被熔化成液滴,液滴与高速旋转的冷轮表面接触,以每秒 10^5℃的冷却速度凝固,并受冷轮离心力的作用而被抛出。用该方法生产的纤维直径为 25~75 微米,截面基本呈圆形。

生产出来的金属纤维准备好了,下一步是要送到加工厂生产成品。既然是纤维,那么它就可以用于纺织制品。目前,掺有金属纤维量 0.5%~5%、5%~20% 或 25% 以上的棉毛涤混纺织物,可分别制成防静电工作服和超高压屏蔽服等。特别是含镍纤维的长绒棉袜,具有抑菌、防臭、止痒和促进身体微循环的功效。用金属纤维制成各种精度的纤维毡,尤其适合于高温、高黏度、腐蚀介质等恶劣条件下的过滤,用在其他材料不能工作的地方。

当然金属纤维还具有它自己的特色。利用金属的导电性能做成的导电塑料,可以阻碍电磁波的辐射和干扰,通常用于电视机、计算机、微波炉、手机等电子设备的外壳,起到屏蔽作用,达到人体保健和提高电子产品性能的双重效果。用镍纤维制成的电池阳极材料,可以提高充放电次数和抗大电流冲击的能力,具有稳定性好、电容量大、活性物质填充量大、内阻低等优点,是动力电池开发的主要对象。

高阻尼金属

身边充斥着的噪音和机械的隆隆声会让人感到心烦意乱,人们希望这些烦人的冲击能够消于无声。而金属家族里就有这样一类金属,它在外界作用下产生自由振动,将机械能转变为热能,使人与繁杂的外界完全隔离,这种本领叫阻尼,也叫内耗。具有高阻尼本领的金属,除了具有减振降噪的功能外,还兼具优良的力学性能及抗老化、耐腐蚀等综合性能,有着广阔的应用前景。

能够这样"忍气吞声",这种材料会受到多大的伤害啊？高阻尼金属可不怕,各个成员都有着不同凡响的本领,根据其内耗机理的不同可分为以下几类:

(1)复合型高阻尼金属:复合就得有两种以上的元素,常见的灰铸铁即属于这种类型。我们就拿灰铸铁为例来进行简单的说明。强韧的基体(铁素体、珠光体)中分布着较软的第二相(石墨片),振动时金属基体尚处于弹性变化,第二相早已塑性变形。靠第二相变形时消耗大量的振动能量起减振作用。

(2)磁机械滞后型高阻尼金属:主要以磁性材料为主。以铁磁性材料为例,铁磁性材料含有磁畴(即磁性材料内部原子磁矩像小磁铁一样整齐排列的小区域,但相邻的不同区域排列方向不同),在外加磁场或应力作用下,这些取向无序的磁畴移动导致材料尺寸和形状发生变化,在这个过程消耗振动能量。

(3)位错型高阻尼金属:位错是一种晶格排列中的不规则缺陷,位错的运动和消长要消耗一定的能量。位错型阻尼金属内通过位错堆积—脱离钉扎这样的过程消耗振动能量。镁和镁合金就属于这种类型。

(4)孪晶型高阻尼金属:孪晶跟位错一样,也是一种晶格缺陷,这类金属的阻尼机制还因合金成分的不同而有变化。以常用的 Mn-Cu-Al 合金为例,当它受到外界振动时,孪晶界面移动会消耗一定的能量,同时母相与马氏体相界面的移动都消耗一定能量。而对于 Mn-Cu 系合金来说,在一定温度条件下,对母相外加应力会诱发形成马氏体,由于相结构不同产生相变应变,当应力去除后马氏体发生逆转变消失而产生阻尼。马氏体相悄悄地产生,又悄悄地消失,却为我们做出了贡献,真是了不起的 Mn-Cu 孪晶高阻尼金属。

(5)粉末类高阻尼金属:我们还是举个例子来进行说明。烧结铁粉、阻尼来自两部分,与振动幅度无关的部分随着铁粉体的密度、烧结温度与时间的增加而下降;由于铁粉是磁性材料,与振动幅度有关的内耗被认为来自磁力学方面。

最早受到人们重视研究的阻尼合金是 Fe-12Cr-0.5Ni 铁素体不锈钢(403 型)。该合金早在 1920 年就被用来制造汽轮机叶片了,阻尼效果明显,且零件的疲劳寿命有所提高,20 世纪 70 年代以来,北美、前苏联、日本对各类阻尼金属做了大量的研究与应用工作。我国大约从 20 世纪 80 年代初开始研究均质金属和复合板类阻尼金属，20 世纪 80 年代后期着手探讨粉末金属类阻尼材料，已取得较大进展，应用于航空航天、汽车、机电设备、土木建筑等领域。在你不注意的地方，我们的阻尼金属正在"忍气吞声"地工作着。

氟利昂的终结者——磁致冷材料

目前，人们常用的制冷方式是采用气体压缩与膨胀而制冷的原理，以往都采用氟利昂气体作为制冷材料。可是后来南极上空臭氧层处日渐增大的"空洞"以及近年来日益明显的温室效应，受到了科学家的关注。研究发现，氟利昂应对这两起事件负有责任，它的使用会造成臭氧层空洞和温室效应。于是国际社会决定限制和禁止使用氟利昂作为制冷材料。这样，寻找氟利昂的替代品及发展新的高效、无环境污染的制冷方式，成为人们广泛关注的研究课题。磁致冷技术以磁性材料为工质，其基本原理是借助磁性材料的可逆磁热效应（磁性材料等温磁化时温度升高向外界放出热量，而绝热退磁时温度降低从外界吸收热量），达到制冷目的。

按照磁致冷材料的工作温度，目前相关的研究主要集中在以下几个温度区间：

（1）20 开以下低温区：20 开以下低温区磁致冷材料主要采用顺磁性材料，如顺磁性的镓钆石榴石化合物 $Gd_3Gd_5O_{12}$、顺磁金属间化合物等。此外，利用原子核去磁冷却的方式可以获得超低温，典型的如 $PrNi_5$ 和 Cu 一起应用，最低温度可达 27 微开。长期以来，磁制冷已成为获得低温与超低温十分有效的制冷方式。

（2）20～77 开温度区间：这个温区很重要，是液化氢和液化氮的重要温区，因此应用背景很强。目前，研究主要集中在 Pr、Nd、Er、Tm 等稀土元素和 RAl_2（R＝Er、Ho、Dy）、RNi_2（R＝Gd、Dy、Ho）等稀土金属间化合物上。

（3）77～250 开温度区间：纯镝（Dy）是这个温区里面最好的磁致冷材料。最近的研究集中在非晶态 $R_x(A、B)_{1-x}$ 合金（R 指稀土元素，A、B 指 3d 过渡族金属）中，结果表明，这些材料在 100～200 开温度范围是有一定应用价值的，只是我们要在应用领域看到这些材料还要等些时日。

（4）室温磁致冷材料：把它拿到最后讲，是因为它是最重要的。从原理上考虑,室温磁致冷机具有无污染、噪音低、效率高、能耗少、体积小、易维护、使用寿命长等优点,从而引起世界各国科学家的重视,广泛地开展研究工作,其实用化的关键是需要研制成在低磁场下具有大磁热效应的室温磁致冷材料。预期这种材料在冰箱、空调以及超市食品冷冻系统方面具有广阔的应用前景。

室温磁致冷材料的居里温度要求在室温附近,要求材料具有较大的等温磁熵变。稀土元素的总角量子数 J 较大,有利于获得较大的等温磁熵变,但除金属钆(Gd)外,其他稀土元素的居里温度较低,不能满足室温致冷的要求。因此,需将稀土元素与合适的其他族元素化合,这样可以保证在高的磁熵变基础上提高居里温度。由于过渡族元素电子间的相互作用较强,居里温度较高,但这些元素的自旋量子数小,可以将这些过渡族元素与其他合适的元素化合,使化合物的居里温度调整到室温,同时获得较大的等温磁熵变。按照这个原则搭配,目前进行探索的室温磁致冷材料主要有两大类:一类是利用一级相变的磁性材料,如 Gd-Si-Ge 系合金、$La(Fe、M)_{13}$(M 代表 Al、Si)金属间化合物等,另一类是利用二级相变的磁性材料,如金属钆及其合金、钙钛矿型的化合物等。

若室温磁致冷机能实用化,得到广泛的应用,不但可满足人们的生活需要,促进高温超导材料的应用,而且更重要的是它的环保功能,我们再也无需使用产生臭氧层空洞和温室效应的氟利昂了,这是人们梦寐以求的最佳制冷方式。

能"呼吸"的材料——储氢材料

呼吸是动物的本能,呼入氧气并排出二氧化碳进行着生命的循环,这是在大自然中普遍存在的现象。在材料的世界里同样存在着特殊的一员,这就是"储氢材料",一种能够"呼吸"氢气的材料。

储氢材料家族中主要有合金储氢材料和碳质储氢材料两个主要成员。另外,还有其他"亲戚",如玻璃微球类储氢材料、有机液体氢化物储氢材料等。

储氢合金能够大量"吸入"氢气,同时释放出热量,生成一些金属氢化物。当受到烘烤或加热的时候,氢化物就会分解"呼出"大量的氢气。这类材料的"肺细胞"能够储存比其体积大 1 000～1 300 倍的氢。

如果想具有能够"呼吸"氢气的本领,就必须具备一定"个性"才行:在温度不太高时,"肺活量"要足够大,"呼吸"氢气足够多;在常温常压下"呼吸"要顺畅;有良好的可逆循环性;容易活化,反应动力学性能好,性质稳定;可逆呼吸时反应要快,不能滞后;具有良好的抗"中毒"能力;分布广泛,有众多的族员存在。

鉴于储氢合金家族的日益繁荣,在日常生活中,我们会经常和它们打交道,目前比较发达的储氢合金主要有钛系、锆系、镁系和稀土系储氢合金四大家族。

钛系已发展出众多分支,如钛铁、钛锰、钛铬、钛锆、钛镍、钛铜等,其中以钛铁、钛锰储氢合金发展最为兴旺。ZrV_2、$ZrCr_2$、$ZrMn_2$是锆系合金的代表成员,它们是一种新型的储氢材料,具有吸氢大、与氢反应速度快以及容易活化、无滞后效应等优点,是一种很有发展潜力的新型储氢材料,但身价比较高;镁系储氢合金是高容量储氢合金中最有发展潜力的合金之一,它资源丰富,"肺活量"大,被认为是最有发展前景的一族,我们在二次电池负极方面经常可以看到它的应用,并有望看到它在车用动力型 Ni-MH 电池上一展身手。$LaNi_5$是稀土系储氢合金的代表,早在 1969 年,飞利浦公司的实验室就发现 $LaNi_5$ 合金具有优良的吸氢特性和较易活化等引人注目的特性。目前,绝大多数商业化的 Ni-MH 电池的负极材料都是用的稀土-镍系 AB5 型金属间化合物。

储氢材料另外一个大的分支是碳质材料,它是吸附储氢材料中最棒的一员。人们对碳质系列储氢材料的研究主要集中在活性碳、纳米碳管和纳米碳纤维这 3 个系统上。

活性碳是污水及废气处理等环境保护和资源回收领域中最活跃的一分子,它能够有效地除去废水、废气中的大部分有机物和某些无机物;纳米碳管和纳米碳纤维具有"肺活量"大、自身质量相对较轻等特点,纳米碳管有单壁纳米碳管和多壁纳米碳管之分。近年来又出现了一个新的成员——石墨纳米纤维料。

储氢材料家族的兴旺发达,为氢气在日常生活中的应用开辟了一条广阔的道路。将储氢材料用作氢化物热泵、燃料汽车,可解决汽车污染问题;也可以利用储氢材料进行热量的储存与运输。利用储氢材料对氢气的吸附具有选择性这一性能,可以进行氢气的分离与净化,并可以进行氢同位素的分离。以储氢合金作为阴极活性物质的高容量镍氢电池,目前已广泛应用于计算机、笔记本电脑、数码相机、通讯器材等。

稀土金属

也许你会觉得很奇怪,金属里面怎么会有叫"稀土元素"的呢?原来这个名称来自瑞典。人们在开采的比较稀少的矿物中,发现了不溶于水的物质(按当时的习惯叫做"土"),故称这种金属为稀土。在化学元素周期表中,稀土就是镧系 15 个元素以及与镧系密切相关的两个元素钪(Sc)和钇(Y)。

稀土元素是典型的金属元素,活泼性仅次于碱金属和碱土金属。易和氧、硫、铅等元素化合生成熔点高的化合物,运用这个性质,将稀土加入钢水中可以起到净化的效果。说到钢铁,稀土元素还是一种重要的添加剂,由于稀土元素的原子半径比铁的原子半径大,很容易填补在其晶粒及缺陷中,并生成能阻碍晶粒继续生长的膜,从而可以细化晶粒,提高钢的性能。

稀土离子与羟基或磺酸基等形成结合物,可广泛用于印染业。而某些稀土元素中子俘获截面积大,如钐、铕、钆、镝和铒,可用作原子能反应堆的控制材料和减速剂。铈、钇的中子俘获截面积小,则可作为反应堆燃料的稀释剂。稀土还具有类似微量元素的性质,如可以促进农作物的种子萌发、促进根系生长、促进植物的光合作用等。

是什么使得稀土元素如此与众不同呢?这个秘密在于它的电子层结构。稀土元素具有未充满的 4f 电子层结构,由此可以产生多种多样的电子能级。因此,稀土还可以作为五彩荧光、激光和电光源材料以及彩色玻璃、陶瓷的釉料。

稀土金属不仅自身很神奇,而且由它生成的化合物及稀土功能材料具有更加广泛的用途。稀土元素的原子半径和离子半径都远大于常见金属,因此,稀土金属在过渡族金属中的固溶度很低,几乎不能形成固溶体合金,但能形成一系列金属间化合物。这些金属间化合物经过一定工艺处理可制成稀土永磁材料如 $SmCo_5$,储氢材料如 $LaNi_5$,磁致伸缩材料如 $SmFe_2$、$Tb(CoFe)_2$ 及其他功能材料。下面详细介绍几种稀土功能材料:

(1)超高磁致伸缩材料:它将导致一些控制、执行元件的革新,用超高磁致伸缩材料可开发出超高精度的新型制动器（用于金刚石车床），由此可使伺服系统简化，并且其输出力要大于电致伸缩型的。

（2）磁致冷或磁蓄冷材料：近来颇受重视的磁冷冻系统是通过磁性材料在磁化、退磁化过程中的放热、吸热作用来完成冷冻的。与气体冷冻相比，磁冷冻不需要压缩机，具有低噪音、低振动、小型化等优点。磁致冷材料或磁蓄冷材料的推出将会引出高效率的无公害磁冷冻机的诞生。

（3）稀土贮氢合金：通过稀土金属（合金）和氢形成氢化物来贮存氢，氢贮存于金属晶格之间，其贮存量按容积算为金属的数百倍。稀土系贮氢合金具有良好的特性，属于高质量的贮氢合金，但其价格较高。

（4）磁光存储材料：具有存储密度高、非接触性以及可靠性高等特点，目前主要应用的是非晶态稀土金属—过渡金属薄膜。用稀土合金制作的非晶磁光盘存储密度极高，易擦除和重写，可用小于1微米的激光束在光盘上记录和读出数据，是一种非接触记录式、大容量、高密度存储器，主要用于激光唱盘、激光录像盘等。

稀土金属本身具有的许多天然的特质，使它注定要成为一种有用的金属材料。如今再加上人类的智慧，未来的稀土金属必将呈现给我们一个更加富有魅力的新面貌。

金属敏感材料

把手伸进热水里，我们肯定会迅速地缩回来，并觉得那水好烫啊！金属材料里也有这么一类金属，它们能敏锐地感知某种变化，并迅速做出反应。金属敏感材料是能够有效地将所感受到的物理量变化，如力、热、磁、电、声、光等信号转换为另一种物理量变化的金属材料，一般用来制造各类传感元件或功能器件。目前制备出的金属敏感材料有采用磁性体系的敏感元件、金属系温度敏感元件、金属形变敏感元件、材料超导敏感材料以及形状记忆材料等。

金属材料对力、热、磁、电、声、光等信号敏感的原因是它能迅速地感受到某物理量，并在物理量发生变化时，立即产生某种物理效应，从而引起另一种物理量发生相应的变化，而且这种变化是稳定的和可检测到的。

在各种金属敏感材料中，贵金属敏感材料是较早应用的，而且直到今天仍具有重要的地位。多种贵金属及其合金的丝材、片材、浆料和化合物,是应用于关键部位的重要材料,如用作传感器加热材料、电极材料和催化剂等。在贵金属中,由于铂、钯具有对碳氢化合物的高氧化活性及其表面对气体的吸附能力,是作为气体敏感器件的理想敏感材料。对应于不同的检测气体对象,需要使用不同的贵金属气敏材料,例如用 $ZnO+Pt+Pd$ 检测易燃气体,用 $ZnO+Ag_2O$ 检测酒精、丙酮。

磁致伸缩材料以及金属间化合物功能材料具有多种优异性能,如 Nb_3Ge 可在液态氢条件下工作($Tc=23.2$ 开),具有形状记忆效应的 $NiTi$、$CuZn$ 等,具有高表面活性的 $LaNi_5$、$FeTi$ 具有吸氢贮氢的本领,是一种有用的气敏材料。

最近,在铜合金领域又开发出了热致色变合金,这种敏感材料的特点是在相变前后,随着晶体结构的变化,材料的色泽也会发生相应的变化。其原理是该合金的色泽取决于电子层的结构,电子的运动状态影响了对不同频率光波的吸收与反射,如 $Cu_{14}Al_4Ni$ 合金可发展成为颜色记忆合金,应用于图像信息存储器、温度显示器、光盘记录仪等领域。

作为敏感材料应用的重要领域,传感器在现代发展得很快。传感器是获取信息的必不可少的前沿技术装备,被人形象地喻为"电五官"。传感技术在信息技术体系、高新技术、现代工业及人们生活中都占有十分重要的位置。

形状记忆合金也是一类重要的敏感材料,如果将这种合金在某一温度下产生塑性变形,当加热到一定温度时,它仍能神奇地恢复到变形前的形状。这种形状记忆效应在实际生活中有了越来越多的应用。

如果以智能金属敏感材料替代普通的以液体或固体充当感温材料的恒温阀,可以完全避免一般国内外恒温阀使用中必然存在的周期性外漏给人民生活带来的危害,具有无挥发、无外漏、频繁使用无磨损、无爆炸的特点。金属敏感材料无论在生产还是在人们的生活中,都发挥了重要的作用。

金属玻璃

玻璃是我们生活中最常用的材料之一,而金属玻璃与这种常见的氧化物玻璃不同,它又称为非晶合金,是金属液体冷却后得到的一类没有结晶的固体。它的结构和性能与相同成分的晶态材料相比有很大差别,引起人们的广泛关注。

人们发现在冷却速度非常快的情况下,金属内部的原子来不及达到平衡位置时就凝固了,成为非晶态金属。这些非晶态金属具有类似玻璃的某些结构特征,故称为"金属玻璃"。在金属玻璃中不存在通常晶态固体中的晶界、位错和偏析等缺陷。与晶态中原子排列呈周期性不同,金属玻璃中原子只在很小的范围内保持有序排列,在空间上不呈现周期性和平移性,这种特殊的结构特点使其兼有金属和玻璃的特性。

1960 年,美国的物理学家用熔体急冷法首先制得了 Au-Si 非晶合金薄带。这一段时期制备的金属玻璃最慢的冷却速度也要大于 10^6 开/秒,因此得到的金属玻璃只能以薄带、薄片(厚度通常在 50 微米以下)、细丝或粉末的形式存在,这种厚度使得金属玻璃的许多优良特性在实际应用中不能充分发挥出来,不能作为功能材料得以应用。自 1989 年以来,日本及美国的科学家分别采用深过冷技术,用熔体水淬法和铜模铸造法研制出了一系列具有很强玻璃形成能力的镧(La)基、锆(Zr)基、镁(Mg)基、钛(Ti)基、钯(Pd)基多元合金系,它们都具有很强的玻璃形成能力,其临界冷却速度在每秒几百开以下,最小可达 0.1 开/秒,大大低于急冷所需的 10^6 开/秒的冷却速度,制备出的金属玻璃直径或厚度达到了数十毫米,最大可达 100 毫米。1993 年,美国的科学家又制备出了迄今为止玻璃形成能力最好的 Zr-Ti-Cu-Ni-Be 合金,其玻璃形成能力接近于传统氧化物玻璃,制得的非晶合金直径最大可达几厘米,临界冷速可达到 1 开/秒,而且合金性能优异,具有很大的应用潜力。

金属玻璃具有优良的机械、化学、磁和电性能,因而具有广阔的应用前景。例如,由于它具有超常的硬度,在军事上可以用于制造枪炮子弹、导弹和装甲车等;可以用在电脑和手机的外壳上,使其更加轻便、美观、坚硬。在体育用品方面,用在高尔夫球杆上,可以增强杆的弹力性能,使球能打得更远。它的性能和特点也为珠宝商带来商机。另外,它优良的耐磨性和耐腐蚀性可以用来制备新的工具和新的材料。在医学上,金属玻璃还可以使用在移植片或生物测探针上。

金属的遗传现象

早在 20 世纪 20 年代,法国学者 Levi 研究铸铁时就提出了金属遗传性的说法。他根据在铸铁化学成分及铸造条件完全相同的情况下,铸铁的机械性能有很大差异的现象,大胆假设说:"铸铁中存在遗传性。"他指出,如果生铁中存在粗大的片状石墨,在某种条件下仍将保留在铁液中,最后在生成的铸件中仍以大的石墨颗粒存在,而细小的石墨即使反复熔炼,仍会以小颗粒存在。原料情况的好坏对成品的质量、性质存在影响,这种遗传现象引起了广大研究者和冶金工作者的兴趣。

经过几十年的实验和理论研究,为了提高铝合金铸件的机械性能,人们提出了遗传系数这样的概念。遗传系数 K_H 等于特殊处理合金炉料重熔后的机械性能与未处理的炉料重熔后的机械性能之比。在广义上可将金属的遗传性理解为在结构上或者在物理性质方面,由原始炉料(母)通过熔体阶段(过渡态)向铸造合金(子)的信息传递。为了研究这种神秘的遗传过程,研究者设计了大量的对比实验,并经过了多年的学术探讨和验证,这才将金属遗传的真相一点一点地呈现在了我们的面前。

要寻找到遗传基因就要研究熔体结构。人们在研究"固态—液态—固态"系统中的结构遗传时,发现金属熔体是由成分和结构不同的游动的有序原子集团与它们之间紊乱分布的各种组元原子所组成,由于这种有序原子集团结构单元的尺寸和数量影响着结晶动力学,最终影响铸件的性质。进一步的研究又发现,从炉料遗传下来的弥散质点是潜在的结晶核心,是炉料金属组织信息的遗传因子(或载体)。这个发现相当重要,因为如果我们在合金的制备过程中,通过一些特殊方法将合金组织信息储存在炉料中,就可奠定组织遗传基因,这样就可以达到有目的地控制合金遗传性,得到所需材料的目的。

与生物遗传相似的是,我们可以选取遗传基因并通过遗传信息的储存来获得"甘美的嫁接成果"。首先要对原始炉料进行考察,以确认其是否具有良好的遗传性,我们称这一步为遗传信息的奠定阶段。其方法有很多,如采取同一成分的炉料,对液相进行过热处理或循环加热、热速处理后,以规定的冷却速度进行结晶。通过固相变形处理来改变固态金属炉料的组织,或将熔体进行快速冷却等处理获得不同组织的铸锭。然后将处理过的炉料作为添加剂再进行熔炼、浇注(这一阶段称为遗传信息的传递)。最后结晶凝固,就可获得高质量的铸件了(遗传信息表现)。

当然我们并不能控制遗传达到的程度，就像孩子出生前，我们只能说他长得会像谁，而不能肯定鼻子会长得像谁等等。对于冶金工作者来说，熔融金属是铸件质量的基础，它的性能在很大程度上决定了充填铸型和结晶时的过程。固体组织来源于液体结构，根据金属在液态时的结构、物理和热力学特性与固体组织之间的密切关系。可以认为，对熔体进行全面研究，对于取得具有最优性能和最低成本的优质铸件是相当重要的。

金属的腐蚀与防护

在自然界中总是存在着相互的斗争，例如食物链，各种生物为了生存而斗争，狮子总是在追逐羚羊，羚羊又在不停地奔跑来躲避狮子的追捕。在金属的世界里也存在着相互斗争，金属的腐蚀和防护就是金属与周围环境之间的相互斗争。

这是一场金属世界中没有硝烟的战争，我们先来认识一下战争的双方。

金属的腐蚀是指金属及其制件与所处环境之间的化学反应或电化学反应所引起的破坏或变质，如锌、铝生白锈，钢生黑锈和棕锈，铜、镍生绿锈，银具变黑等，这些都属于金属的腐蚀。它使得金属制品变得难看，厚度减少，强度降低，使用寿命缩短，严重地威胁了金属的"生命"，我们可以称之为非正义一方。

金属腐蚀的本质是金属原子失电子而被氧化，按腐蚀机理可以分为化学腐蚀和电化学腐蚀；按产生的环境可分为大气腐蚀、海水腐蚀、淡水腐蚀、土壤腐蚀、生物和微生物腐蚀以及工业介质腐蚀等等。我们可以看到腐蚀一方具有强大的"实力"，不是很容易就能被打败的。

我们知道了腐蚀具有很多的"兵种"，那么腐蚀又是怎样产生的呢？下面我们来具体了解一下两种不同的腐蚀机理的"战斗"方式。

化学腐蚀过程中，氧化剂与金属原子发生氧化—还原反应，形成腐蚀产物，没有微电流产生，如汽油的腐蚀。

电化学腐蚀机理与一个原电池的机理相同，有微电流产生。钢铁材料在酸碱盐溶液中、潮湿大气中、土壤中、海水中的腐蚀都属于电化学腐蚀。

大多数情况下，腐蚀大举"进攻"工业、军事、民用领域的金属设施，具有很大的破坏性，它的"军队"占领这些领域后就会产生诸多巨大的危害：

一是会造成巨大的经济损失。工业生产中,金属腐蚀往往造成巨大的经济损失,包括金属材料的损耗、采用昂贵的耐蚀合金造成的差价、防止腐蚀而采用的防蚀费用、原料和产品流失、产品污染、效率损失、停工减产以及火灾爆炸等各种事故。

二是使工业的正常生产受到阻碍。法国的拉克含硫气田,在研究解决了严重的腐蚀问题之后才投入开发使用;美国的阿波罗登月计划,在采用了合适的耐蚀材料之后才得以实施等都是典型的例子。

三是会造成人员伤亡,引起严重的社会后果。1988年,北海油田英国帕尔波·阿尔法海洋平台,因管线腐蚀裂开,突然爆炸起火,死亡166人。这是一个很典型的案例,值得引起人们的关注。

四是会埋下事故发生的隐患。海洋采油平台在关键部位的焊缝区,在最佳的保护电位下,仍普遍地产生早期腐蚀小孔和裂纹,它们为腐蚀裂纹的萌生和进一步扩展提供最有利的部位,潜伏着发生恶性事故的隐患。

另外,金属腐蚀对部队中的各种装备也有很严重的影响,造成装备的可靠性能和安全性能都有所下降。

既然金属的腐蚀会造成如此大的损失,具有如此大的危害,那么我们能够"消灭"它们吗?

正所谓有阴必有阳、有邪必有正,"非正义"的腐蚀在金属世界里横行霸道,必然会有代表"正义"的力量来消灭它们,金属的防护正是这样的一支正义力量。目前采取的主要防护措施有电化学保护、金属表面保护层和非金属保护层,这是对抗金属腐蚀的三支主要力量。近年来,围绕金属的防护问题开发了许多新的科学技术:

(1)学科内的新技术:主要有测试方面的新技术、新型表面处理和防护技术、电化学保护技术等。

(2)海洋工程中控制腐蚀的新技术:发展耐蚀材料方面的新技术、发展镀层和涂层方面的新技术、电化学保护等。

(3)航空工程中的腐蚀防护技术:在飞机结构件中的腐蚀防护新技术包括表面处理、开发耐蚀合金、密封缝隙和腐蚀检测系统;航空发动机高温腐蚀与防护新技术包括扩散涂层、包覆涂层、热胀涂层等。

(4)石油工程中的腐蚀防护新技术:阴极保护方面、防护涂层方面、缓蚀剂方面、发展耐蚀材料方面等。

（5）化学工程中的腐蚀防护技术：采用电化学阳极保护法、研制各种耐蚀合金和非金属材料。

可以相信，在这场没有硝烟的"战争"中，代表正义的金属防护一定会取得最后的"胜利"，有效地防止金属腐蚀的发生。

金属的疲劳与断裂

在大自然中，动物会受伤，树木会受伤，人会受伤，那么，坚硬的金属会不会也疲劳和受伤呢？答案是肯定的。金属也会疲劳和受伤就是指金属的疲劳与断裂。

如果动物的骨骼受到扭力，就会发生微细的裂纹，继而变大直至完全断裂；树木受到外力也会先发生细小的裂纹，然后扩展到大的裂口，最后断裂；金属也一样，当金属受到交变载荷时，同样会产生微小的裂纹，然后慢慢扩展，生成断裂带，破坏零件的结构和性能。

疲劳与断裂的理论就好似医学中的基础医学理论，研究在交变载荷下材料与结构中裂纹的萌生、扩展与断裂的力学行为，微观机理及其工程应用，包括研究带裂纹的材料与结构的剩余强度、寿命估算和延寿措施等。因此，疲劳与断裂的研究对于提高产品性能、改进加工工艺、保证零件质量及延长使用寿命等具有重要的理论意义和实际意义。

既然研究疲劳与断裂具有这么重要的意义，那么到目前为止，我们已经认识到了它的哪些方面了呢？

通过研究我们可以知道，断裂是材料在外力作用下丧失连续性的过程。断裂过程可分为裂纹萌生和裂纹扩展两个阶段。断裂形式可分为脆性断裂和韧性断裂。断裂是工程构件主要的破坏形式之一。

疲劳裂纹的扩展一般可分为3个阶段，即非连续型机制阶段、连续型机制阶段、静力型阶段。其中，连续型机制阶段以疲劳条纹为主，静力型阶段以晶间断裂和纤维状为主。

产生疲劳裂纹以后，就会有一定的现象来表现它，使得我们可以认识到其中的奥妙，其中，它的力学行为特征主要体现在以下几个方面：

（1）疲劳极限与疲劳门槛值：分别反映了交变载荷下材料对裂纹萌生和

裂纹扩展的抗力。因为裂纹的萌生和扩展机制不同,对现有的工程金属材料来说,提高疲劳极限的同时会降低疲劳门槛值,反之亦成立。

（2）小疲劳裂纹的扩展行为：① 由于连续介质力学的局限性,裂纹长度与材料的特征微观尺寸相比不够大。② 线弹性断裂力学的局限性引起的裂纹长度与裂尖前方的塑性区尺寸相比不够大。③ 裂纹闭合效应随裂纹长度变化尚未达到稳定而引起裂纹长度小于某一值。

（3）裂纹闭合行为：裂纹闭合主要有 3 种机制,任何影响这些机制的力学、环境及材料的组织和性能因素都会影响裂纹的闭合行为。

（4）变幅载荷下的裂纹扩展：① 超载下延缓效应产生的原因主要有 3 个,即裂尖前方超载塑性区内的残余应力阻止裂纹的延伸、裂纹后方的闭合效应阻止裂纹张开、裂纹前方超载塑性区内晶体缺陷密度的增加进一步阻止裂纹的延伸。② 扩展特征：变幅载荷下的裂纹扩展会出现停滞或加速,这取决于加载历史。一般认为,变幅加载引起的载荷交互作用主要表现为裂纹闭合程度的变化。

（边秀房　王丽）

三、无机非金属材料

无机非金属材料

无机非金属材料与人类生活休戚相关。透明的玻璃、漂亮的瓷器、多彩的景泰蓝、绚丽的唐三彩等都属无机非金属材料。无机非金属材料是当代材料体系中的一个重要组成部分，一般是指除金属材料和高分子材料以外的其他材料，包括传统无机材料和先进无机材料。前者是指以硅酸盐为主要成分的材料，并包括一些生产工艺相近的非硅酸盐材料，如碳化硅、氧化铝陶瓷、硼酸盐、硫化物玻璃、镁质和碳素材料等；后者主要是指 20 世纪以来发展起来的、具有特殊性质和用途的材料，如压电、铁电、导体、半导体、磁性、超硬、高强度、超高温、生物工程材料以及无机复合材料等。

自 20 世纪 40 年代以来，传统无机材料获得了迅速发展，同时又涌现出一系列应用于高新技术和现代工业的先进无机材料。这些无机材料包括陶瓷、人工晶体、复合材料、新型玻璃、碳素材料、新型建筑材料、新型耐火材料等。无机材料不仅深入到人们日常生活和各个工业领域，而且与现代新技术、高技术的发展紧紧地联系在一起。如高温结构陶瓷作为发动机部件、切削用具，耐磨损、耐腐蚀、耐高温，已进入了汽车工业、冶金工业、化学工业、能源工业和环保工业领域。无机材料在国防和军事技术中也具有重要的作用，如陶瓷防弹衣、红外夜视窗、导弹和飞机、天线罩等等都有应用。

无机材料对人类的发展、社会的进步和人类生活质量的提高起到了重要作用。随着材料科学技术的发展，无机材料呈现出从功能材料向高效能、高可靠性、高灵敏度、智能化和功能集成化的方向发展；结构材料向复合化、高韧性、高比强度、耐磨损、抗腐蚀、耐高温、低成本和高可靠性的方向发展的趋势。无机材料的研究热点体现在以下几个方面：作为新型能源转换和储能材料，主要在电动汽车和混合动力车等新一代交通工具上发展；作为新型光电子材料及器件，集中在信息技术数字化、网络化、超大容量信息传输、超高密度信息储存等方面发挥巨大作用；作为生物医用材料，除了包括人工骨、人工牙齿、心脏瓣膜与血管支架等生物材料之外，还将利用特种纳米粒子进行细胞分离、染色、生物探针标记及利用纳米制成药物进行临床疾病诊断和治疗；作为信息功能材料，主要应用于信息技术中，材料的制作将朝着微型化和智能化方向发展，在第三代移动通讯及数字化信息技术中扮演重要角色；作为轻质高强材料，主要应用在未来汽车工业和高速列车上，尤其是美国"9·11"恐怖事件发生之后，对超高层建筑用无机结构材料的需求更为迫切。

无机涂层

人们经常可以在电视上欣赏到人类探索宇宙的壮举：载人航天飞机拖着长长的白色尾烟钻入蓝天，消失在人们的视野之外；宇航员穿着厚厚的宇航服在太空行走，露出惬意微笑。这一切留给我们的是一幅多么美好的景象，但实际上，地球外的太空并不是适合我们人类生存的地方，载人航天器的旅程也是充满着危险。人类探索宇宙面临的最大问题有两个：一是大气层外的太空中充满了各种高能粒子流，它们可直接穿过人体而不被肉眼所见；二是航天器在往返地球大气层时，与空气摩擦产生高温。人类解决这两个问题的方法，就是给宇航员和航天飞机穿上一件特殊"保护衣"。说它特殊，主要是指这件衣服虽然薄，但它却具有很强的耐高温、抗辐射的能力，能够最大限度地降低高温或辐射对航天器或人的侵害。这种"保护衣"其实就是我们所说的特殊无机涂层。

无机涂层是以金属氧化物、金属间化合物、难熔化合物等无机化合物及金属的粉末为原料，用各种工艺方法加涂在各种结构底材上，保护底材不受高温氧化、腐蚀、磨损、冲刷，并能隔热。依据不同的用途和使用环境，无机涂层的工艺也不同。涂覆法是将无机化合物涂料调成浆液，用涂刷、喷涂、网印等方法涂覆在陶瓷或金属底材的表面，然后在低温或室温下固化或者在高温下烧成。喷涂法是直接用一定配比的无机化合物粉料,经过高温喷枪喷涂到金属底材的表面而成。蒸镀法是一种使物料蒸发在被涂器件表面上沉积的技术,其厚度仅为纳米至微米级,应用于极为精细和较为特殊的场合。

无机涂层的种类很多,按涂层用途主要分为抗高温氧化涂层、耐腐蚀涂层和电变色涂层等。抗高温氧化涂层是一类施涂于基体材料表面用来阻止或减少基体材料高温氧化的涂层。众所周知,点燃的航天运载火箭的喷嘴处温度可在很短的时间内达到2 000℃以上,耐高温合金材料很难承受这样的温度巨变。但在耐高温涂层的保护下,这个问题就基本解决了。因为这层无机涂层的导热系数很低,热量很难通过它传递到基材上,从而提高了基材的抗热冲击性。

耐腐蚀涂层是一类为了提高机械零件耐磨性能而施涂于基体或零件表面以降低摩擦损耗的涂层。该类涂层一般具有高强度、高韧性和良好的润滑性能,适用于有相对运动的转动零部件,如阀门、柱塞、轴颈、导轨、叶片等,常采用热喷涂工艺喷制。如含有抗腐蚀涂层的桥梁,其寿命可延长20年左右;喷涂有特殊涂层的太阳能平板,可以长期将太阳能转化成电能;喷涂高耐磨无机涂层的水轮发电机机轴、叶片,可以使水轮发电机耐腐蚀性能提高十几倍;在生物领域,喷涂无机涂层的骨替代品已经开始应用;在军事工业上,喷涂吸波材料的涂层可以使战机成功地躲避雷达的跟踪,实现隐身功能。

电变色涂层是一种很奇特的涂层,人们通常把它称为"灵巧窗"涂层。电变色涂层本身是一种透明涂层,加涂在玻璃表面上,通电后这种涂层会变色,当反方向再通电时,它又会恢复到透明。如果用于窗户上,如同安装了一个"窗帘",根据需要可以开关"窗帘",达到节约能源、调节室内工作环境的目的。实际上,无机涂层还有很多种,如隐身涂层、导电涂层、远红外辐射涂层、生物涂层、超硬涂层等等。这些涂层在人们的生活、生产中都起到重要的作用,各种各样的涂层将世界装扮得多姿多彩。

陶　瓷

中国陶瓷历史悠久,在技术与艺术上都取得了举世瞩目的成就,英文"China"一词就来源于中国制作的陶瓷。中国的制陶技艺可追溯到公元前

4500年的时代,可以说,中华民族发展史中的一个重要组成部分就是陶瓷发展史。漫长的陶瓷发展史是华夏文明进步的真实见证,中国人在科学技术上的成果以及对美的追求与塑造,在许多方面都是通过陶瓷制作来体现的,形成了各时代非常典型的技术与艺术特征。早在欧洲掌握制瓷技术1 000多年之前,中国已能制造出相当精美的瓷器。从我国陶瓷发展史来看,一般是将"陶瓷"这个名词一分为二,成为陶和瓷两大类。通常将胎体没有致密烧结的黏土和瓷石制品,不论是有色还是白色,统称为陶器。将其中烧结温度较高、烧结程度较好的陶器称为"硬陶",将施釉的陶器称为"釉陶"。相对来说,将经过高温烧成、胎体烧结程度较为致密、釉色品质优良的黏土或瓷石制品称为"瓷器"。

陶瓷是指由氧化物、碳化物、氮化物、硼化物、硫化物、硅化物及其复合化合物经成型、烧结所形成的多晶材料,这些材料一般硬度较高、脆性较大。陶瓷可以分为传统陶瓷和先进陶瓷。传统陶瓷是采用天然无机化合物烧结而成的陶瓷;先进陶瓷是采用人工合成的高纯无机化合物为原料,采用精密控制工艺成型烧结而制成的高性能陶瓷,也称为精细陶瓷、新型陶瓷、特种陶瓷或高技术陶瓷。先进陶瓷又分为结构陶瓷和功能陶瓷。

结构陶瓷具有耐高温、耐磨损、耐腐蚀、高硬度、高导热性和质量轻等特点,主要有氮化硅、碳化硅、氧化锆、氧化铝以及陶瓷基复合材料等系列,在机械、化工、冶金、汽车、航空航天、电子通讯以及生物等方面具有广阔的应用前景。

功能陶瓷具有电、光、磁、化学特性,且具有相互转换的功能。大部分功能陶瓷在电子工业中应用十分广泛,通常也称为电子陶瓷。由于功能陶瓷所具有的一些特殊性能,在能源开发、通讯、空间技术、传感技术、生物技术和环境科学等领域广泛应用。

先进陶瓷

先进陶瓷是一种奇妙的材料,它们可以经受住使钢铁熔化的温度,可以抵抗大多数的腐蚀性化学物质。先进陶瓷是以超细人工合成的高纯无机化合物为原料,采用精密控制的制备工艺烧结,具有远胜过传统陶瓷性能的新一代陶瓷,也称为精细陶瓷、新型陶瓷或高技术陶瓷等。

相对于传统陶瓷材料来说,先进陶瓷材料有如下特点:在原料上,从传统陶瓷以天然矿物原料为主体发展到用高纯的合成化合物;在工艺上,新的合成、制备工艺迅速发展,如成型工艺上出现的等静压成型、热压成型、注射成型、离心注浆成型、流延成型等,烧成上出现的热压烧结、热等静压烧结、微波烧结、等离子烧结、自蔓延烧结等新技术。

通常所说的先进陶瓷,按其功能和用途大致可分为功能陶瓷(又称电子陶瓷)和结构陶瓷(又称工程陶瓷)两大类。功能陶瓷是指利用其电、磁、声、光、热、弹等性质或其耦合效应,以实现某种使用功能的先进陶瓷,其特点是品种多、应用广、功能全、更新快。结构陶瓷是指发挥其机械、热、化学等功能的用于各种结构部件的先进陶瓷,主要用于要求耐高温、耐腐蚀、耐摩擦的部件。

先进陶瓷在国防军工和民用领域应用广泛,如在信息产业中,大型集成电路的各类陶瓷基片、衬底材料和光纤通信中的石英光纤有重要的应用。另外,光通信中有源器件中的激光工作物质、无源器件中光纤连接器用的氧化锗陶瓷材料等,都是现代信息产业必不可少的关键材料。国防军工领域中,陶瓷材料发挥了关键作用,战略导弹上的防热端头帽、各类卫星星体和箭体用防热涂层材料、火箭喷管碳/陶瓷梯度复合材料和导弹防御系统中的微波介质材料等等,均是先进陶瓷材料。在医疗领域,疾病早期诊断采用的先进医疗设备(如高分辨 B 超仪、高速 CT 等)中最关键的探测材料,如超声波发射与探测材料、高能射线探测材料都是陶瓷材料。各类高档耐磨耐腐蚀密封材料、陶瓷轴承、钢筋轧制用复合陶瓷材料,不仅提高了相关传统行业的效率,节约了成本,减轻了劳动强度,还对环境保护大有裨益。

由此可见,未来国家的发展将更加依赖于高新技术的发展,而先进陶瓷材料是整个高新技术产业中不可或缺的基础之一,同时也是高新技术产业不断发展的源泉。

功能陶瓷

人们回家按动的压电门铃可发出喜鹊般的音响;天热时,可用压电遥控器打开风扇;天冷时,可用暖风机使室内加温;老年人脚怕冷,可用暖足器暖脚;女性要护发,可用加热的蒸汽热风梳。以上应用都是功能陶瓷在起作用。

功能陶瓷又称电子陶瓷，是一类颇具灵性的材料。它们或能感知光线，或能区分气味，或能储存信息，因此，说它们多才多能一点都不过分。它们在电、磁、声、光、热等方面具备的许多优异性能令其他材料难以匹敌，有的功能陶瓷材料还是一材多能呢！这些性能的实现往往取决于其内部的电子状态或原子核结构。超导陶瓷材料是功能陶瓷的杰出代表，1987 年，美国科学家发现钇钡铜氧陶瓷在 98 开时具有超导性能，为超导材料的实用化开辟了道路，成为人类超导研究历程的重要里程碑；压电陶瓷在力的作用下表面就会带电，反之若给它通电，它就会发生机械变形；电容器陶瓷能储存大量的电能，目前全世界每年生产的陶瓷电容器达百亿支。热敏陶瓷可感知微小的温度变化，用于测温、控温；而气敏陶瓷制成的气敏元件能对易燃、易爆、有毒、有害气体进行监测、控制、报警和空气调节；而用光敏陶瓷制成的电阻器可用作光电控制，进行自动送料、自动曝光和自动记数。此外，还有磁性陶瓷、半导体陶瓷、绝缘陶瓷、介电陶瓷、发光陶瓷、感光陶瓷、吸波陶瓷、激光用陶瓷、核燃料陶瓷、推进剂陶瓷、太阳能光电转换陶瓷、贮能陶瓷、阻尼陶瓷、生物技术陶瓷、催化陶瓷、特种功能薄膜等，在自动控制、仪器仪表、电子、通讯、能源、交通、冶金、化工、精密机械、航空航天、国防等部门均发挥着重要作用。

功能陶瓷的发展与其基础研究的成就休戚相关，随着相关科学的飞速发展和应用要求的不断提高，功能陶瓷材料的化学组成变得越来越复杂，烧结温度不断下降，烧结新工艺日趋成熟，高纯、超细粉体的化学制备进入工业规模生产，功能陶瓷的复合技术及理论体系日趋完善，机敏陶瓷进入了研究与开发阶段等。这些新趋势、新特点为功能陶瓷的发展开辟了更加广阔的道路。在奇妙的材料世界里，还有许多未知的现象有待我们去探究，随着科学技术的进一步发展，人类必然会发掘出功能材料的新功能。

结构陶瓷

结构陶瓷主要是指发挥其机械、热、化学等性能的一大类新型陶瓷材料，它可以在许多苛刻的工作环境下服役，因而在许多重要领域得到应用。

在空间技术领域，制造宇宙飞船需要能承受高温和温度急变、强度高、质量轻且寿命长的结构材料和防护材料，在这方面，结构陶瓷占有绝对优势。从第一艘宇宙飞船即开始使用高温与低温的隔热瓦,碳-石英复合烧蚀材料已成功地应用于发射和回收人造地球卫星,未来空间技术的发展将更加依赖于新型结构材料的应用。在这方面,结构陶瓷尤其是陶瓷基复合材料和碳/碳复合材料远远优于其他材料。

高新技术的应用是现代战争克敌制胜的法宝。在军事上,高性能结构陶瓷占有举足轻重的作用。例如先进的超音速飞机,其能制造成功就取决于具有高韧性和高可靠性的结构陶瓷和纤维补强的陶瓷基复合材料的应用。

结构陶瓷具有优异的耐磨、耐腐蚀、抗氧化、弹性模量和高温强度高等性能,它可以分为两大类:氧化物陶瓷和非氧化物陶瓷。非氧化物陶瓷又可以分为碳化物陶瓷、氮化物陶瓷、硼化物陶瓷、硅化物陶瓷、氟化物陶瓷和硫化物陶瓷。

氧化物陶瓷是发展得比较早的高温结构陶瓷材料。多晶氧化物陶瓷的常温强度较高,而高温强度较小。非氧化物陶瓷是由金属和非金属组成的碳化物、氮化物、硅化物、硼化物、氟化物、硫化物等不含氧的化合物制造的陶瓷材料的统称。碳化物陶瓷的主要特征是具有高熔点,许多碳化物陶瓷均具有很高的强度,还具有良好的导电性和导热性。氮化物陶瓷也是一类高硬度陶瓷材料,典型的氮化硅陶瓷具有很高的高温强度、优良的抗热震性能、较高的硬度和耐磨性以及较强的抗氧化性。硼化物陶瓷结构比碳化物、氮化物复杂得多,具有高熔点。

结构陶瓷已成功地应用于生物材料领域,例如在口腔修复中,利用陶瓷材料具有的优越生物相容性、生物活性、耐磨损性、化学稳定性及高强高硬等机械物理性能,作为牙齿的修复材料(各种烤瓷牙、瓷—金复合、瓷—瓷复合),其独特美学性能是其他高强材料所无法比拟的。另外,结构陶瓷还可用于人体骨骼修复材料等。

随着结构陶瓷的合成与制备技术的新发展,结构陶瓷的强度和韧性有了大幅度的提高,脆性得到改善,这将使结构陶瓷得到更广泛的应用。

日用陶瓷

日用陶瓷是品种繁多的陶瓷制品中最古老和常用的传统陶瓷。这一类陶瓷制品具有最广泛的实用性和欣赏性,也是陶瓷科学技术和工艺美术有机结合的产物。日用陶瓷制品的定义是:"以铝硅酸盐矿物或某些氧化物等为主要原料,依照人类意愿,通过特定的化学工艺,在高温下以一定的温度和气氛(氧化、碳化、氮化等)制成所需形式的工艺岩石。可满足生活上、生产上和工程技术上使用要求,绝大多数不吸水。按其用途有的制成器物后,表面施有相当悦目的各种光润釉或特定釉,若干瓷质还具有不同程度的半透明度。"

日用陶瓷可分为陶器和瓷器两类:陶器吸水率一般大于3,不透光,结构不致密,断面粗糙;瓷器吸水率一般不大于3,透光,结构致密,细腻,断面呈石状或贝壳状,敲击声清脆。日用陶瓷主要为瓷器,按瓷质可分为如下几类:

(1)长石质瓷:它是目前国内外日用陶瓷中普遍采用的瓷质,主要由长石、石英、高岭土3种原料按一定比例配方而成。

(2)绢云母质瓷:它是我国传统的陶瓷之一,是以绢云母做溶剂的瓷石类黏土和石英为主要原料,经配方而成。

(3)日用滑石质瓷:它是一种以滑石为主要原料的镁质瓷,日用滑石质瓷的白度、色调、吸水率、机械强度、热稳定性等方面均已达到或超过一般日用细瓷的水平。

(4)骨灰质瓷:属于软质瓷范畴,始于英国。骨灰质瓷的白度高,透光性好,光泽柔和,吸水率小,烧成温度不高,但热稳定性较差,瓷质较脆,较多用来制造高级日用细瓷和工艺美术陈设瓷。

日用瓷器的艺术化和无铅化是日用瓷器发展的趋势。日用陶瓷造型设计艺术化是集日用陶瓷功能、人的情感、物质技术条件和艺术表现形式于一体的综合表现,是日用陶瓷使用功能和情感功能的统一。日用陶瓷的釉上装饰大都使用一定量的铅化物做熔剂,这些铅遇酸性食物析出,会危害人体健康。因此,自20世纪80年代以来,各国对铅溶出量(同时也包括镉)所规定的允许极限越来越苛刻。为了解决铅溶出量问题,国内外进行了多种途径的研究,例如有的采用无铅颜料,用铋取代铅;有的则从提高颜料的耐酸性入手,试验各种高抗蚀性的颜料;还有的则通过改进颜料的制备、花面加工和烧成工艺等来降铅。快烧颜料使其熔入釉中,不但可以达到降铅的目的,还丰富了装饰方法。目前,许多日用陶瓷餐具的装饰方法已采用釉下彩和釉中彩,向无铅化方向发展。日用瓷器的艺术化、无铅化为人们的日常生

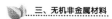

活带来新时代的变化和更美的享受。

耐火材料

耐火材料是指在高温环境中能达到使用要求的无机非金属材料,国际标准化组织规定其耐火度不低于 1 500℃。它包括天然矿石及按照一定的目的要求经过一定的工艺制成的各种制品。它具有一定的高温力学性能、良好的体积稳定性,是各种高温设备必需的材料。

耐火材料是由多种不同化学成分及不同结构矿物组成的非均质体。耐火材料的若干性质取决于其物相组成、分布及各相的特性,即取决于制品的化学矿物组成。通常将耐火材料的化学组成按各成分含量和其作用分为两部分,即占绝对多量的基本成分和占少量的从属成分。副成分是原料中伴随杂质成分和工艺过程中特别加入的添加成分。

耐火材料品种众多,按化学—矿物组成分为:硅质制品,如硅砖、熔融石英制品等;硅酸铝制品,如半硅砖、高铝砖、刚玉砖等;镁质和白云石制品,如镁砖、镁铝砖、镁铬砖、白云砖等;碳质制品,如碳砖、石墨黏土制品等;锆质制品,如锆英石、锆莫莱石砖、锆刚玉砖等;特殊耐火材料,如纯氧化物、碳化物、氮化物、硼化物等制品。制造耐火材料的原料分为天然的和人工合成的两大类。天然原料有结晶硅石、胶结硅石、硬质黏土、软质黏土、高铝矾土、硅线石族矿物、菱镁石、白云石、铬矿、锆英石、石墨等;人工合成原料有海水镁矿、烧结刚玉、合成莫莱石、碳化硅等。人工合成原料质地纯净,化学组成易于控制,可用来制造各种高级耐火材料。

制造普通耐火材料的生产工艺如下:

(1) 原料煅烧:绝大部分耐火材料所用的原料,在制砖前首先要经过煅烧。耐火矿物原料有的含有水,有的在自然界以碳酸盐形式存在,它们在受热时释放出水分或排出二氧化碳,并伴有较大的体积变化。有的原料在加热时结晶形态发生变化,晶体长大,这时也会伴有较大的体积变化。为了避免制品在烧成或使用过程中受热发生体积变化,从而导致砌体损毁,这些原料都需经加热处理。

(2) 原料加工:就是将进到工厂的各种形状和尺寸的原料(包括生矿石和熟料)加工成所需的粒度,并剔除混入原料中的杂质,以供制备砖坯使用。

原料加工包括原料拣选、破碎、粉碎、细磨和筛分。

（3）成型料制备：主要包括配料、捏合等工序。

（4）成型：是指借助于外力和模型将坯料加工成规定尺寸和形状的坯体的过程。成型方法很多，传统的成型方法按坯料含水量的多少分为半干法（坯料水分 5％左右）、可塑法（水分 15％左右）和注浆法（水分 40％左右）。一般的耐火制品多采用半干法成型。

（5）坯体干燥：是砖坯中除去水分的过程。砖坯干燥的目的在于通过干燥排除水分，使砖坯增加机械强度，以减少运输和搬运过程的机械损失，并使砖坯在装窑之后进行烧成时具有必要的强度，承受一定的应力作用，提高烧成成品率。

（6）烧成：是对坯体进行加热处理，使其达到烧结的工艺过程。烧成的目的是使坯体在高温作用下，经过一系列物理、化学变化，降低气孔率，增大体积密度，增加强度，获得在使用条件下体积稳定并具有其他必要性能指标的耐火制品。

耐火材料是为高温技术服务的基础材料。耐火材料主要应用于钢铁工业、有色金属工业、建筑材料工业、石油化学工业和机械工业等部门。

石　棉

石棉是天然纤维状的硅质矿物的泛称，是一种被广泛应用于建材防火板的硅酸盐类矿物纤维，也是唯一的天然矿物纤维，它具有良好的抗拉强度和良好的隔热性与防腐蚀性，不易燃烧，故被广泛应用。

石棉，基本化学成分为 $Mg_6[Si_4O_{10}][OH]_8$，含有氧化镁、铝、钾、铁、硅等成分，多数为白色，也有灰、棕、绿色，具有耐火、耐碱性能，但溶于盐酸。石棉的应用已有数千年的历史。石棉制品或含有石棉的制品有近 3 000 种，为 20 多个工业部门所应用。其中，汽车、拖拉机、化工、电器设备等制造部门主要利用较高品级的石棉纤维织成的纱、线、绳、布、盘根等，作为传动、保温、隔热、绝缘等部件的材料或衬料；在建筑工业上广泛应用中低品级的石棉纤维，主要用来制成石棉板、石棉纸防火板、保温管以及各种保温、防热、绝缘、隔音材料。

石棉主要有以下几种：

（1）蛇纹石石棉：这是一种用途最广、最重要的石棉，颜色为白色或带绿的黄色，半透明，丝绢光泽，可劈分为极细的纤维，具有极好的可纺性。其密度平均为 2 500 千克/米³，没有磁性，是非导电体，具有耐火、耐碱等性能。

（2）蓝石棉：呈蓝色、青蓝色或淡紫色，密度为 3 200～3 300 千克/米³，一般常见的蓝石棉为纤维铁闪石石棉、镁钠铁闪石石棉和钠闪石石棉。蓝石棉容易劈分为很细的纤维，纤维长度一般可达 15～20 厘米，纤维强度也可与蛇纹石石棉相媲美。蓝石棉的一个重要特性是具有良好的吸附性能。此外，它除具有很强的耐酸性以外，还不受海水的侵蚀。但耐热性较差，在200～500℃之间就开始失去结晶水。

（3）铁石棉：是一种含铁量很高的铁镁质含水硅酸盐，呈浅棕、淡褐、淡绿色，少数为白色，密度为 3 100～3 250 千克/米³，纤维一般很长，但很粗硬，变形后机械强度大大降低，不能用来纺织。

（4）直闪石石棉：呈浅灰色或绿色，密度为 3 020 千克/米³，纤维呈细柱状，纤维短，机械强度低，不能用来纺织。但直闪石石棉既耐酸，又耐碱。

（5）透闪石石棉和阳起石石棉：这两种石棉均属钙镁质含水硅酸盐，其中，部分镁离子被二价铁离子所置换，视氧化亚铁（FeO）的含量多少来确定名称。氧化亚铁含量小于 5％的叫透闪石石棉，大于 5％（波动范围 6％～13％）的叫阳起石石棉，密度为 2 850～3 140 千克/米³，阳起石石棉因铁含量高，颜色带绿，纤维多呈放射状。透闪石石棉一般为银白色，纤维短，机械强度低，不宜纺织，但耐酸性很强，工业上用来制造滤酸制品。

随着现代技术的发展，石棉在国防工业上的应用越来越广泛，如石棉与陶瓷纤维制成的复合绝缘材料用于火箭的燃烧室；石棉与石墨的复合材料用作导弹喷管的喉部和导弹发动机机体的封闭绝缘材料；石棉与金属复合材料用于高温防护，它可以避免火箭发动机火舌和高速飞行时由于高温引起的破坏作用；石棉与玻璃纤维、尼龙纤维交织制成的复合材料也用于火箭和导弹工业。

刚 玉

人们对刚玉晶体的兴趣源于它的坚硬、纯净、透明、颜色鲜艳及光彩夺目。刚玉晶体的硬度高、耐磨性能好、摩擦系数小、磨耗后还能保持光泽，因此被大量用于磨料工业。刚玉磨料约占全部磨料的 2/3 以上。

刚玉是一种简单配位型氧化物矿物,主要成分氧化铝(Al_2O_3)。一般都含有微量的铬(Cr)、钛(Ti)、铁(Fe)、锰(Mn)、钒(V)等元素。金红石矿、赤铁矿、钛铁矿中均含有刚玉。刚玉具有玻璃光泽,密度为 3.95～4.4 克/厘米^3,随着氧化铬(Cr_2O_3)含量增高而增大。刚玉化学性质稳定,不易被腐蚀。刚玉形成于高温富铝贫硅的环境中,和斜长石、磁铁石、白云母、黑云母、矽线石等共生,也见于砂矿。

按晶体形态,可将刚玉分为板状或片状刚玉、柱状刚玉、粒状刚玉、单晶刚玉、微晶刚玉、β-刚玉、α、β-刚玉等。按外观颜色分为白刚玉、棕刚玉、红刚玉(红宝石)、蓝刚玉(蓝宝石)、青刚玉、黑刚玉、白蓝刚玉(白蓝宝石)、紫刚玉、透明刚玉、黄刚玉。按含有少量其他物质成分分为铬刚玉、钒刚玉、镍刚玉、锡刚玉、杂刚玉等。

刚玉可作为高级研磨材料,用于精密仪表、手表、精密机械的轴承等领域。白刚玉的红外线透过率特别大,可用作太阳能电池、导弹天线罩等的窗口材料;红刚玉可用作激光发射的材料,色艳、透明者可用作宝石材料。

铝土矿是生产棕刚玉的主要原料,Al_2O_3 含量 88％～90％ 的一等高铝熟料是生产亚白刚玉的主要原料;生产白刚玉、致密刚玉等用氧化铝做原料,而世界上 95％ 以上的工业氧化铝是从铝土矿提取的,可见铝土矿是刚玉材料的重要原料。铝土矿也称高铝矾土或铝矾土,主要矿物是一水铝石和三水铝石。铝土矿是一水铝石和三水铝石的混合物,其主要成分是 Al_2O_3,一般含量为 40％～80％。

众所周知,α-Al_2O_3 是刚玉制品需要的晶型,而工业氧化铝主要是γ-Al_2O_3,因此,必须将工业氧化铝进行高温处理,使 γ-Al_2O_3 全部转变为α-Al_2O_3,以保证材料具有优良的性能。高温处理还能使工业氧化铝中的碱金属氧化物得到清除,降低制品的烧成收缩率,减少制品的变形和开裂。因此,无论是用传统的耐火材料生产方法制造普通刚玉砖,还是用陶瓷方法生产特种耐火制品,基本上都是采用具有 α-Al_2O_3 晶型的刚玉原料。刚玉原料的制备方法主要有 3 种,即轻烧刚玉(轻烧氧化铝)、电熔刚玉、烧结刚玉。

轻烧刚玉一般称为轻烧氧化铝,也有人称为氧化铝预烧,是特种耐火材料生产工艺中的重要工序。其目的是使工业氧化铝中的 γ-Al_2O_3 完全转化

为 α-Al_2O_3,燃烧温度一般不超过 1 500℃,比烧结刚玉煅烧温度低,因此被称为轻烧刚玉。

烧结刚玉的生产工艺过程一般是将工业氧化铝预烧,使 γ-Al_2O_3 转化为 α-Al_2O_3,然后再细磨、成球、高温烧成,俗称二步法;也有采用将工业氧化铝即 γ-Al_2O_3 直接磨细、成球、高温烧成的一步法生产烧结刚玉。烧结刚玉的生产工艺,各生产厂家都不尽相同,但都采用下述的基本生产工艺:原料、磨细、混料、成型、干燥、烧成、加工、检验。

由于制备刚玉材料的原料丰富,取材方便,在制造工艺方面,既可以用传统的耐火材料生产工艺生产刚玉耐火材料,也可以用脱胎于传统陶瓷的方法生产特种耐火材料,即高温陶瓷。因此,工艺日趋成熟,品种不断增加,成为应用范围最广的耐火材料。

硅酸盐材料

化学组成为硅酸盐类的材料称为硅酸盐材料,也称无机非金属材料。硅酸盐材料的制造和使用有着悠久的历史。早在远古旧石器时代,人们就使用经过简单加工的石器作为工具;到新石器时代,已经出现粗陶器,商代出现了原始瓷器和上釉的彩陶;在青铜器时代的金属冶炼中,已经开始应用黏土质和硅质材料作为耐火材料。距今五六千年的古埃及就有了玻璃饰品,当时的建筑中就开始大量使用石灰和石膏等气硬性胶凝材料。公元初期,水硬性的石灰和火山灰胶凝材料也开始被应用到建筑工业中。这些传统的材料经过不同历史时期在各个国家地区的不断发展,已经达到相当高的水平,形成了包括陶器、瓷器、砖瓦、玻璃、搪瓷、胶凝材料、混凝土、耐火材料和天然矿物材料等种类繁多的材料体系。

硅酸盐材料种类繁多,性能各异。从传统的硅酸盐材料到新型的无机非金属材料,众多门类的无机非金属材料已经渗透到人类生活、生产的各个领域,对硅酸盐材料可以从不同角度进行分类。按照材料的成分特点,硅酸盐材料可以分为单质和化合物两大类;按照材料的结构特征来分,硅酸盐材料可以分为单晶、多晶、玻璃、无定型材料、复合材料等;按照材料的形态来分,硅酸盐材料可以分为体相材料、薄膜材料、纤维、粉体等;按照性能特征和使用效能来分,硅酸盐材料又分为结构材料和功能材料两大类;如果按照合成制备工艺分，硅酸盐材料又可以分为烧结材料、湿法合成材料、涂镀材料、水硬性材料等类别。

对于传统的硅酸盐材料和新型的硅酸盐材料，可按照基本的成分特点和结构特征进行分类。传统的硅酸盐材料包括普通陶瓷、玻璃、胶凝材料、耐火材料、天然矿物质和混凝土等；新型的硅酸盐材料包括先进陶瓷、先进玻璃、人工晶体、碳素材料、特种水泥、特种混凝土和无机涂层等。

硅酸盐材料是材料科学与工程领域中发展最为迅速的一大类材料。自20世纪40年代以来，随着高新技术的发展，出现了一系列高性能先进硅酸盐材料，包括结构陶瓷、功能陶瓷、复合材料、半导体材料、新型玻璃、人工晶体、非晶态材料、碳素材料、无机涂层及高性能水泥和混凝土等。这些材料是现代高新技术、新兴产业和传统工业的主要物质基础。硅酸盐材料的发展经历了漫长的历史时期，进入21世纪后，人类对硅酸盐材料的需求越来越大，对其性能要求越来越高。先进硅酸盐材料是未来人类社会科技进步与社会文明的重要的物质基础与支柱。

石　英

石英就是人们常说的水晶，成分为 SiO_2。石英是分布最广的矿物之一，在酸性火山岩中常呈斑晶出现，由于其性质稳定常集中形成砂矿。目前已知存在下列几种二氧化硅的变体：普通石英（β-石英），这种二氧化硅变体的透明晶体称为水晶，水晶在低于573℃正常压力的环境下是稳定的。加热超过573℃时，普通石英转变为 α-石英，其稳定范围介于573～870℃之间。在870～1 470℃范围内稳定存在的是二氧化硅的第三种变体-鳞石英。最后，稳定于1 470℃和1 710℃间的二氧化硅变体为方英石。温度高于1 710℃时，石英开始熔解。熔解的二氧化硅在室温条件下能冷凝成结晶不明显的熔体，这种石英称为熔炼石英、非晶质石英或石英玻璃。

除上述5种变体外，还存在两种不稳定的鳞石英变体（β，γ）和一种不稳定的方英石变体（β）。常用于制件的石英，在自然界中是以水晶、烟晶、墨晶、黄晶、紫晶、蔷薇石英、石英岩、玛瑙、碧石的形式出现的。

石英具有玻璃光泽，断口有油脂光泽、无解理，贝壳状断口，密度为2.65克/厘米³，具有压电性。石英的导电性主要归因于离子传导和电子传导，总导电性随加热而迅速增大。在正常温度下，轴向的导电性比横向的导电性大几百倍。继续加热后，石英的导电性大大降低。在室温下，主轴方向的导热性比垂直于该轴方向的导热性大一倍，结晶石英的导热性随温度的升高而降低，而非晶质石英的导热性却随温度的升高而增大。

石英性质稳定，在一般温度下，石英不溶于除氢氟酸以外的任何酸；长时间加热，则能在相同的溶剂内观察到石英明显的溶解。石英在碱、水玻璃溶液中，尤其在加热下，溶解得更厉害。氢氟酸是石英最好的溶剂，经氢氟酸作用后，石英就产生溶解于水的硅氟氢酸。

石英无色透明，一般石英可做玻璃和陶瓷原料。石英被广泛地使用于实用光学、无线电学、机械学、超声学以及其他学科领域，用石英可以切制摄谱仪的棱镜、超紫外光学用的薄片等。

玻　璃

玻璃绚丽多彩、晶莹璀璨，和人类有着紧密的关系，我们的周围几乎处处都可以看见用玻璃制造的物品。门窗上装着玻璃，喝水用的各种式样的玻璃杯，装汽水或酒的各种玻璃瓶，墙上挂着奖状的玻璃镜框，桌上插着鲜花的玻璃花瓶，还有小朋友们玩的五颜六色的玻璃球，真是不胜枚举。

中国古代玻璃为中国古人的独立发明，与青铜冶炼技术有着密切的关系，青铜的主要原料是孔雀石、锡矿石和木炭，冶炼温度在1 080℃左右。玻璃通常是指熔融、冷却、固化的硅酸盐化合物，石英砂是熔制玻璃的原料，其他原料还有纯碱和石灰石等，冶炼温度在1 200℃。在冶炼青铜的过程中，由于各种矿物质的熔化，玻璃物质在排出的铜矿渣中就会出现硅化合物拉成的丝或结成的块状物。一部分铜粒子侵入到玻璃质中，使其呈现出浅蓝或浅绿色。这些半透明、鲜艳的物质引起了工匠们的注意，经过他们的稍稍加工，便可制成精美的玻璃装饰品了。

玻璃具有显著的特点：一是可以通过化学组成的调整，并结合各种工艺方法（例如表面处理和热处理等）来大幅度调整玻璃的物理和化学性能，以满足范围很广的实用要求；二是可以用吹、压、拉、铸、槽沉等多种多样的成型方法，制成各种空心和实心形状；三是通过焊接和粉末烧结等加工方法制成形状复杂、尺寸严格的器件。

制造玻璃的原料分为主要原料和辅助原料两大类。主要原料是引入各种玻璃组成氧化物的原料,如石英砂、长石、石灰石、白云石、纯碱等,它们决定了玻璃的物理、化学性质。辅助原料是使玻璃获得某些特殊性质和加速熔制过程的原料,它们的用量少,起着脱色剂、着色剂、助溶剂、乳浊剂、氧化剂、还原剂等重要作用,如二氧化锑、硝酸钠、芒硝、萤石、炭粉、食盐等。

玻璃的熔制工艺是生产玻璃过程中最为关键的一环,其目的是将配合料经过高温加热,形成均匀的、无气泡的、符合成型要求的玻璃液。熔制过程大致可以分为5个阶段:硅酸盐形成、玻璃形成、澄清、均化和冷却。玻璃熔制是在耐火砖砌筑的玻璃窑里进行,先将炉窑加热至1 250~1 300℃,加入碎玻璃熟料,使壁上覆上一层熔化的玻璃黏液。然后将制备的粉料送入炉窑,缓慢加热至1 450~1 500℃,使玻璃配合料熔融成无固体颗粒的玻璃液。玻璃在熔制过程中形成硅酸盐熔液,在澄清剂的作用下,使玻璃液排出气体夹杂物,进行澄清和均匀化,最后将玻璃液放入冷却池中冷却。

在现代工业中,玻璃不仅是传统的采光和装饰材料,还是一种功能和结构材料。例如现代建筑中越来越多地采用大面积的窗玻璃和墙体玻璃,其至双层中空玻璃、吸热玻璃等;又如在自动化通讯中采用的玻璃型光纤,可以达到大容量、高敏、抗干扰及保密性好等现代化通讯要求;又如高纯涂层石英玻璃和低碱石英玻璃可用于半导体工业。

特种玻璃

玻璃至少已有五六千年的历史了。距今5 500年前,埃及法老墓中啥舍苏女皇的项珠就是用墨绿色的玻璃制成的,中国在3 000多年前的商朝也已经发明了玻璃制造技术,但是在漫漫千年的岁月中,玻璃的生产技术并没有发生革命性的变化。直到20世纪,突飞猛进的科学技术才开创了玻璃品种的新纪元,特种玻璃应运而生。

特种玻璃有微晶玻璃、光导纤维、凝胶玻璃和光色玻璃等。微晶玻璃是具有微晶体和玻璃相互均匀分布的材料,又称玻璃陶瓷或结晶化玻璃。

我们知道导弹是有"眼睛"的特种炸弹。要让导弹的"眼睛"永远明亮,就要为它戴上一副既能经受高速气流、高温的考验,又能对微波放行的"眼镜",也就是特种玻璃罩。第二次世界大战期间,康宁玻璃公司的研究人员在美国军方的要求下，研制了这种特制的玻璃。他们精选原料，去除有害杂质，又在原料中加入极少的金属盐类，以便以此为核心，形成无数直径只有 0.05～1 微米的晶体。这些微晶体在玻璃内星罗棋布，互相支撑，使玻璃变得特别结实。科研人员将它叫做"微晶玻璃"。实验证明，微晶玻璃即使加热到 1 300℃也不会变软；将它加热到 900℃，再骤然投入冰水中，也不炸不裂；它能让微波穿透，使导弹的"眼睛"——雷达对微波收发自如，能永远认清目标。微晶玻璃的结构与性能和陶瓷、玻璃均不同，其性质由矿物组成与玻璃相的化学组成以及它们的数量来决定，因而它集中了后两者的特点，成为一类特殊的材料。

光导纤维是能够以光信号而不是以电信号的形式传送信息的具有特殊光学性能的玻璃纤维。由于光纤通讯技术可以远距离传输巨量信息，因此成为当今最活跃和最有应用前景的新兴科学技术。光纤制备工艺大都采用气相反应法，其原理是：将液态的四氯硅烷($SiCl_4$)和其他卤化物气化，并在一定的条件下进行化学反应沉积而生成掺杂石英玻璃。由于该方法中所采用的卤化物为半导体工业的通用原料，其纯度极高，又因为该法采用载气将卤化物蒸汽带入反应区，从而进一步纯化了反应物，控制了跃迁金属离子的含量。

凝胶玻璃具有很多优点，如制备温度低、纯度高，可制备多组分氧化物玻璃和涂层等。凝胶玻璃采用溶胶—凝胶法制备，其基本原理是：将处于液态的适当组成的金属有机化合物，通过化学反应和缩聚作用生成凝胶，经加热脱水并除去杂质，最后烧结形成玻璃材料。

光色玻璃是指在适当波长的光辐照下改变其颜色，而移去光源时则恢复原来颜色的玻璃。用光致变色玻璃制作的眼镜，像一副"自动窗帘"，为驾驶人、滑雪者、登山运动员等挡住强光，挡住紫外线，真是功劳多多。许多光色材料在光的作用下，可以从一种结构状态转变到另一种结构状态，导致颜色的可逆变化。但在经历反复的明暗变化后，它们会出现疲劳现象，而光色玻璃可以避免这种疲劳现象，出于光色玻璃的非晶态特性，它们还具有一些独特的性能。采用与普通玻璃相同的熔制和成型技术，可以制成各种所需尺寸和形状的材料，具有耐化学侵蚀、耐磨等优点。光色玻璃用途很广，例如光色眼镜已商品化，同时在信息存储与显示、图像转换、光强控制和调节等方面获得了广泛应用。

碳素材料

碳素材料是指纯碳材料及以碳为主要组成的复合材料,简称碳材料。碳材料是人类最早使用的材料之一,在北京郊区周口店北京猿人的洞穴里,发现有大量的炭和灰烬,说明当时人类已经开始利用火来取暖和煮熟食物。公元前 4000～5000 年前后,人类进入铜器时代,不但知道炭是产生热能的源泉,而且还可以用炭从铜矿中将铜还原出来,这时将炭进一步做还原剂使用了。将炭和石墨作为材料来使用是人类发明电之后。1800 年,有人将木头炭化加工成棒,作为电极产生电弧,这种电极质地疏松,后来人们用木炭粉加上一些稠焦油,二者混合后,在 0.689 兆帕压力下成型,再焙烧制成电极。

利用煤气发生炉炉壁上热解沉积的炭可以制造电极,这种热解沉积的炭,强度当然比木炭要大多了。用粉状焦和糖混合,在压力下成型,再在高温下焙烧,然后又将它放入糖溶液中浸渍,使糖填充电极的孔隙,再经二次焙烧,可以使炭材料更密实。19 世纪末,美国人研制了高温石墨化技术,制成了人造石墨电极。20 世纪,碳科学及新型碳材料得到了迅速发展,于 20 世纪 40～50 年代制成了高纯、高密度的核用石墨。20 世纪 60 年代发展了化学气相沉积技术,制成了热解石墨。20 世纪 70 年代开发了碳纤维及其复合材料的技术,在航空航天领域中得到了广泛应用。20 世纪 80 年代,通过对石墨层间化合物的开发研究制得了柔性石墨等新材料。20 世纪 90 年代发现了以足球状 C_{60} 为代表的笼形碳,R. Curl、R. Smalley 和 H. Kroto 因此获得了 1996 年诺贝尔化学奖。同时,在 20 世纪 90 年代初又发现了碳纳米管、多层笼形碳等。100 多年来,碳科学的新发展和研究,以及近代科技特别是电子信息技术和空间技术迅速发展的需求,为新型碳材料的发展提供了极大的空间。

碳素材料由于其结构的多样性而表现出丰富的性能特征。同样是纯碳,既可以是硬度最高的金刚石,也可以是柔软滑腻的石墨;既可晶莹剔透、光彩夺目,也可以用作制造黑体;既可以是绝缘体,也可以是良导体;特别是新发现的纳米管、笼形碳,既有望制成最坚韧的太空缆绳,也有望制成纳米级的晶体管。在今天,碳材料已经进入到科学技术的各个领域和人类生活的各个空间。因此人们预测,碳材料将是 21 世纪最有发展前途的新型材料之一。

石　墨

　　自然界存在 3 种不同形态的碳的同素异构体:金刚石、石墨和各种煤炭。不同的结构与其形成时所经受的压力与温度有着密切关系,由于形成时的压力和温度不同,同样的碳元素可以生成不同形态和不同结构的物质,而且在一定的条件下又可以转化。例如,一些无定形碳在常压下加热到 2 500 开以上的高温,可以转化成石墨,而石墨在极高的压力和高温下,又可以生成金刚石。人们可以利用这种转化规律来生产人造石墨和人造金刚石。

　　石墨存在于变质岩和变质的石灰岩层中,因褶皱而被压入地壳深处的有机质堆积物,在高压下,因受岩浆及其伴随的气体和热水等高温作用而变为石墨,石墨同黏土或其他矿物一起被开采出来,其形状为块状、鳞片状、粉状等。

　　工业上将石墨矿石分为晶质(鳞片状)石墨矿石和隐晶质(土状)石墨矿石两大类,晶质石墨矿石又可分为鳞片状和致密状两种。中国石墨矿石以鳞片状晶质类型为主,其次为隐晶质类型。晶质鳞片石墨因可选性好,对原矿品位要求低,一般在 2.5% 以上就可达到工业品位。而隐晶质石墨由于可选性差,对原矿品位要求较高,一般要求大于 65%～80% 才可以直接利用。根据生产方法和固定碳含量的不同,又将鳞片石墨分为高纯石墨、高碳石墨、中碳石墨和低碳石墨。无定形石墨即隐晶质石墨,又称土石墨。根据其粒度粗细不同,分为无定形石墨粉和无定形石墨粒。无定形石墨粉分为0.149毫米、0.074毫米及 0.44 毫米 3 个粒级,用阿拉伯数字作为粒级的代号。无定形石墨粒分为粗粒、中粒、细粒 3 种,均有上下限要求,用拼音字母作为粒度的代号。

　　鳞片石墨可浮性好,多采用浮选法。浮选前要先将矿石进行破碎与磨矿,选矿工序包括原矿石粗碎、细碎、粗磨、浮选、精矿再磨、精矿脱水、干燥分级和包装等过程。无定形石墨晶体极小,石墨颗粒常常嵌布在黏土中,分离很困难,但由于品位很高(一般在 60%～90% 之间),所以国内外许多石墨矿山将采出的矿石直接进行粉碎加工,出售石墨粉产品,其工艺流程为:原矿→粗碎→中碎→烘干→磨矿→分级→包装。随着工业的发展,对石墨产品的要求朝着高纯、超细方向发展,一方面要求高纯大鳞片的石墨晶体,另一方面要求超细的石墨粉。石墨提纯方法有化学提纯法、高温提纯法和混合法,其中,化学提纯法又可分为湿法和干法两种。

由于石墨具有上述特殊性能,所以在冶金、机械、石油、化工、核工业、国防等领域得到广泛应用,其用途为:作为耐火材料,在冶金工业中用石墨制造石墨坩埚、做钢锭的保护剂、做冶炼炉内衬的镁碳砖;作为导电材料,在电器工业中广泛采用石墨做电极、电刷、电棒、碳管以及电视机显像管的涂料等;作为耐磨材料,在许多机械设备中用石墨做耐磨和润滑材料,可以在$-200 \sim 2\,000 \, ℃$范围内以 100 米/秒的速度滑动,不用或少用润滑油;作为密封材料,用柔性石墨做离心泵、水轮机、汽轮机和输送腐蚀介质设备的活塞环垫圈、密封圈等;作为耐腐蚀材料,用石墨制作器皿、管道和设备,可耐各种腐蚀性气体和液体的腐蚀,广泛用于石油、化工、湿法冶金等部门;作为隔热、耐高温、防辐射材料,石墨可作为核反应堆中子减速剂,以及火箭的喷嘴、导弹的鼻锥、宇航设备零件、隔热材料和防射线材料等。

碳纤维

碳纤维是纤维状的碳材料,其化学组成中碳元素占总质量的 90% 以上。碳纤维具有高比强度、高比模量、耐高温、耐腐蚀、耐疲劳、抗蠕变、导电、传热和热膨胀系数小等一系列优异性能。作为高性能纤维的一种,碳纤维既有碳材料的固有特性,又兼备纺织纤维的柔软可加工性,是新一代军民两用新材料,已广泛用于航空航天、交通、体育与休闲用品、医疗、机械、纺织等领域。美国联合碳化物公司(UCC)于 1959 年开始最早生产黏胶基碳纤维,20世纪 50～60 年代是黏胶基碳纤维的鼎盛时期,虽然目前已开始衰退,但是它作为耐烧蚀材料,至今仍占有一席之地。1959 年,日本研究人员发明了用聚丙烯腈(PAN)原丝制造碳纤维的新方法,在此基础上,英国皇家航空研究院研制出了制造高性能 PAN 基碳纤维的技术流程,使其发展驶入了快车道,PAN 基碳纤维成为当前碳纤维工业的主流,其产量占世界碳纤维总产量的90% 左右。1974 年,美国联合碳化物公司开始了高性能中间相沥青基碳纤维 Thornel-P55 的研制,并取得成功,这样碳纤维就形成了 PAN 基、沥青基和粘胶基三大原料体系。

碳纤维作为导电、隔热、烧蚀等功能材料使用时,对碳纤维的力学性能要求不高。作为复合材料的增强体使用时,它的拉伸强度、拉伸模量和断裂伸长率等力学性能则应达到要求的主要指标。碳纤维主要有四种分类方法:按原料进行分类,碳纤维可分为黏胶基、聚丙烯腈基和沥青基碳纤维;按制造条件和方法分类,有普通碳纤维、石墨纤维、预氧化纤维、活性碳纤维和气相生长碳纤维;按单丝数分类,有小丝束和大丝束碳纤维,小丝束指 1～24 开(1 开为 1 000 根单丝数)碳纤维,大丝束指 48～540 开碳纤维;按力学性能分类,有通用级和高性能级碳纤维,其中高性能级碳纤维又分中强型、高强型、超高强型、中模型、高模型和超高模型碳纤维。碳纤维在应用时多是利用其优良的力学性能而作为增强材料,因此使用中更多的是按力学性能进行分类,一般认为通用级碳纤维的拉伸强度小于 1 400 兆帕,拉伸模量小于 140 吉帕;高性能级碳纤维的拉伸强度要大于 3 500 兆帕,拉伸模量要大于 230 吉帕。碳纤维的理论强度为 180 吉帕,目前世界上强度最高的碳纤维 T1000(日本东丽公司)的拉伸强度也仅是理论值的 3.9%。

不同原料的碳纤维前驱体都应经历预氧化、中温碳化和高温碳化后制得碳纤维。预氧化是在空气介质中于 180～300℃ 温度条件下进行;中温碳化和高温碳化分别在惰性气氛中于 300～800℃ 和 1 200～1 600℃ 温度条件下进行。石墨纤维是在此基础上于 2 000～3 000℃ 温度条件下石墨化获得的。活性碳纤维的制备则是在前驱体纤维经过预氧化后同时进行炭化和活化处理。气相生长碳纤维的主要碳源为苯、甲烷等有机化合物,制备方法有基板法和流动法两大类,前者是将催化剂颗粒负载在基板上,适宜间歇操作,制得的碳纤维较长;后者则是催化剂与原料气同时进入反应器,适宜连续操作,可制得毫米级直径的碳纤维。

碳纤维是一种脆性材料,但其可编织性能良好。碳纤维可以加工成炭布、炭毡、碳纤维纸以及预浸料等中间制品。由于聚丙烯腈基碳纤维的力学性能远高于黏胶基和沥青基碳纤维,聚丙烯腈基碳纤维在各应用领域中已确立了它的优势地位。碳纤维作为增强材料制得的复合材料主要包括碳纤维增强树脂基复合材料、碳纤维增强金属基复合材料、碳纤维增强陶瓷基复合材料、碳/碳复合材料和碳纤维增强水泥基复合材料等。碳纤维及其复合材料既可作为结构材料承载负荷,又可作为功能材料发挥作用。

(王成国)

四、有机高分子材料

什么是高分子材料

对于"高分子",许多人可能会感到陌生。其实,高分子就在我们每一个人的身边,我们的衣、食、住、行都离不开高分子。我们不但每天都用到高分子,而且每天也吃高分子。我们穿的衣服基本上是棉麻、丝毛、尼龙、的确良等纤维构成,我们吃的食物如米、面、豆、肉、蛋中都含有大量淀粉、蛋白质,建房子用的木料、涂料、油漆,交通工具使用的轮胎,学习用的橡皮擦,球鞋,雨衣等橡胶制品……所有这些都是高分子材料,高分子材料的基础是高分子化合物。

那么,什么是高分子化合物呢? 高分子化合物就是那些分子量特别大的物质。常见的化合物一般由几个或几十个原子组成,分子量也在几十到几百之间。如水(H_2O)的分子量为 18,乙醇(C_2H_5OH)的分子量是 46。高分子则不同,它的分子量一般要大于 1 万。高分子化合物的分子由几千、几万甚至几十万个原子组成,它的分子量也就是几万、几十万甚至以亿来计算。高分子的"高"就是指它的分子量高。

这么多的原子是怎样聚合在一起的呢? 无论是天然高分子还是合成高分子,都有一个共同的结构特性,即这些物质都是由简单的结构单元以重复的方式连接而成的,这种结构单元被称为链节。一个高分子中链节的数目被称为聚合度,链节间连接的方式不同,所形成的高分子化合物也不同,其性质会有很大差别。如线型高分子是由许多链节组成的长链,其连接方式就像许多铁圈一个接一个地套起来形成一条长形链一样。在这种结构中,不仅有分子中的化学键力的作用,而且高分子链很长,分子间接触点很多。因此,分子间的范德华力也起着明显作用。这种结构特征是高分子化合物具有特殊性能的原因,如高分子化合物具有相当大的机械强度,有些甚至超过钢铁的强度。

此外,还有支链型高分子和网状高分子。线型高分子的分子链上长出了许多枝杈,形成支链型高分子。塑料就是这种类型的高分子。其特点是在受热时能变软,没有确定的熔点,易于塑造成各种形状,冷却后又可变为固定形状,再加热还能熔化。这种性质叫热塑性。

在线型高分子链上,有些能起反应的基团跟别的单体或物质起化学反应后,分子链间的化学链会将它们连接起来,形成的结构像渔网,被称为网状高分子;又因其结构不只是一张网,网与网之间又相互交联,形成立体结构,所以又叫立体形高分子。这类高分子性质奇特,它不溶于溶剂,而且一经热加工或成型后,再受热不能再熔化。硫化橡胶就属于这一类高分子。

许多高分子化合物具有很好的电绝缘性。这是因为其化学键为共价键,不能发生电离,没有传递电子的能力,而且热和声也不易引起高分子的振动。因此,可用作隔热保温或隔音材料。宇宙飞船的外层就涂有一层高分子物质。飞船在回到大气层时,虽然其表面温度可达 5 000℃ 左右,这远远超过了任何物质的熔点,但由于高分子传热性极差,这也只能使外层高分子物质燃烧脱落。飞船本体没有受到高温的威胁,从而能安全返回地面。

另外,还有许多具有光、电、磁性质的高分子材料,如导电性高分子、半导体高分子、非线性光学用高分子、光电导高分子等,这类功能高分子材料在不同领域都发挥着重要作用。下面介绍一些常见的高分子材料。

塑　料

塑料是指以高分子(或在加工过程中用单体直接聚合)为主要成分,以增塑剂、填充剂、润滑剂和着色剂等添加剂为辅助成分,在加工过程中能流动成型的材料。

塑料主要的特征是质量轻,化学稳定性好,不会锈蚀;耐冲击性好,具有较好的透明性和耐磨耗性;绝缘性好,导热性低;一般成型性、着色性好,加工成本低。但大部分塑料耐热性差,易燃烧;热膨胀率大,尺寸稳定性差,容易变形;耐低温性差,低温下变脆,容易老化;某些塑料易溶于溶剂。

塑料的种类繁多,分类体系比较复杂,各种分类方法也有所交叉,主要有以下3种分类方法:一是按使用特性分类;二是按理化特性分类;三是按加工方法分类。

根据各种塑料不同的使用特性,通常将塑料分为通用塑料、工程塑料、特种塑料3种类型。通用塑料的特点是产量大、用途广、成型性好、价格便宜,如聚乙烯、聚丙烯、酚醛树脂等。工程塑料是指那些能承受一定外力作用,具有良好的机械性能和耐高、低温性能,尺寸稳定性较好,可以用作工程结构的塑料,如聚酰胺、聚砜等。特种塑料是指具有特种功能,可用于航空、航天等特殊应用领域的塑料,如氟塑料和有机硅具有突出的耐高温、自润滑等特殊功用,增强塑料和泡沫塑料具有高强度、高缓冲性等特殊性能,这些塑料都属于特种塑料的范畴。

根据各种塑料不同的理化特性,可以把塑料分为热固性塑料和热塑性塑料两种类型。热固性塑料是指在受热或其他条件下能固化或具有不溶(熔)特性的塑料,如酚醛塑料、环氧塑料等;热塑料性塑料是指在特定温度范围内能反复加热软化和冷却硬化的塑料,如聚乙烯、聚四氟乙烯等。

塑料有不同的成型方法,可以通过膜压、层压、注射、挤出、吹塑、浇铸和反应注射等多种方法进行加工。膜压塑料多为加工性能与一般固性塑料相类似的塑料;层压塑料是指浸有树脂的纤维织物,经叠合、热压而结合成为整体的材料;注射、挤出和吹塑多为物性和加工性能与一般热塑性塑料相类似的塑料;浇铸塑料是指能在无压或稍加压力的情况下,倾注于模具中能硬化成一定形状制品的液态树脂混合料,如尼龙;反应注射塑料是用液态原材料加压注入膜腔内,使其反应固化成一定形状制品的塑料,如聚氨酯等。

塑料已广泛地应用于我们的日常生活以及汽车、轮船、航空、航天等工业和国防领域。

天然纤维

通常人们把长度比其直径或宽度大很多倍并具有一定柔韧性的细长物质称为纤维。一般像棉花、羊毛、麻之类的天然纤维的长度为其直径的1 000～3 000倍。凡是直径小得难以用肉眼测量,而其长度为直径的1 000倍以上的物质,就是我们所说的纤维。实际上,对蚕丝和化学纤维而言,长度和直径的比值可能延绵至近于无穷大。

天然纤维是自然界存在的、可以直接获得的纤维。中国是利用天然纤维最早的国家之一,其中闻名于世的蚕丝的发展,更是我们祖先对人类的一项重大贡献。

按来源和组成不同,天然纤维又可分为植物纤维、动物纤维和矿物纤维三种。植物纤维又称天然纤维素纤维,是由植物上的种子、果实、茎、叶等处获得的纤维,它包括种子纤维,如棉、木棉等;韧皮纤维,如苎麻、亚麻、黄麻、槿麻、罗布麻等;叶纤维,如剑麻、蕉麻等。

棉纤维以柔软、舒适为特点,在天然纤维中产量最大,用途最广,除大量用于服装、床单等生活用品之外,还可用于工业,如做帆布、传送带,也可用作保温用的填充材料。麻纤维挺爽吸汗,其大多数品种用于制作绳牵、包装品(麻袋),少数优良品种的纤维用于纺织、服装、装饰织物等。

动物纤维因其主要成分是蛋白质,又称天然蛋白质纤维,是由动物的毛发和绒毛、禽类的羽绒和羽毛、昆虫的腺分泌物中取得的纤维。主要来源是人工饲养的动物。毛发类动物纤维是指羊毛、山羊绒、驼毛、兔毛、牦牛绒等;羽绒类指鸭绒、鹅绒、鸽绒等;腺分泌物类指桑蚕丝、柞蚕丝、蓖麻蚕丝、木薯蚕丝等。

毛纤维具有非常好的手感、弹性、保暖性。其产量比棉要少得多,但却是优良的纺织原料,产品大多是高档的。只有毛纤维具有毡缩性能,是毡制品和地毯的上好原料。动物纤维中最主要的是绵羊毛,简称羊毛。羊毛广泛用来制造各种纺织品或制毡。禽类的羽绒和羽毛在纺织上可与其他纤维混纺,也可做填充材料。蚕丝是唯一的天然长丝,是我国的特产。有资料证明,5 000年前中国人就开始养蚕。蚕是蛾的幼虫,以桑叶为食,其饲养过程精细而复杂。养蚕对于西方一直是神秘的,直到公元550年,有人偷偷地将蚕种带到君士坦丁堡,欧洲才开始生产蚕丝。

矿物纤维又称天然无机纤维,是从矿物中提取的纤维,来源于地壳的岩层中。矿物纤维主要包括各类石棉,如温石棉和青石棉,它具有良好的抗拉强度和良好的隔热性与防腐蚀性,不易燃烧,被广泛用作建筑材料和防火材料。

人类使用天然纤维的历史已有数千年,远古的人类正是非常聪明地利

用了天然纤维制衣遮体、抵御风寒、捕鱼，自身才得到进一步的发展。世界文明发达最早的地方也都是天然纤维开发利用最好之处。随着科技的进步，在20世纪后期，天然纤维冒出了绿色分支，如彩色棉、彩色动物毛等；人造纤维中出现了天丝绵、大豆蛋白纤维、甲壳素纤维、玉米纤维等。天然纤维的利用满足了人类的基本需求，丰富了人类的物质生活，提高了人类的生存水平。

合成纤维

天然纤维的性能虽然不错，但是其生产受到自然环境的限制，其产量和质量都难以保证，要想完全靠天然纤维来解决人们的穿衣问题是非常困难的，更无法满足工农业和其他产业对纤维的需求。唯一的出路是开发新的纤维原料，大力发展合成纤维的生产。合成纤维的出现是在20世纪30年代。最早的合成纤维是由聚氯乙烯纺丝制成的氯纶。1938年，第一个用合成高分子化合物为原料的化学纤维厂投入了生产，它就是尼龙66。以后，一系列合成纤维如腈纶、维尼纶、涤纶等先后研制成功，并投入工业生产。

合成纤维是用合成高分子化合物为原料经加工而制成的化学纤维的统称，即以石油、天然气、煤等为主要原料，用有机合成的方法制成单体，聚合后经纺丝加工而制成的纤维。合成纤维按原料可分为涤纶、锦纶、腈纶、维纶、丙纶、氯纶、乙纶、氨纶等。

涤纶纤维：涤纶是最挺括的纤维，它是聚酯纤维的简称，是以聚对苯二甲酸乙二醇酯（简称聚酯）为原料合成的纤维。1953年正式投入工业化生产，是合成纤维中产量最大的品种。

尼纶纤维：尼纶是结实耐磨的纤维，它是聚酰氨纤维的统称（俗称"尼龙""尼隆"）。这类纤维种类很多，最主要品种有尼龙66和尼龙6。其耐磨性极高，回弹性很好，多用于制造袜子、内衣等衣着用品，还可用于生产轮胎的帘子线、绝缘材料、渔网、地毯等。在我国又称锦纶，因为这种纤维是在锦州首先制造出来的。

腈纶纤维：腈纶是最耐晒的纤维，它是聚丙烯腈纤维的简称，也叫人造羊毛，是以丙烯腈为主要原料（含丙烯腈85％以上）制成的纤维。其性能近于羊毛，手感柔软、温暖、不易霉烂、不受虫蛀，可纯纺或同羊毛及其他纤维混纺生产纺织品或其他工艺用品。

维纶纤维：维纶是聚乙烯醇纤维的简称，是以聚乙烯醇为主要原料制成的合成纤维。这种纤维吸水性同棉纤维相近，是合成纤维中吸水性最高的一种，但耐热性较差，适用于制造衣着、家用纺织品以及篷布、水龙带、绳索等。

丙纶纤维：丙纶是质量最轻的纤维，它是聚丙烯纤维的简称，是以等规聚丙烯为原料制成的合成纤维。它是纺织纤维中密度最小、能浮于水上的纤维。可纯纺或与棉、毛等纤维混纺制成织品做衣料、窗帘、家具用布，还可以做袜子、工业滤布、绝缘材料和非织造布等。

氯纶纤维：氯纶是保暖最好的纤维，它是聚氯乙烯纤维的简称，是以聚氯乙烯为主要原料制成的合成纤维。具有抗化学药剂、耐磨蚀、抗焰、耐光、绝热、隔音等特性，制成内衣有治疗风湿关节炎的作用，并适于制造工业滤布、絮棉、抗焰服装、渔网、帘幕等。

氨纶纤维：氨纶是聚氨基甲酸酯纤维的简称，是一种具有高弹性能的特种纤维。它可以像皮革一般自由伸缩，所以也被称作魔术纤维。氨纶是追求动感及便利的高性能衣料所必需的高弹性纤维，被广泛地用于制作内衣、休闲服、运动服、短袜、绷带等。氨纶比原状可伸长 5～7 倍，所以穿着舒适、手感柔软，并且不起皱，可始终保持原来的轮廓，符合时装和追求舒适的人类本性，在各种时装制品上的用途越来越广泛。

20 世纪中后期，合成纤维家族新秀辈出，而且神通广大，像刀枪不入、大火不侵的芳纶、碳纤维，力大无比的高强高模聚乙烯（因其科技含量高，也叫高科技纤维）。在与其他物质融合后，除具有一般纺织纤维的特性外，还有防菌、阻燃、抗紫外线、发远红外线、导电、防微波、发光、变色、香味等特殊功能，于是被称为功能性纤维。欣欣向荣的纤维家族正不断地为人类作出新贡献。

有机玻璃

玻璃，中国古代也称琉璃，是一种透明、强度及硬度颇高、表面平滑及不透气的非晶形固体。玻璃在化学上几乎完全呈惰性，也不会与生物起作用，它透光性好，在日常生活、建筑和科技等领域具有非常广泛的应用。不过一般的玻璃都是由无机硅酸盐材料制备,有易碎、不耐冲击、抗碎裂性能差的缺点。我们这里要介绍的是有机玻璃。

有机玻璃是一种热塑性塑料,主要成分为聚甲基丙烯酸甲酯,是通过甲基丙烯酸甲酯的单体聚合制备的。其密度为 $1.19\sim1.20$,具有极高的透明度,透射率高达 $92\%\sim93\%$,可透过 99% 的可见光和 72% 的紫外光。有机玻璃的质量仅为普通玻璃的 $1/2$,但是抗碎裂性能为普通硅酸盐玻璃的 $12\sim18$ 倍,机械强度和韧性大于普通玻璃 10 倍以上。有机玻璃的硬度相当于金属铝,具有突出的耐候性和耐老化性,在低温($-50\sim60℃$)和较高温度($100℃$以下)时的冲击强度不变,有良好的电绝缘性能。而且有机玻璃的化学性能稳定,能耐一般的化学腐蚀。

有机玻璃主要应用于建筑采光体、透明屋顶、棚顶、电话亭、楼梯和房间墙壁护板等方面,卫生洁具方面有浴缸、洗脸盆、化妆台等产品。近年来,在高速公路及高等级道路照明灯罩及汽车灯具方面的应用发展也相当快。其中,建筑采光体、浴缸、街头广告灯箱和电话亭等方面的市场增长较快,有着十分广阔的市场前景。

用有机玻璃挤出板制成的采光体,具有整体结构强度高、自重轻、透光率高、安全性能高等特殊优点,与无机玻璃采光装置相比较,具有很大的优越性。

目前,美国和日本已在法律中作出强制性规定,中小学及幼儿园建筑用玻璃必须采用有机玻璃。在我国,各地也加快了城市建设步伐,街头标志、广告灯箱和电话亭等大量出现,其中所用材料中有相当一部分是有机玻璃。在卫生洁具方面,由于有机玻璃浴缸具有外观豪华、有深度感、容易清洗、强度高、质量轻及使用舒适等特点,近年来得到了广泛的使用。

另外,还有特种有机玻璃,如光学有机玻璃、防射线有机玻璃及光盘级有机玻璃等。

有机硅材料

有机硅是指含有硅元素的有机物,它是数千种有机硅化合物的总称。最早的有机硅材料聚硅氧烷是 20 世纪 40 年代才投入市场的一种新材料。在有机硅聚合物中环绕着一条由硅原子和氧原子交替组成的稳定中心链或骨架(Si-O-Si)。侧链上连接着有机基团,由于它结构中既含有"有机基团",又含有"无机结构",因此,它既有无机物二氧化硅的安全可靠性、无毒、无污染,焚烧或埋入地下不会污染周围环境、无腐蚀、使用寿命长、难燃、耐高低温、耐气候老化、耐臭氧、电绝缘等优点,又具有高分子材料易加工的特点。被广泛应用于电子电气、建筑建材、纺织、轻工、医疗、机械、交通运输、塑料橡胶等各行业,并深入到人们生活的各个领域,成为化工新材料的佼佼者,其发展正可谓方兴未艾。现在有机硅已经成为一种几乎到处都可以使用的材料,被誉为现代科学技术文明的"佐料"或"味精"。有机硅在医学上的应用就是一个很好例证,由于有机硅对生物体反应小、血凝性低、性能稳定,而且能加工成软硬不同的橡胶、海绵、薄膜、油、脂、乳化剂、片剂等各种形式的制品,成为目前应用最广、价值最大的一种理想的医用高分子材料。无论从异物反应、血液相溶性、尤其是抗血凝性和组织相溶性等方面,有机硅材料(特别是硅橡胶)都表现出独特的优越性。

有机硅材料的种类很多,如硅油及硅油制品是有机硅材料中一类重要产品,大约70%是以乳液溶液形式消费。基本可分为线型硅油和改性硅油两大类。改性硅油中,聚醚改性占绝大多数,其次是氨基改性、环氧改性、烷基改性、巯基改性、醇改性硅油等。硅油制品主要有消泡剂、脱模剂、纸张隔离剂、织物整理剂和硅脂等。主要需求行业是机械行业、电子电力行业、化学工业、纺织染整业、纸制品、医药及化妆品业。

硅橡胶是有机硅产品中产量最大、品种牌号最多的一类。其主要品种有:热硫化硅橡胶生胶及胶料、室温硫化硅橡胶、加成型液体硅橡胶(即有机硅凝胶)。硅橡胶的三大需求产业是电力、电子、办公自动化设备及通讯设备、汽车、建筑密封剂。

硅树脂的主要用途是制备各种H级绝缘漆、耐气候老化涂料、塑料表面耐磨涂料、耐高温漆。此外,还用作云母黏合剂、石棉压塑料、玻璃纤维层压材料、混凝土和砖石防水剂、电绝缘线圈浸渍用清漆、玻璃纤维布层压黏结剂、半导体结点涂料等。

硅烷及偶联剂在玻璃纤维增强塑料中用于处理玻璃纤维,改进聚合物及复合材料的性能,处理无机填料及做交联剂、表面处理剂等方面,用途广泛,用量很大。

高分子液晶材料

　　大家都知道，一般条件下，物质有"三态"：固态、液态和气态。其实，所谓的三态只是大致的区分，有些物质的固态可以再被细分出不同性质的状态。同样，液体也可以具有不同的"态"，其中分子排列具有方向性的液体就称为"液态晶体"，简称"液晶"。

　　固态晶体与气体、液体不同，具有长程有序结构和方向性，所以它们的许多物理特性也具有方向性。液态晶体在具有一般晶体的方向性的同时也具有液体的流动性。如果要改变固态晶体方向必须旋转整个晶体，而液态晶体就不同了，它的分子取向可由电场或磁场来控制。液晶已广泛地用于笔记本电脑、计算器、电视等许多领域。

　　高分子液晶（简称 LCP）是具有类似于低分子液晶有序结构的一类聚合物，它们在熔融状态或溶液中呈现出液晶特有的流动性和各向异性。高分子液晶可按不同方式分类，按其具体来源可分为天然高分子液晶和合成高分子液晶。天然高分子液晶主要有纤维素、多肽、DNA 及 RNA 等生物大分子。根据液晶形成的条件不同，可分为热致高分子液晶、溶致高分子液晶和压致高分子液晶三大类。热致高分子液晶是在升温或冷却过程中，在一定的温度范围内形成液晶态。溶致高分子液晶是用合适的溶剂制成一定浓度的溶液，才呈现液晶态。压致高分子液晶是在压力的作用下出现液晶态，这类高分子液晶为数不多。另外，高分子液晶根据介晶基元在大分子链中所处的位置，又可分为主链高分子液晶和侧链高分子液晶。介晶基元位于大分子主链的，为主链高分子液晶。介晶基元位于大分子侧链的，为侧链高分子液晶。如果主链和侧链均含有介晶基元，则称为双型或复合型高分子液晶。而溶致高分子液晶目前多为主链高分子液晶。

　　高分子液晶有机地综合了液晶和高分子两者的特点，具有优异的综合性能。它的一些性能是其他材料所不具备的，因而在航天航空、国防军工、国民经济重要工业部门和家用电器等各个领域获得了广泛的应用。高分子液晶可以是具有高模量、高强度的高分子，并且在其相区间温度时的黏度较低，且高度取向，利用这一特性进行纺丝，不仅可以节省能耗，而且可以获得高模量高强度的纤维，因此，被用于制造防弹衣、消防用的耐火防护服、各种规格的高强缆绳乃至航空航天器的大型结构部件；它可以是具有很小的热膨胀系数的高分子，因此，适于光纤的被覆；它可以是微波吸收系数最小的耐热性高分子，因此，特别适合于制作微波炉具；另外，经过改性后的高分子液晶还可用于显示材料或信息记录材料；小分子胆甾型液晶已成功用于精密温度测定和痕量药品的检测。

高分子封装材料

高分子封装材料是高分子材料在封装领域里的应用，主要是在电子工业中的应用。封装的目的是保护电子器件免受不利环境（灰尘、潮气、机械冲击）的破坏，同时起到机械支撑和散热的功能，提高工作元件的运行可靠性。对电子封装材料要求有：① 低应力；② 高热传导性；③ 高耐热性；④ 耐湿性及耐腐蚀性；⑤ 电气性好等。

用作封装材料的高分子材料种类很多，主要分为热固性聚合物、热塑性聚合物和弹性体。热塑性聚合物材料受热软化，而温度降低后就会固化。热塑性是可逆的，聚氯乙烯、聚苯乙烯、聚乙烯、氟碳聚合物、沥青、柏油、聚对二甲苯等都是高性能的热塑性聚合物。热固性聚合物材料是在固化后不能再返回至原状态的高分子材料。有机硅、聚酰亚胺、丁二烯基苯、醇酸树脂类、烯丙基酯类等均是在电子领域内应用的热固性封装材料。弹性体是具有高伸长率或弹性的热固性材料，如硅橡胶、硅凝胶、天然胶及聚氨酯等。然而，对于集成电路技术应用而言，在上述论及的诸多材料中，只有少数材料可以制成高纯度产品而作为封装材料使用。

聚硅氧烷类：主要是硅橡胶，又分为高温硫化硅橡胶和室温硫化硅橡胶两大类。硅橡胶具有独特的物理、化学性质，如耐高低温、耐候、耐臭氧、抗电弧、电气绝缘性、耐某些化学药品、高透气性等。这类电子封装材料得到了广泛的应用。

环氧树脂类：环氧树脂是在电子领域应用最多的聚合物。其优异的化学稳定性、抗侵蚀性、电性能与物理性能、优异的黏合性、绝热性、低收缩率以及合理的材料价格，使环氧树脂在电子应用方面很具吸引力。特别是高纯度的环氧树脂，含氯量与其他游离的离子（如钠离子、钾离子）含量均大大降低，非常符合电子封装材料的性能要求，作为电子封装材料很有发展前景。对刚硬的环氧树脂改性,掺入少量弹性体物质,如有机硅弹性体颗粒,则会降低热应力,降低弹性模量,提高强度。

聚氨酯:聚氨酯由异氰酸酯和多元醇反应生成预聚体,然后与扩链剂(二胺或二醇)反应硫化制得。其硬度范围宽,可做成目前最硬的弹性体。在相同硬度下,比其他的弹性体承载力高、抗冲击性高、回弹范围广,适于高频挠曲应用。低温柔顺性好,不受臭氧侵蚀的影响,耐辐射。高性能的聚氨酯被用在集成电路的各个领域。

聚酰亚胺:聚酰亚胺分为缩聚型和加聚型两种。缩聚型芳香族聚酰亚胺是由芳香族二元胺和芳香族二酐、芳香族四羧酸或芳香族四羧酸二烷酯反应而制得。目前获得广泛应用的加聚型聚酰亚胺主要有聚双马来酰亚胺和降冰片烯基封端聚酰亚胺。通常这些树脂是端部带有不饱和基团、相对摩尔质量较低的聚酰亚胺,应用时再通过对不饱和端基进行聚合。这类树脂在宽广的温度范围内可保持高的强度,具有高的热稳定性和氧化稳定性,优良的磨蚀特性和电性能,在高温下电性能基本保持恒定,并具有优良的耐溶剂特性。另外,聚酰亚胺的表面或本体电泄漏很小,它能形成很好的层间双电阻隔剂,同时在集成电路的多层结构的形成上提供优良的阶梯覆盖。

高分子膜材料

膜广泛存在于自然界,起着分隔、分离和选择性透过等重要功能。膜可以是固态的,也可以是液态的,其典型特征就是相对于长和宽,其厚度几乎可以忽略。

功能膜数量庞大,分类方法也多种多样。根据构成膜的材料种类划分,包括以无机碳材料或陶瓷材料为主的无机膜,以合成高分子或天然高分子为主的有机膜和以液体高分子在支撑材料上形成的液体膜等。根据使用功能划分,包括用于混合物分离的分离膜,用于药物定量释放的缓释膜,起分隔作用的保护膜等。根据被分离物质性质的不同,有气体分离膜、液态分离膜、固体分离膜、离子分离膜和微生物分离膜等。根据膜的截留分子量与通量,又将膜分为微滤、超滤、纳滤和反渗透等四大类。根据膜的形成过程划分,有沉积膜、相变形成膜、熔融拉伸膜、溶剂注膜、烧结膜、界面膜和动态形成膜等。根据膜结构和形态的不同,可以分为密度膜、乳化膜和多孔膜等。

膜科学的研究内容包括膜的化学组成、形态结构、构效关系、形成方法、加工技术工艺、膜分离机制以及应用开发等诸多方面。

膜分离的基本原理是利用天然或人工合成的、具有选择性透过的薄膜，以外界能量或化学位差为推动力，对双组分或多组分体系进行分离、分级、提纯或富集。用特殊性能高分子材料制作的分离膜，以其能透过某些物质而阻挡另一些物质或对不同物质具有不同透过速率的功能，实现选择性分离。这种分离技术具有操作简便、能耗少、无污染等特点，因此是海水淡化中最有前途的一种方法。反渗透膜已成为海水和苦咸水淡化制取饮用水的最经济的手段。世界上反渗透淡化的水日产量达 1 000 万吨，是中东、沙漠地区、滨海和岛屿地区社会和经济发展的生命线。我国部分海岛、舰船、滨海电厂、众多苦咸水地区包括西部地区，也用淡化水解决饮用水和工业的急需。

40 年来，电渗析、反渗透、微滤、超滤、纳滤、渗透汽化、膜接触和膜反应等技术已相继发展起来，在能源、电子、石化、医药卫生、重工、轻工、食品、饮料行业和人民日常生活及环保等领域均得到广泛应用，产生了显著的经济和社会效益，并已使海水淡化、苛性钠生产、乳品加工等多种传统工业的生产面貌发生了根本性的变化。膜分离技术已经形成了一个相当规模的工业技术体系。高分子功能膜在医药领域的人工肾透析、血液过滤、腹水过滤、浓缩静脉回输、人工胰、人工肺、激素提纯、多肽、氨基酸、酶、蛋白质等大分子物质的浓缩和精制、中草药精制和浓缩等方面也起着重要的作用。

离子交换树脂

离子交换剂是一类能发生离子交换的物质，分为无机离子交换剂（如沸石）和有机离子交换剂。有机离子交换剂又称离子交换树脂，它是一类带有可离子化功能基团的网状结构的高分子化合物。其结构由三部分组成：不溶性的三维空间网状骨架、连接在骨架上的功能基团和功能基团所带的相反电荷的可交换离子。按骨架结构不同，离子交换树脂可分为凝胶型和大孔型两大类。按其所带的交换功能基的特性，可分为阳离子交换树脂、阴离子交换树脂和其他树脂。按功能基上酸或碱的强弱程度，分为强酸阳离子交换树脂、弱酸阳离子交换树脂、强碱阴离子交换树脂、弱碱阴离子交换树脂等。

离子交换树脂的基本特性是：其骨架或载体是交联聚合物,因而在任何溶剂中都不能使其溶解,也不能使其熔融;聚合物上所带的功能基可以离子化。常用的离子交换树脂的颗粒直径为0.3～1.2毫米。特殊用途的离子交换树脂的粒径可以大于或小于这一范围。离子交换树脂还需具有高机械强度、高交换容量、足够的亲水性、高的热稳定性和化学稳定性、高的渗透稳定性等性能。

离子交换树脂是放置在树脂柱中进行工作的,这有利于发挥它的功能,这种分离柱就叫离子交换树脂柱。利用离子交换树脂柱分离物质的技术称为离子交换色谱,它包括固定相和流动相。一般阴离子离子交换树脂做固定相,采用酸性水溶液;阳离子离子交换树脂做固定相,采用碱性水溶液。其工作原理就是待分离的组分在固定相上发生的反复离子交换反应,例如有的阳离子交换树脂利用氢离子来交换阳离子,有的阴离子交换树脂利用氢氧根离子来交换阴离子。

利用离子交换树脂进行分离工作常规过程一般包括预处理、装柱、入料、运行、洗脱、反洗和再生等。预处理就是用化学的方法把树脂中的杂质除去。装柱是将树脂与水混合一起倾入树脂柱中,借助水的浮力使树脂自然沉积,在柱内均匀堆积,密度一致。树脂柱装好后就可以入料进行分离了,即运行。反洗是为再生做准备的。离子交换树脂使用一段时间后,吸附的杂质接近饱和状态,就要进行再生处理,用化学药剂将树脂所吸附的离子和其他杂质洗脱除去,使之恢复原来的组成和性能,以便可以进行多次分离使用。在实际运用中,为降低再生费用,要适当控制再生剂用量,使树脂的性能恢复到最经济合理的再生水平,通常控制性能恢复程度为$70\%～80\%$。如果要达到更高的再生水平,则再生剂量要大量增加,再生剂的利用率则下降。树脂的再生应根据树脂的种类、特性以及运行的经济性,选择适当的再生药剂和工作条件。

离子交换树脂在水处理、食品工业、制药工业、合成化学和石油化学工业、环境保护以及湿法冶金等诸多方面都有极其广泛的应用。水处理领域离子交换树脂的需求量很大,约占离子交换树脂产量的90%,用于水中的各种阴阳离子的去除。目前,离子交换树脂的最大消耗量是用在火力发电厂的纯水处理上，其次是原子能、半导体、电子工业等。

淀粉衍生物高分子材料

植物淀粉资源在自然界中分布广泛，淀粉原料主要来自稻谷类、豆类、薯类及其他一些富含淀粉的植物。我国淀粉资源极为丰富，其中一部分淀粉在不破坏其聚合情况下，在进行了化学变性通过后得到淀粉衍生物。化学变性通过采用化学、物理和酶法处理，使淀粉分子中的某些化学结构或物理结构发生变化，从而改变淀粉的性能，或者产生新的性能，得到新型变性淀粉。淀粉衍生物品种繁多，其中磷酸淀粉、醋酸淀粉、氧化淀粉、羧甲基淀粉、阳离子淀粉、烷烃基淀粉和接枝共聚物淀粉等已形成工业生产。这些产品的许多物理特性，比如水中的溶解度、黏度、膨胀度和流动性等都比原淀粉好，并且还出现新的特性，如水不溶性、可塑性等。现在，国外淀粉衍生物已用于食品、包装、造纸、纺织、医药、涂料、环保和三废处理。

淀粉衍生物的性质、来源和经济效益决定了淀粉衍生物的生产种类，如中国玉米淀粉占 80% 以上、木薯占 14%，从衍生物的开发来看，主要以这两种淀粉为原料。

工业中利用淀粉为原料生产的普鲁兰，在食品工业中可制成透明的薄膜，有隔气保香性；可以用作药品造粒时的黏合剂，制造微囊，还可用于医疗材料，如血浆增量剂；在轻化工业中，可以用于化妆品、电池、涂料等。

淀粉是众所周知的可生物降解型天然高聚物，热塑性淀粉与其他生物可降解聚合物共混，能够满足广泛的市场需求。与热塑性淀粉共混的聚合物主要有聚乙烯醇（PVA）、聚乳酸（PLA）、聚羟基丁酸酯（PHB）、聚羟基戊酸酯（PHV）、PHBV 共聚物、聚己内酯（PCL）、脂肪族二元醇（如 1-丁二醇、4-丁二醇）与脂肪族二元酸（如琥珀酸、己二酸、壬二酸、癸二酸、芜二酸等）反应生成的聚酯、聚酯酰胺、聚氨酯、聚氧乙烯以及纤维素、壳聚糖及其衍生物等。共混物中淀粉的含量可达 50% 以上。接枝共聚反应使淀粉性能得到明显改善，但共聚反应过程中往往有大量均聚物产生。这虽然对材料力学性能有利，但其本身是非生物降解性的。将生物降解型聚合物接枝到淀粉链上制成的可生物降解的淀粉衍生物高分子材料，用在食品业上有淀粉餐具、牙签等。可生物降解材料能够在适当的条件下经有机降解成为混合肥料。

生物降解塑料具有使用时发挥塑料本身的优良性能，用后废弃时又不给环境带来污染，能被各种微生物（酶）迅速分解。目前国内外降解塑料的研制开发工作非常活跃，并已有部分开始了工业化生产，发展相当迅速。

有机超薄膜

有机超薄膜是指覆盖于固体表面的、分子排列致密而有序的有机单分子层，或由若干这种单分子层重叠而成的多层分子二维结构。由于其分子排列高度有序，并可根据使用性能的要求在结构中引入特殊的功能基团，因而在非线性光学、微电子学、传感器和生物材料中得到广泛的应用。

LB 膜是有机超薄膜中的重要类型。近年来，另一种称为"自组装体系"的有机膜也得到了迅速发展。此外，真空蒸发等传统的薄膜技术也已成功地用于有机超薄膜的制备。

这里仅以 LB 薄膜为例做一介绍。LB 薄膜是将具有两亲性（亲水、亲油）的有机分子溶解在挥发性强的有机溶剂（如氯仿、甲苯等）中，将这种溶剂在水面上铺展开，待溶剂挥发后，在水面上形成悬浮的单分子膜，这是 Langmuir 在 20 世纪 20 年代初首先做成的，故称 Langmuir 膜。20 世纪 30 年代，Blodgett 将这种水面上的单分子膜在恒定压力下转移到玻璃上，就形成 LB 薄膜。因此，LB 薄膜是在载片上的 Langmuir 膜，是 Langmuir 和 Blodgett 两个人共同建立的薄膜技术。追溯它的历史，远在公元前 18 世纪，就有将油倾入海中来平息海上汹涌波涛的传说。1774 年，B. Frnaklin 首次从科学的角度描述并推导了这一现象。1862 年，年仅 18 岁的少年 A. Pockels 在德国开始了水面上铺展膜的研究工作。据说他是在护理弟弟的同时，在厨房里反复进行了这种实验。1899 年，L. Rayleigh 宣布从实验上验证了单分子层概念的正确性，并精确计算出橄榄油单分子层厚度为 1 纳米，这在化学的发展史上树立起一个新的里程碑。水面上铺展单分子层的理论基础直到 1917 年才由 Langmuir 奠定。1932 年，Langmuir 因其出色的吸附理论而被授予诺贝尔奖，这是与单分子层有关的第一个诺贝尔奖。

LB 薄膜技术的研究是当前国际上一项比较活跃、跨学科的高技术研究领域。作为有机单分子薄膜的 LB 薄膜，具有超薄、均匀、厚度精确可控、对衬底无损伤等优点。人们可以根据不同的研究和应用目的，利用 LB 薄膜技术将紧密排列的单分子膜逐层地转移到固体基片上。可人为地将分子组装成具有特定功能的有序体系,实现分子的堆积和排列,从而对薄膜的结构和物理、化学性质在分子水平上加以控制和研究。目前已经成功地得到具有功能特性的单分子绝缘膜、半导体膜、导电膜和生物膜。LB 薄膜技术在半导体微电子学、薄膜光电子学、生物分子电子学等领域有着广阔的应用前景。

导电高分子材料

在人们的印象中,高分子都是不导电的绝缘体,像超市里的购物袋、塑料导线包皮、塑料插头、插座及许多电器的塑料外壳等就是利用了塑料的绝缘特性。导电高分子是指具有导电性质的高分子材料,它主要分为结构型导电高分子和复合型导电高分子。

结构型导电高分子是指本身或少量掺杂后具有导电性质的高分子材料,一般是电子高度离域的共轭聚合物掺入适当电子受体或供体后制得的。从导电时载流子的种类来看,结构型导电高分子主要分为两类:一类是离子型导电高分子,它们导电时的载流子主要是离子;另一类是电子型导电高分子,导电时的载流子主要是电子(或空穴)。

复合型导电高分子所采用的复合方法主要有两种:一种是将亲水性聚合物或结构型导电高分子与基体高分子进行共混,即用结构型导电聚合物粉末或颗粒与基体树脂共混,它们是抗静电材料和电磁屏蔽材料的主要用料。其用途十分广泛,是目前最有实用价值的导电塑料。

目前通常采用化学法或电化学法,一种是将结构型导电高分子和基体高分子进行微观尺度内的共混,从而获得具有互穿或部分互穿网络结构的复合导电高分子;另一种则是将各种导电填料填充到基体高分子中的导电树脂基复合材料,是以树脂为基体,添加导电纤维、颗粒、粉末、球状、块状导电体等制备而成,目前填充的填料主要有炭黑、金属、碳纤维以及纳米型导电高分子等。炭黑是天然的半导体材料,其体积电阻率为 $0.1\sim10$ 欧・厘米。它不仅原料易得,导电性能持久稳定,而且可以大幅度调整复合材料的电阻率($1\sim10^8$ 欧・厘米)。因此,由炭黑填充制成的复合导电高分子是目前用途最广、用量最大的一种导电材料。金属是优良的导体,采用金属作为填料,尤其是将金属纤维填充到基体高分子中,经适当混炼分散和成型加工后,可以制得导电性能优异的复合导电高分子材料,其体积电阻率可达到 $10^{-3} \sim 1$ 欧·厘米。由于比传统的金属材料质量轻、容易成型且生产效率高,因此是很有发展前途的新型导电材料和电磁屏蔽材料。碳纤维既具有碳素材料的固有特性,又具有金属材料的导电性和导热性,其导电能力介于炭黑和石墨之间。其导电机理是加入到树脂中的短切碳纤维,相互搭接形成导电回路,从而利用碳纤维的导电特性,使其复合材料具有导电性。其应用以制备防静电材料、导电材料、电阻体材料和电磁波屏蔽材料为主。导电高分子纳米复合材料集高分子导电性与纳米颗粒的功能性于一体,具有极强的应用背景。纳米导电高分子是新兴的导电材料,一种方法是将纳米级导电填料填充到树脂基体中制备导电纳米高分子;另一种方法是采用纳米材料制造工艺制备纳米结构的导电高分子。

随着高分子材料应用范围的不断拓宽,导电高分子在能源、光电子器件、信息、传感器、分子导线和分子器件,以及电磁屏蔽、金属防腐和隐身技术等领域将得到愈来愈广泛的应用。

环境敏感高分子材料

下雨前,我们会看到蚂蚁搬家和蜻蜓低飞,秋天到了,我们会看到大雁南飞,冬天有些动物会冬眠,还有含羞草等自然界中的生物对环境做出的反应。当然,人也会通过听觉、触觉、嗅觉、味觉等对环境的改变做出相应的反应。同样的,环境敏感高分子材料是对环境具有可感知、可响应和具有功能发现的高分子材料。这类高分子与普通的高分子有所不同,它们的物理、化学性质能因环境的变化发生突变,因此,它们也被称为"刺激响应性高分子""灵巧性高分子""智能性高分子"。这些刺激可以是温度、pH 值、离子强度、溶剂组成、光照、电场、磁场、化学物质等。

pH 值敏感型高分子材料利用了电荷数随 pH 值变化而变化的高分子,它的溶液状态能随环境 pH 值、离子强度而变化。pH 值敏感性高分子的侧链一般是随 pH 值变化的酸或碱,它具有可解离的酸性或碱性基团。

温度敏感型高分子材料的特征是高分子在溶剂中的溶解度随温度而变化。温度敏感型高分子化学结构的一般特点是亲水性部分和疏水性部分之间保持适当的平衡,所以具有适度的溶解度。线性聚 N-异丙基丙烯酰胺是一种典型的温度敏感型高分子,它的水溶液呈现出温度敏感特性,随着水溶液温度升高,其溶解性下降,到某一温度会产生沉淀,但降低温度时,它又可逆地恢复到原来在低温下的状态。

光敏感型高分子材料中,高分子的主链或侧链上导入了具有受光异构化性能的化合物。光刺激的特点使光信号不仅能够立即传入感应器部位,而且信号量能够得到严格控制。三苯甲烷无色染料衍生物一般呈电中性,但是经紫外线照射后发生离解而形成抗衡离子,凝胶内部的渗透压变高,从而使凝胶经紫外线照射溶胀。

电场敏感型高分子材料主要指高分子电解质。在外加电场的情况下,材料的特性发生变化,因此,可以远距离控制材料的性质。比如我们将带有正电荷的 n-十二烷基氯化吡啶表面活性剂溶解于水中后施加电场,会发现凝胶向阳极弯曲。利用电场敏感性凝胶能制备在电解质溶液中边弯曲边前进的能游泳的人工鱼。

敏感性高分子受外界刺激时,高分子链内的链段有较大的构象变化,当外界刺激消失时,敏感性高分子会自动恢复到原来的内能较低的稳定状态。

随着对智能高分子材料的深入研究,发展具有多重响应功能的"杂交型"高分子材料成为重要的发展方向,这种复合材料具有自愈合、自应变等功能。

目前,虽然已经研究了一些可制备具有化学阀功能的膜材料及相关化学模型,但材料的选择有一定的局限性,所以材料的合成制备仍然是这类材料发展的瓶颈。

聚合物光纤

聚合物光纤全称为聚合物光导纤维,简称 POF。聚合物光纤是光导纤维家族的重要成员。与多组分玻璃光纤和石英光纤相比,它具有直径大、质量轻、柔韧性和弯曲性能优异等优点,且易于加工,成本低。正因为有着如此多的优点,所以 POF 首先在工艺品、装饰装潢领域获得应用。采用 POF制作的光纤工艺品能够变幻形态和色彩,更富有动感。随着 POF 研究开发的不断深入,其应用领域不断扩大。现在 POF 在汽车、医疗、环境保护、建筑和光纤通信局域网中都有用武之地。POF 冷光照明被认为代表未来照明装饰趋势,而用于光纤传感器和光疗的侧面发光 POF,更是其独到的表现。可以预见,随着科学技术的进步,POF 会有更大的发展空间。

提高 POF 性能是拓展其应用空间的关键,其核心在于光纤材料制备水平的提高。聚合物光纤所用芯、皮材最明显的特征是高透明性。作为高透明聚合物,它通常具有如下几方面特征:

(1)聚合物为无定型结构,各向同性,不含有发色团,具有均一的折射率,这是作为透明聚合物的重要条件之一。

(2)若聚合物中存在结晶性,则要求结晶区和无定型区有相近的折射率和密度,若满足这一条件,则该种聚合物有较好的透明性,否则由于结晶材料的密度不一样,结晶处成为光散射源,材料会失去透明性。

(3)对于完全结晶或结晶程度较高的聚合物,若其晶区尺寸较小,小于可见光波长,且不含发色团,则光经过这些晶区时将不发生折射和反射,这种聚合物也会有比较好的透明性。

衡量透明高分子材料的光学性能主要有 5 个指标:透光率、雾度、折射率、双折射和色散。透光率指透明材料的光通量与入射到材料表面上的光通量之比的百分数,POF 要求材料的透光率大于 90%;雾度又称浊度,是由于材料内部或表面上散射造成的云雾状或混浊的外观所造成的,通常用散射光通量与透过材料的光通量之比的百分数表示,一般要求低于 1%;为保证传输光在光纤芯材中的传输,通常要求芯材折射率要大于皮材折射率 0.03 以上;双折射是表征材料表面各项异性的物理量,即平行方向和垂直方向折射率的差值,它主要由聚合物分子结构、分子取向和成型工艺决定的;色散是指透明材料折射率随传输波长的变化,一般光纤芯皮材料折射率随传输波长增大而减少,产生材料色散。提高 POF 传输带宽的重要方法之一就是降低色散。

有机光电导材料

在很多办公室和家庭,我们都能见到各种打印机、复印机等办公用品,这些电子产品给我们工作和日常生活带来了许多便利和乐趣。这些产品的心脏部分就是用光电导材料制成的感光鼓。那么,什么是光电导效应和有机光电导材料呢?光电导效应是指光照变化引起半导体材料电导变化的现象,具有光电导效应的有机化合物与高分子材料统称为有机光电导材料。当光照射到半导体材料时,材料吸收光子的能量,使非传导态电子变为传导态电子,引起载流子浓度增大,从而导致材料电导率增大。这样,光电导体就可以将光信号转换成电信号,即将光能转换成电能,而且通过增感,光电导材料的响应波长可调,如聚乙烯咔唑与三硝基芴酮混合后,响应波长从紫外区移至可见区。复印机的工作原理正是利用了这种特性。在复印机中,光电导材料被涂敷于底基之上,制成进行复印所需要使用的印版(印鼓),所以也将印版称之为感光板(感光鼓)。感光板是复印机的基础核心部件。复印机上普遍应用的感光材料硒、氧化锌、硫化镉、有机光导体等都是较理想的光电导材料。

现在世界上生产的复印机中,约70%使用了有机光电导材料制成的感光鼓。在激光打印机和彩色打印机中,感光鼓中使用的几乎全是有机光电导材料。有机光电导体中以高分子材料为主,聚合物光敏性比相应的小分子高出10倍左右,而且聚合物光电导材料具有成膜性好、成型加工容易等特点。有机光电导材料有许多种,目前复印机上使用的多是聚乙烯咔唑。有机感光鼓的结构有单层、双层、多层几种形式,其中双层结构的机能分离型有机感光鼓在实际中应用得最多。这种有机感光鼓是由载流子传输层、载流子发生层、导电层和片基组成的。所谓机能分离型,是指感光鼓产生的载流子与传输载流子的机能分别由不同层来承担的。其中,载流子发生层由载流子发生材料与黏合剂组成,其作用是吸收光子后产生载流子;载流子传输层是由载流子传输材料与黏合剂组成的,作用是接收并传输载流子发生层所产生的载流子。导电基体由导电层和片基组成,用于接地并支撑载流子发生层与传输层。这种结构由于将载流子产生机能和载流子传输机能分开,因而载流子产生量子效率高,敏感度高。

总之,有机光电导材料可以人工合成,有成本低廉、低毒、质轻、可挠性好等优点,而且涂层不易脱落,寿命较长,一般充放电可在0.6万~1万次或更多,目前的使用寿命已达10万次以上,因此是当前使用得最多的光电导材料。我国在酞菁类金属配合物和聚合物方面的研究已经取得了重要成果,并且已接近产业化,在聚硅烷及其衍生物等新型光电导材料的研究开发方面也正在积极探索之中。

有机电致发光材料

每当夜幕降临的时候,我们的城市到处灯光灿烂,流光溢彩,各种灯光不仅给人们带来了光明,而且在许多场合成为烘托气氛、渲染感情的艺术品。从原始的火把、蜡烛、普通电灯、荧光灯到半导体发光二极管,人类一直都在追求着光明。光的产生就是一种将其他能量(如化学能、电能等)转化为光能的过程。在这一过程中,往往伴随着热的产生。而有机电致发光是指有机材料在电场作用下,将电能直接转化为光能的一种发光现象。电致发光器件中用作发光的有机材料称为有机电致发光材料。与无机电致发光相比,有机、聚合物薄膜电致发光器件具有更高的发光效率和更宽的发光颜色选择范围,并容易大面积成膜,是当今国际上平板显示技术及照明的研究热点之一。

在有机电致发光器件中,电致发光材料应具有以下几个特点:高荧光量子效率,尤其是固体荧光量子效率要高;荧光发射在可见光(400~700 纳米)范围内;具有较高的载流子传输性能;具有良好的成膜加工性;具有良好的热稳定性及化学稳定性。

有机电致发光材料有多种分类方法,既可以按材料的分子结构特性分为有机小分子材料和高分子聚合物材料,其中有机小分子材料包括荧光染料和有机金属配合物材料,也可以按材料的发光波长范围分为红、绿、蓝光材料,还可以按材料的载流子传输特性分为电子传输性发光材料、空穴传输性发光材料和两性传输发光材料。

有机小分子发光材料可以用真空蒸镀成膜的材料,主要是荧光染料、激光染料和闪烁体等。它具有选择范围广、易提纯、高荧光量子效率及发光颜色可调节的优点。发光染料是目前小分子材料中种类最多且发光效率较高的电致发光材料,如红光染料有 DCM,绿光染料有香豆素染料和萘胺类材料,黄光染料有红荧烯,蓝光染料有蒽等。这些都是常用的发光小分子材料,这类材料主要被用作掺杂剂。

金属配合物是介于无机物和有机分子之间,既具有有机材料的高发光效率,又有无机发光材料的良好稳定性的一类较有前景的发光材料。

高分子聚合物电致发光材料具有廉价、器件制作工艺简单、启动电压较低、亮度和效率较高、可调制色彩的特点，并具有优良的机械性能和良好的成膜性，因而较易实现大面积显示，是具有商业前景的电致发光材料。

尽管有机小分子和聚合物薄膜电致发光器件发展非常迅速，目前还存在不少问题，如发光材料稳定性差、寿命短、发光效率和亮度低以及成膜性能不好等。因此，还需开发新的有机发光材料，进一步提高发光亮度和效率，改善电致发光材料的性能。随着各项技术的逐步发展和完善，有机电致发光器件完全有可能成为"21世纪的平板显示器和照明灯"。

有机非线性光学材料

说起非线性光学，大家可能会觉得很陌生，因为我们所熟悉的现象，如光的折射、反射、吸收、散射等都属于线性光学范畴。在激光出现以前，传统的光学实践均假定介质的电极化强度与光电场强度为简单的线性关系。但是，这种关系只在一定的范围内成立。实际上，介质的电极化强度与光电场强度之间不只是线性关系，还存在非线性关系。只是在一般条件下，电极化的高次项（非线性项）都很弱，可以忽略不计。

但是在非常高的光电场强度下，电极化的非线性效应明显，不能忽略。例如，激光器可以产生非常强的单色相干光，其产生的光频电场强度很大（100万伏/厘米），介质在强激光场作用下产生的极化强度与入射辐射场强之间不再是线性关系，而是与场强的二次、三次以至于更高次项有关，这种关系称为非线性效应。凡是与非线性有关的光学现象称为非线性光学现象，属于非线性光学的研究内容。

非线性光学材料种类很多，有机非线性光学材料就是众多非线性材料中的一种。与传统的无机非线性光学材料相比，有机材料种类繁多，人们可以通过分子设计的方法制备符合特殊要求的各种有机非线性光学材料。有机材料的非线性光学效应来源于其组成分子的非线性效应的叠加。当一个有机分子处在一个外加电场中时，分子本身的极化就会发生改变，就像将一个金属棒放在一个磁场中一样。如果施加的是一个变化的电磁场，分子的极化就会像二极管一样产生振荡，并作为新的波源发射电磁波。通过理论和实际研究，科学家们已证实，有机分子要表现出非线性光学特性，其分子中必须具有长的π共轭体系和较强的推拉电子基团，而要产生二阶非线性光学效应,其结构必须具有非中心对称性。

按材料的组成,有机非线性光学晶体又可分为:

(1)有机小分子:有机盐类,如一水甲酸锂、苹果酸钾、磺酸水杨酸二钠、L-精氨酸磷酸盐;酰胺类,如尿素;苯类,如 m-硝基苯胺(m-NA)、3-甲基-4-羟基苯甲醛(MHBA)、3-甲基-4-甲氧基-4'-硝基乙烯(MMONS);吡啶类,如3-甲基-4-硝基吡啶-1-氧(POM);烯炔类;酮类和嘧啶类等。

(2)金属有机配合物:如二氯二硫脲合镉、一水二氯氨基硫脲合镉、二卤素三丙烯基硫脲合镉(汞)、碱金属 18-冠-6 与硫氰酸镉配合物等。

自从 1961 年发现倍频效应以来,非线性光学已在基础科学研究和应用科学领域得到了大量的应用,包括激光倍频、和频、差频器件,电光调制器、电光开关、电光偏转器件,光参量振荡器、光参量放大器等。非线性光学已经成为一门内容广泛和极为活跃的创新学科。

有机太阳能电池

万物生长靠太阳。从远古时代起,太阳能就被人类用于取暖和烘干衣物。太阳能是太阳内部连续不断的核聚变反应过程产生的能量。尽管太阳辐射到地球大气层的能量仅为其总辐射能量的二十二亿分之一,也就是说,太阳每秒钟照射到地球上的能量相当于 500 万吨煤燃烧放出的能量。太阳能既是一次能源,又是可再生能源。它资源丰富,既可免费使用,又无需运输,对环境无任何污染。

当然,要使太阳为人类带来更多的实用能源,还需要不断提高其转换效率。太阳能电池就是把太阳辐射的光能直接转化为电能的一种装置。

1954 年,美国的贝尔研究所成功地研制出硅太阳能电池,开创了光电转换的先例。在以后的几十年里,因其成本太高,太阳能电池主要用于空间领域,如卫星、航天飞机、空间站等。近年来,随着技术的成熟、成本的降低、能源需求的增加及环保意识的提高,太阳能电池逐渐走向民用。

目前,用作太阳能电池的材料主要有元素半导体材料、无机陶瓷半导体材料和固溶体。无机材料发展起步早,研究比较广泛。但是由于无机半导体材料本身的加工工艺非常复杂,材料要求苛刻且不易进行大面积柔性加工,以及某些材料具有毒性,大规模使用受到成本和资源分布的限制,使人们在 20 世纪 70 年代起开始探索将一些具有共轭结构的有机化合物应用到制作太阳能电池上。

以有机物材料(包括小分子和聚合物)为功能中心的太阳能电池称为有机太阳能电池,主要包括有机薄膜异质结太阳能电池和染料敏化太阳能电池。有机太阳能电池材料的特点在于有机化合物的种类繁多,有机分子的化学结构容易修饰,化合物的制备提纯加工简便,可以制成大面积的柔性薄膜器件,拥有成本上的优势以及资源的广泛分布性。有机太阳能电池的研究起步较晚。目前,全固态有机太阳能电池的转化效率为 6% 左右,而单晶硅材料的能量转换效率已超过 24%。

有机太阳能电池与常规太阳能电池相比,最主要的特征是使用了有机物作为光致电荷分离的介质。在有机太阳能电池中,常用的材料有酞菁金属配合物、二萘嵌苯衍生物、聚苯撑衍生物、C_{60} 衍生物等。染料敏化太阳能电池又称作 Grätzel 电池,是一类非常重要的有机太阳能电池,准确地说,它用的是有机—无机复合材料:利用有机染料敏化宽禁带的半导体(TiO_2、SnO_2、ZnO 等)纳米晶,使其对太阳光的吸收从紫外区扩展至可见光区,最常使用的染料敏化剂是钌吡啶配合物。

有机太阳能电池的工作原理是:有机分子吸收太阳光的能量后达到激发态,其激发态是一个电荷分离态,它在有机物与电极(或有机层与有机层间)形成的接触电势的作用下,正、负电荷分别到达正、负两极,从而产生光生电压。

有机太阳能电池是目前国内外研究的热点领域。如果能在光电转换性能上取得进一步的突破,有机太阳能电池将有可能在生产实践中得到广泛应用,其市场前景将非常诱人。

电子纸

说起纸,我们中国人肯定都有一种自豪感,因为它是我国古代的四大发明之一。造纸和印刷术的发明极大地推动了人类文明的进程,我们的日常生活也与纸密切相关。但是造纸也消耗许多资源,并对环境造成污染。而且传统的纸张印刷过后内容就难以更改。为了解决这些问题,人们发明了电子纸。电子纸是一种超薄、超轻的显示屏,表面看起来与普通纸张十分相似,可以像报纸一样被折叠卷起,实际上却有天壤之别。它上面涂有一种由无数微小的透明颗粒组成的电子墨水,颗粒直径还没有人的头发丝粗。这种微小颗粒内包含着黑色染料和一些更为微小的白色粒子,染料使包裹着它的透明颗粒呈黑色,那些更为微小的白色粒子能够感应电荷而朝不同的方向运动,当它们集中向某一个方向运动时,就能使原本看起来呈黑色颗粒的某一面变成白色。根据这一原理,当这种电子墨水被涂到塑料、纸、布或一些其他平面物体上后,人们只要加以适当的电压,就能使数以亿计的颗粒变换颜色,从而根据人们的设定不断地改变所显现的图案和文字。当然,电子墨水的颜色并不局限于黑、白两色,只要调整颗粒内的染料和微型粒子的颜色,便能够使电子墨水展现出丰富的色彩和图案来。

电子纸的出现将在很大程度上改变人们的生活面貌,尤其是对广告、报刊图书出版等行业将产生重大影响。到那时,人们订阅的报刊将只是一些涂有电子墨水的电子纸,而报社、杂志社只要通过电脑或其他设备来传递无线电波,即可使报纸日日翻新,杂志月月不同。这不仅方便了人们的生活,还可节省大量的木材。电子纸实在是一种既便于携带,又易于阅读,且利于环保的新型高科技产品。

电子纸的关键技术之一是塑料晶体管(或称有机晶体管),该产品是基于有机化合物形成的晶体管;关键技术之二是电子油墨技术,该电子油墨由几百万个含有浓染料和淡颜料微型密封容器构成,通过改变塑料晶体管的电场改变色彩,映出图像。

另外,电子纸上的信息可以随意擦除,人们可以根据不同的需要存储不同的信息,这样一来,一张电子纸就可以被上千次重复使用,将显著地减少办公室和家庭天文数字般的纸张浪费,真正实现无纸化办公。

磁性高分子材料

在人类材料发展史上,磁性材料领域曾长期为含铁族或稀土金属元素的合金和氧化物等无机磁性材料所独占,但因其比重大、硬而脆、加工成型困难,使之在一些特殊场合下的使用受到限制。而功能有机高分子物质柔韧质轻,加工性能优越,分子结构变化多端,具有无机材料无法取代的特性,因此,将无机磁性材料与高分子复合制成磁性高分子复合材料是发展磁性材料的途径之一。由于磁性高分子一般粒径较小,比表面积大,故而偶联容量较高,悬浮稳定性较好,便于各种反应高效而方便进行。

磁性高分子材料可以分为结构型和复合型两类。结构型高分子磁性材料是指分子本身具有强磁性的聚合物,主要为一些多自由基聚合物和金属配位聚合物,如聚双炔和聚炔类聚合物、含氮基团取代苯衍生物的聚合物和聚丙烯热解产物等;复合型高分子磁性材料是指以高分子树脂为基体,加入各种磁粉经混合成型而制得的具有磁性的复合体系。

磁性高分子材料广泛应用于冰箱、冷藏柜、冷藏车的门封磁条、标识教材、广告宣传、电子工业以及生物医学等领域,是一种重要的功能材料。

(1)高储存信息的新一代记忆材料:利用磁性高分子有可能成膜等特点,在亚分子水平上形成均质的高分子磁膜,可大大提高磁记录密度,以开发高存储信息的光盘和磁带等功能记忆材料。

(2)轻质、宽带微波吸收剂:磁性高分子与导电材料复合可制成电磁双型轻质、宽带微波吸波剂,这在航天、电磁屏蔽和隐身材料等方面已获得重要应用。

(3)生物体中的药物定向输送:通过静脉注射或胃肠道给药,药物往往会被动靶向于肝、脾等组织,药效较低。为了提高药物的效用,减少其毒副作用,以磁性微球表面功能基作为药物载体,利用药物载体的磁敏特点,在外加磁场的作用下,可将药物载至预定的区域,实现主动靶向给药技术。低密度可任意加工的磁性高分子的诞生,可实现生物体中的药物定向输送,大大提高疗效,并有可能引起医疗行业的一场变革。

(4)生物分离:磁微球通过免疫逻辑反应或非免疫逻辑反应,可以分离不需要的细胞(消极选择),或富集所需要的细胞(积极选择)。可以用来从骨髓中移走癌细胞(骨髓的纯化),用免疫磁性分离法将肿瘤细胞从骨髓中提取出来,提纯骨髓中的神经红细胞。同时磁性免疫微球还可用于分离纯化抗体。

(5)在环境检测方面的应用:鉴于磁性微球强大的功能特点以及在生化领域所取得的成功应用,科研工作者已经尝试将磁性微球引入环境监测领域,用于对环境中各种水体中有毒有机物、病毒、细菌的检测。

(陶绪堂　冯圣玉)

五、复合材料

复合材料

在人类研究探索及应用材料的过程中，人们发现将两种或两种以上的单一材料复合可获得新的材料。这些新的材料保留了原有材料的优点，克服和弥补了各自的缺点，并显示出一些新的性能，这就是复合材料。从广义上讲，复合材料是由两种或两种以上不同物理、化学性质的组分组合而成的。

"神舟六号"载人飞船于 2005 年 10 月 12 日上午发射成功，然而你知道吗？"神舟六号"上就用了大量的复合材料。推进舱内安装的变轨发动机、氧化剂储箱、燃料储箱等飞船的关键设备上就有许多复合材料。经专家测算，采用这种材料后，不但"神舟六号"飞船的质量减轻了 30％以上，而且还保持了飞船在空间剧烈交变的温度环境下结构尺寸的稳定性，提高了推进系统的精度。同时，因为复合材料具有良好的减震性能，也提高了飞船上仪器设备的稳定性。

说起来复合材料并不神秘，其应用可谓长久。中国西安半坡村原始人遗址中发现的用草拌泥做墙体和地面，即以天然纤维——草作为黏土基体的增强材料，用来阻止黏土的干裂和剥落，增进了黏土的实用性能，可谓是早期复合材料的一个典型代表。

复合材料按用途主要分为结构复合材料和功能复合材料两大类。结构复合材料主要作为承力结构使用的材料，由能承受载荷的增强体（如高强纤维和硬质颗粒等）与能联结增强体成为整体材料、同时又起传力作用的基体

（如树脂、金属、陶瓷、玻璃、碳和水泥等）构成。复合材料通常按基体的不同分为聚合物基复合材料、金属基复合材料、陶瓷基复合材料、碳基复合材料和水泥基复合材料等。功能复合材料是指除力学性能以外，同时还提供物理、化学、生物等性能的复合材料，包括压电、导电、雷达隐身、永磁、光致变色、吸声、阻燃、生物自吸收等种类繁多的复合材料。这一类材料具有广阔的发展前途，未来功能复合材料所占比重将超过结构复合材料，成为复合材料发展的主流。

功能复合材料是指除力学性能以外同时还提供物理、化学、生物等性能的复合材料，包括压电、导电、雷达隐身、永磁、光致变色、吸声、阻燃和生物自吸收等种类繁多的复合材料。这一类材料具有广阔的发展前途，未来功能复合材料所占比重将超过结构复合材料，成为复合材料发展的主流。

在现代复合材料的发展过程中，最耀眼的复合材料莫过于玻璃纤维增强塑料，即玻璃钢。玻璃钢的密度远远小于钢的密度，但它的强度比钢还要高，而且耐腐蚀性良好，被称为现代复合材料的开路先锋。

智能复合材料的出现，标志着现代复合材料发展的又一新阶段。在智能复合材料中，光导纤维与增强纤维和同一基体复合，每根光导纤维都接于独立的检测系统。当复合材料的某处受力超负荷或遭到破坏时，该处的光导纤维即发生相应的应变，并能够将其应变状况传输至相应的检测系统，从而可用来制备具有自诊断断裂功能的部件，如飞机机翼等。

目前，复合材料的应用范围已经遍及航空与航天工业、陆上交通、水上运输、建筑工业、化学工业、通信工程、电器工业、娱乐休闲和其他方面，如轻型飞机、汽车外壳、海上石油平台、自行车、钓鱼竿等等。但是，现今复合材料的增强体和基体可供选择的范围有限，其性能还不能完全满足材料设计的要求，且制备工艺复杂，成本较高，还不能完全取代传统材料。但是，由于其优异的性能，在许多特殊的应用场合，复合材料是其他材料无以匹敌的唯一候选者。在未来材料科学的发展中，多功能复合材料、纳米复合材料及仿生复合材料等先进复合材料具有很大的研发价值和应用前景。

仿生叠层复合材料

汽车的发明改变了世界各国的交通乃至社会结构，近年来，我国的汽车产业也已成为国民经济的重要支柱产业之一。21世纪,许多国家汽车工业的发展重点放在提高速度、降低能耗上,这就对轻质、高性能材料的研制和开发提出了更高要求。与此同时,仿生复合材料的研制为人们所重视。仿生叠层复合材料就是仿天然珍珠的结构特点,将具有高强、高硬度的金属材料与具有良好韧性、耐冲击性的高分子材料(树脂)有机地结合在一起,并进一步在树脂层中加入纤维复合,使其呈现自然生物材料的优良性能。这类轻质高性能的复合材料对汽车工业、航空航天、轻工、建筑等行业有着举足轻重的意义。

自然界中某些天然的复合材料如竹、木、骨、贝壳等之所以有很好的强度与韧性,是与其特殊的微观结构分不开的。一般材料的强度与韧性是相互矛盾的,但是贝壳却达到了强度、韧性的最佳配合,它又被称为摔不坏的陶瓷,这是因为贝壳中存在着类珍珠层的叠层结构。研究表明,珍珠层是由高强、高硬度的文石片叠层累积组成的,文石片间存在韧性非常好的有机质层,它们之间的界面对裂纹起到偏转作用,裂纹的频繁偏转不仅造成了裂纹扩展路径的延长,而且导致裂纹从应力状态有利的方向转向不利方向,从而使裂纹扩展的阻力明显增大,基体因而得到韧化。因此,选取强韧性能各异的基体材料,通过一定的工艺制备具有优良综合性能的复合材料便有了基础。

20世纪80年代中期,美国的H. M. Burtle以"生物技术对复合材料的潜在冲击"为题发出倡议,将叠层材料作为一个重要的研究方向。近年来,美国、英国、德国都把仿生叠层复合材料作为研究的重点,试图将它们广泛地运用到飞机、汽车和坦克车的部件上。就产品而言,典型的产品——芳纶纤维增强铝合金层板(ARALL)首先由荷兰和德国的科学家发明,由于应用前景广阔,美国、英国的大学和公司相继加入到研究的行列。20世纪80年代末期,由美国的Alcoa公司正式注册并形成批量生产,在飞机的部件中得到了应用。

仿生叠层复合材料只是仿生复合材料的一种,目前,仿生复合材料理论研究逐步深入,实用研究方兴未艾,但作为一种新型材料,还需要人们进一步努力寻求更加经济而全面的制备新方法,进一步完善仿生模型,为它们在汽车、航空、建筑等领域的应用作出更大的贡献。

功能梯度复合材料

功能梯度材料（FGM）是为了适应新材料在高技术领域的需要，满足在极限环境条件（如超高温、大温度落差）下不断反复正常工作而开发的一种新型复合材料。功能梯度材料的概念是由日本材料学家于 1987 年提出的，这种材料是根据使用要求，选择使用两种不同性能的材料，采用先进的材料复合技术，使其组成和结构连续呈梯度变化，从而使材料的性质和功能也呈梯度变化的一种新型复合材料。

功能梯度材料最初用于缓和热应力，应用于高温环境，特别适用于材料两侧温差较大的环境，其耐热性、再用性和可靠性是以往使用的陶瓷基复合材料无法比拟的。功能梯度材料通过金属、陶瓷、塑料等无机物和有机物的巧妙组合，在航空航天、能源工程、生物医学、电磁、核工程和光学等领域都有广泛的应用。

梯度切削工具材料是功能梯度材料的一种，最早使用于切削工具、矿山工具、耐磨工具等，如车刀、铣刀、钻头等。梯度热电能量转换材料是另一种功能梯度材料。美国 1977 年发射的太阳系行星旅行者 II 探测器上的电源采用的热发电元件是由 Si-Ge 梯度热电功能材料制成的。此外，近年来还发展了梯度植入材料。当人的骨、牙齿由于某些原因损坏或老化需要修复更换时，传统上会选用适应人体环境的材料，如常用的氧化铝（Al_2O_3）单晶、羟基磷灰石（HA）烧结体及钛（Ti）合金等。当更换损坏的牙齿时，目前多采用植牙的方法，这需要将人工齿根埋入牙床。人工齿根通常为螺钉、圆柱或叶片型。以强度大的钛（Ti）为齿根基材，在其与牙床骨质接触的部分外侧面及底面覆一层羟基磷灰石，虽然它与骨质有很好的亲和力，但因界面应力，可能会从钛基体剥落或被骨质吸收。当梯度材料出现后，就采用喷涂的方法在钛合金柱形齿根侧面及底面覆上一层从钛至羟基磷灰石组成连续变化的功能梯度材料，这样侧面羟基磷灰石就难以从钛齿根剥离，治愈时间可以缩短。而底部较厚的羟磷灰石层也可以短时间与牙床固实，治愈后，即使羟磷灰石层被吸收，齿根也不会摇动，从而显示了梯度材料的优越性。

目前，对于功能梯度材料的研究仍处在基础性研究阶段，尤其是国内具有针对性应用目标的研究还不多，未来的研究工作仍将围绕材料设计、制备

和特性评价等为中心展开。

金属基复合材料

金属基复合材料的成功应用首先是在航空航天领域。如美国宇航局(NASA)采用 B/Al(硼—铝)复合材料制造飞机中部 20 米长的货舱行桁架；Martin 公司用二硼化钛(TiB_2)颗粒增强铝制机翼。近年来，金属基复合材料已逐渐被用于要求更精密的关键零部件：英国航天公司从 20 世纪 80 年代起研究用颗粒和晶须增强铝合金制造三叉戟导弹元件，美国 DWA 公司和英国 BP 公司已制造出专门用于飞机、导弹的复合材料薄板和航空结构导槽等。

金属基复合材料是以金属或者合金为基体，在固态或熔融状态下与其他增强体材料复合而制得的复合材料。常用的金属基体材料有铝及其合金、镁及其合金、钛及其合金、铜及其合金、镍及其合金、不锈钢等。由于铝及铝合金具有质轻、延展性好的优点，是目前最为常见的金属基体。增强体材料可为纤维状、晶须状和颗粒状的碳化硅、硼、氧化铝及碳纤维等。

金属基复合材料主要是伴随着航空航天工业对高强度、低密度的材料需求而出现的。与陶瓷、聚合物基体相比，金属基体具有良好的强度、高的韧性、较强的环境抵抗能力。金属是最古老、最通用的工程材料之一，它有许多成熟的成型加工工艺供金属基复合材料借鉴或沿用。另外，金属基体的电、磁、光、热等性能良好，有应用于多功能复合材料的发展潜力。这一切决定了金属基复合材料在航空航天、汽车、医疗和体育用品等领域的广阔应用前景。

铝基复合材料是金属基复合材料中最成熟的一个品种。20 世纪 60 年代，硼纤维增强铝基复合材料开始得到应用。它具有强度高、密度小、使用温度高、热传导性好、膨胀系数低的优点，可用作航天飞机轨道飞行器中管状桁架肋及起落架转向拉杆，能够将原有铝合金结构的质量减轻 44%。20 世纪 70 年代，人们已成功地制备出碳纤维增强铝基复合材料，它具有强度高和尺寸稳定性好的优点，能经受住航天过程中严酷的宇宙环境条件，是航天构件的首选材料。例如可用以制作空间望远镜的大型天线支杆，当使用温度在面对太阳面与背对太阳面的温差高达 120℃时，仍能够保证望远镜的安装位置不因温度变化而变化。

　　由于颗粒或晶须增强金属基复合材料制备工艺相对简单,成本较低,它们的开发和应用受到人们的普遍重视,其中首推碳化硅颗粒和氧化铝晶须增强铝基复合材料。这种金属基复合材料的比重只有钢的 1/3,与铝合金相近,它的强度与钛合金相近,而又比铝合金高,耐热、耐磨性好,热膨胀系数低,并具有一定的耐高温性能,在汽车工业和机械工业方面,如汽车活塞、制动机部件、连杆、机器人部件、计算机部件、运动器材等具有商业应用前景,在国外已实现商品化。

　　目前,金属基复合材料存在的主要问题是它的制备工艺复杂,造价昂贵,且回收困难。现在多用在航空航天和军事领域,尚未在民用工业中形成大规模应用。

聚合物基纳米复合材料

　　聚合物基纳米复合材料是由纳米单元与有机聚合物基体材料复合成型的一种新型复合材料。根据所采用的纳米单元的成分可分为金属、无机物、聚合物等,按几何形状可分为球状、片状、柱状等,按相结构可分为单相和多相。对多相聚合物基复合材料,只要其某一组成相至少有一维的尺寸处在纳米范围内,就可将其看成聚合物纳米复合材料。由于纳米微粒尺寸小,比表面积大,表面原子数、表面能和表面张力随粒径的下降急剧增大,表现出小尺寸效应、表面效应、量子尺寸效应和宏观量子隧道效应等特点,从而使其出现了许多不同于常规固体的新奇特性。将它与种类繁多的聚合物匹配、复合能制备出一类高性能、高功能的聚合物基纳米复合材料。由于高分子基体具有易加工、耐腐蚀等优异性能,且能抑制纳米单元的氧化和团聚,使体系具有较高的长效稳定性,能充分发挥纳米单元的特异性能。因此,这类复合材料的开发应用已成为跨世纪材料科学的研究热点之一,是 21 世纪具有巨大发展潜力的复合材料。

　　纳米材料的尺寸介于分子与体相尺寸之间,属于介观系统,因此,它所表现出来的性质也不同于体相。首先,其电、光、磁等物理性质具有许多新奇的特性和新的规律。例如,将聚苯胺和聚吡咯电活性聚合物嵌入到层状黏土矿物中,可形成金属/绝缘体纳米复合材料,这种纳米复合材料薄膜的导电性具有很高的各向异性。其次,纳米复合材料具有大的比表面积、高的表面能,因而具有显著的吸附性,可望在环保领域有重要应用。此外,有些纳米复合材料的无机相中含有许多微孔,通过适当的处理条件,可以得到某一特定尺寸的微孔分布,从而可用作超细过滤材料。聚合物基纳米复合材料在塑料和橡胶工业中也具有广阔的应用前景。在无机物含量远低于传统玻纤或矿物补强聚合物中填料含量时,就能获得优良的刚度、强度、热稳定性以及聚合物的可加工性和介电性能。总之,通过选择原料和控制制备条件,可以制得具有不同性能的聚合物基纳米复合材料,广泛应用于汽车、飞机、电子、建筑、化工、生物、医学等领域。

聚合物基无机纳米复合材料可以很好地将无机填料的刚性、尺寸稳定性、热稳定性与聚合物的韧性、加工性、介电性结合起来,获得性能优异的复合材料。同时,可用挤出、共混、注塑等方法加工。由于纳米粒子的奇特效应,使聚合物具有光、电、磁等性能。聚合物基纳米复合材料技术刚刚兴起,还处在探索、积累经验阶段,离工业化还有很大距离。目前需解决的问题主要表现在:① 纳米材料精细结构的表征和纳米复合材料中纳米相的表征。② 纳米复合聚合物的力学性能、热性能和阻燃性改善的机理。③ 纳米粒子在聚合物基体中的聚集问题。

随着科学技术的发展及新工艺、新方法的不断出现,必将实现对纳米复合材料微观结构的优化设计,实现对纳米粒子的形态、尺寸和分布的有效控制,最终开发出性能更好、功能更强的聚合物基纳米复合材料。

纳米碳管增强镁基复合材料

镁是一种比较昂贵的金属,但因其具有密度小的特性,从而在对质量要求较高的航空航天方面大显身手。但是,单纯的镁金属在力学性能上的表现不尽如人意,这就需要在其中加入其他物质,以提高其弹性模量,增大刚度,这在航空航天事业中具有十分重要的意义。

镁基复合材料就是以镁为基体,加入其他增强相所得到的一种复合材料。镁基复合材料密度比较小,是同类金属基复合材料中比强度(强度与密度之比)和比刚度(刚度与密度之比)最高的一种材料。镁基复合材料同时具有优异的阻尼性、抗高温蠕变、尺寸稳定性和良好的冷、热加工性能等特点,是航空航天、军事和汽车等行业中的首选替代材料。

目前，镁基复合材料中添加的提高其弹性模量的增强体有石墨、氧化铝、碳化硅等纤维、晶须及颗粒。最近又有研究者发现纳米碳管也是很好的增强体。

纳米碳管是石墨中一层或若干层碳原子卷曲而成的笼状"纤维"，内部是空的，外部直径只有几到几十纳米。纳米碳管的强度是钢的100倍，密度是钢的1/6，导电性好，兼有金属和半导体的性能。据计算，用纳米碳管做绳索是唯一可以从月球上挂到地球表面而不被自身质量所拉断的绳索。可见，纳米碳管真是一个好东西。镁基中加入纳米碳管后可算是"轻上加轻"了，可以阻止裂纹的扩展，从而提高复合材料的韧性。

那么，这种纳米碳管愿不愿意与镁基体"和平相处"呢？增强体与镁基体之间相容性的好坏直接影响到复合材料的性能。一般在纳米碳管表面涂覆金属镀层可以提高纳米碳管与镁基体的相容性。由此制成的复合材料的抗拉伸强度比纯镁基体提高150%以上，延伸率提高30%以上，平均弹性模量可提高将近80%。

但是纳米碳管增强镁基复合材料的制备要求很严格，纳米碳管的加入量也会影响复合材料的具体性能。只有纳米碳管分散较均匀，经过后续加工得到的复合材料内部材质才能均匀，性能才会得到充分发挥。如果加入量很大，由于纳米碳管的表面张力会促使它们团聚在一起，而不能均匀分散。

目前，这种技术还不是很完善，各国科学家在通力合作的同时也在暗暗较劲。无论是在完善现有的技术上，还是在另外研制更加高效的航天材料上，都希望自己能够技高一筹，在航空航天和军事建设中取得优势。

钛基复合材料

钛及其合金因为其低密度和良好的高温强度而在航空航天及一些高温领域得到广泛应用。大量研究表明，某些钛合金在高于900℃的温度下，仍能保持其强度和抗氧化性能，但是这种材料的韧性较差。在钛合金中掺入稳定的第二相制造以钛合金为基体的复合材料，是提高钛合金性能的有效途径。钛基复合材料（TMC）可分为纤维增强钛基复合材料和颗粒增强钛基复合材料两种。前者发展较早，始于20世纪70年代，但由于连续纤维价格昂贵，纤维强化钛基复合材料的生产工艺复杂，成型困难，制品材料存在显

著的各向异性等缺陷，使得其发展和应用受到限制。因此，成本低的颗粒增强钛基复合材料便得到了广泛的应用。

钛基复合材料可用于发动机活塞和飞机起落架。美国一公司开发的钛基复合材料的基体一般使用 Ti64、Ti6242、Ti22Al-23Nb（或 23Nb），增强体用拉伸强度 500 兆帕的碳化硅（SiC）单丝。正在发展的 F22 战斗机、F119 发动机用的碳化硅增强钛基复合材料活塞，是世界上第一个采用钛基复合材料的航空发动机构件。用钛基复合材料制作的飞机起落架，其性能与钢起落架相当，但质量降低一半。

钛基复合材料也可用于发动机阀门。近年来，对于汽车发动机排气的要求日益严格，发动机燃料燃烧温度不断提高，排气阀的工作温度也超过了800℃。为了满足这一需求，20 世纪 90 年代开发成功了钛铝间化合物。这种材料保证了足够高的耐热性，但其常温韧性、冲击性能、耐磨性、热胀系数以及生产成本等诸多方面都很不理想。因此，新近研制成功了适合于生产汽车排气阀门用的高性能耐热钛基复合材料。这种钛基复合材料通过反应形成硼化钛（TiB）颗粒，获得了性能优异的高温强度和韧性。所制成的阀门较之传统汽车排气阀门的质量减轻了 40％。用于新型发动机上，阀簧质量也减轻了 16％以上，最高转速提高 10％以上，噪声减小 3 分贝，凸轮轴驱动力矩减小 20％以上。

钛基复合材料具有较高的比强度、比刚度以及优良的抗高温、耐腐蚀特性，是一种很有潜力的材料，其中制造容易、成本低廉、性能优异、用途广泛的颗粒增强钛基复合材料是竞相开发的主要目标，在本世纪将有可能获得广泛的应用。

碳/碳复合材料

复合材料主要有树脂基、金属基、陶瓷基和碳基复合材料 4 类，其中树脂基复合材料的应用已较为成熟，而非树脂基复合材料则在航空耐热构件等方面有着广阔的应用前景。国外已将金属基复合材料用于发动机的压气机和风扇叶片。而关键的高温部件则只能采用陶瓷基复合材料和碳纤维增强碳基复合材料（碳/碳复合材料）。前者的工作温度可高达 1 650℃以上，而碳/碳复合材料是工作温度超过 2 000℃ 的唯一候选材料。可以说碳/碳复合材料是先进复合材料的典型代表,是新材料技术的集中体现。几十年来,世界碳/碳复合材料研究高潮迭起,应用范围不断扩大,激起了人们高涨的研究热情。

碳/碳复合材料自1958年诞生后,因其超常品质、卓越性能及巨大潜力而得以迅猛发展。碳/碳复合材料的发展是与碳纤维的发展息息相关的。由最初的粘胶基碳纤维,到20世纪60年代初期和末期聚丙烯腈(PAN)基碳纤维和沥青基碳纤维的先后问世及迅速产业化,其性能大大提高,价格则大幅度降低。碳纤维的发展带动了碳/碳复合材料的发展。近20年来,碳/碳复合材料进展神速,其制备技术和抗氧化研究等方面取得了丰硕成果。多维整体编织技术使碳/碳复合材料潜能的发挥成为可能,除一维、二维外,现在还可以提供三维多向碳纤维预制体。碳/碳复合材料作为抗烧蚀材料和高速制动摩擦材料,早已成功地应用于航天航空领域。而将其作为高温时使用的热结构材料运用于航空发动机热端部件,则正是目前研究和发展的重要方面。国外已将碳/碳复合材料喷嘴、鱼鳞片、喷油杆等零部件运用于F100、幻影2000飞机发动机。

由于碳/碳复合材料的军事背景,世界各发达国家均斥巨资进行碳/碳复合材料的研制。其研制与应用具有高度机密性,因而碳/碳复合材料的研究发展只能走以自力更生为主的道路。我国自20世纪70年代初期开始跟踪碳/碳复合材料研究以来,取得了长足进展,标志性的成果为"高性能碳/碳航空制动材料的制备技术"。目前,国际上使用的航空刹车副有金属盘和碳/碳盘两种,碳/碳复合材料质量轻、性能好、耐高温、寿命长,代表了当今航空制动材料的发展方向。20世纪80年代中期,美、英、法三国已经技术成熟,并生产该材料。从1986年开始,我国中南大学开展了高性能碳/碳航空制动材料的研究,发现了原子有序排列的微气氛控制和制动过程摩擦膜形成机理,采用先进的定向流热梯度式碳原子沉淀技术等,成功开发了我国航空航天事业急需的高性能碳/碳航空制动材料。与国外同类产品相比,我国自行研制成功的碳/碳刹车副,使用强度提高30%,耐磨性提高10%,综合成本降低21%。该成果获得了2004年国家技术发明一等奖。此外,我国还将碳/碳复合材料用于热防护材料(导弹头及机翼前缘等)和烧蚀材料(尾喷管、喉衬)等。

综合来看,我国碳/碳复合材料技术的研究正在前进,前期的工作主要集中在材料制备工艺、抗烧蚀性能及抗氧化涂层等方面,而对其材料的内在本质结构、关键力学性能,尤其是高温强度等方面则研究不足。碳/碳复合材料作为一种特殊的复合材料,其增强纤维及母体材料前驱体均是有机物,而最终的碳/碳复合材料则为无机非金属材料。其中,极为复杂的加热变化过程及漫长反复的工艺流程,使得碳/碳复合材料结构呈现出多样化过程和不确定性。这些都需要研究人员共同努力工作来解决!

碳纤维增强液晶高聚物复合材料

液晶高聚物(简称 LCP),因其在液态下显示出结晶物的性质而得名。它是国外少数发达国家近20年来开始工业化生产的一种新型高性能高分子材料,国外称之为"超级工程塑料"。液晶高分子的分子链与通常高聚物呈无规则线团和相互网络的大分子结构形态不同,它具有棒状刚性链或半刚性链的独特结构。这种刚性的大分子使其具有较长的松弛时间,在熔融加工过程中,刚性的大分子可沿流动方向的充分高度取向排列,冷却固化后,具有突出的自增强特性,呈现出高强度和高模量。

液晶高聚物的机械性能比通常的工程塑料要高得多,如通常工程塑料抗拉强度为 20～50 兆帕,而液晶高聚物可达 110～160 兆帕,缺口冲击强度可达聚对苯二甲酸乙二醇酯(PET)的 25 倍。其耐热性高,熔点可分 200℃、300～350℃、400℃三个等级。耐摩擦性好,摩擦系数小,与 45 号钢的动摩擦系数为 0.203,与聚四氟乙烯相似,但磨耗量很低,仅为聚四氟乙烯的 1/6 000。线胀系数小,尺寸稳定性好,与陶瓷相当。熔体的黏度低,成型加工性能好。阻燃性显著,并具有抗老化和耐酸碱腐蚀等特点。

碳纤维具有高比强度、高比模量、耐磨、导电、X 射线透过性好、耐腐蚀和耐高温等独特性能,在宇航、卫星、机密仪器和医用等各个领域已获得广泛应用。以碳纤维增强液晶聚合物制备高性能复合材料,近年来越来越受到人们的重视。据报道,这种高性能的复合材料用于骨骼修复(人工骨)和作为高技术领域的结构材料,具有广阔的应用前景。研究发现,在碳纤维增强液晶高聚物复合材料中,无论是碳纤维平纹布增强复合材料,还是短切碳纤维增强复合材料,其力学性能均随碳纤维含量增加而增加,这是由于碳纤维的高强度和高模量特性所决定的。碳纤维含量的增加,意味着承载载荷的纤维数增多,力学性能指标提高;另一方面,树脂基体液晶的低黏度特性有利于纤维取向,在加工过程中降低了宏观纤维的折断率,提高了碳纤维的增强效率。

研究还表明,连续碳纤维复合材料表现出比短切碳纤维复合材料更佳的性能。无论是拉伸强度还是弯曲强度以及其他的力学性能,连续纤维的增强效果都比短切纤维的增强效果显著。这是因为碳纤维布增强的复合材料的加工工艺一般采用平铺热压成型,碳纤维取向与液晶取向都具有水平方向性;而短切纤维与液晶的共混工艺过程,使得短切碳纤维在基体树脂中杂乱分布,虽然在随后成型过程的热压状态下,液晶受压力作用较易沿水平流动方向取向,但短切碳纤维的加入,使垂直于流动方向上的性能加强,而流动方向上的性能略有下降,从而降低了复合材料的各向异性。因此在纤维取向上的拉伸强度自然低于碳纤维布增强的复合材料,并随着纤维含量的增加,差别越大。

陶瓷/Fe-Al 金属间化合物基复合材料

现在日常生活中使用的很多陶瓷材料的韧性较差,容易被打碎,从而限制了它们的大规模应用。如何克服这个缺点呢?围绕陶瓷增韧这一课题,各国学者研究了各种增韧方法和增韧机制。近年来,利用金属间化合物对陶瓷进行增韧取得了较好的效果。

金属间化合物主要指金属与金属之间、金属与类金属之间按一定计量比所形成的化合物。Fe-Al 金属间化合物是目前金属间化合物研究的热点之一,由于此化合物具有金属键和共价键并存的特性,因而其性能介于金属超硬合金和陶瓷之间,耐高温,抗氧化,且韧性优于陶瓷材料。

Fe-Al 金属间化合物作为增韧相分散在陶瓷材料中,被陶瓷基体所包裹。有裂纹出现时,Fe-Al 金属间化合物能偏转裂纹,使裂纹的扩展受到阻力而变得迂回曲折,使断裂的驱动力逐级减小,最后消失,从而提高陶瓷材料的韧性。

氧化铝陶瓷(Al_2O_3)与 Fe-Al 金属间化合物具有较好的物理及化学相容性,所以 Al_2O_3/ Fe-Al 金属间化合物复合材料的应用相当广泛,可以加工成不同形状的器具应用于各个领域。其中，Al_2O_3 / Fe-Al 金属间化合物陶瓷复合做成的刀具最有代表性。此刀具是利用 Al_2O_3 / Fe-Al 金属间化合物基复合材料，采用预合金化工艺制备的高性能新型复合陶瓷刀具，具有耐磨、耐腐蚀、耐高温和高强度、高韧性等特点，可广泛用于机械加工行业，既能进行高速切削和高精度切削，提高被加工件的表面光洁度、亮度，又能进行断续切削，提高刀具使用寿命。特别是在加工高硬度材料时，与硬质合金刀具相比，具有相当明显的优势。在普通铸件、钢件等加工上，由于它的韧性好，在同样设备条件下，已切削速度可比硬质合金刀具提高 1 倍以上，刀具使用寿命提高 2 倍以上，可大大提高工作效率，降低生产成本。

我国生产的 Al_2O_3 / Fe-Al 金属间化合物复合陶瓷刀具已达到国际先进水平，剪切锋利，手感轻松，使用寿命长，陶瓷刀片永不磨钝，一次性剪断纱线高达 3 个月以上（金属线剪只有 15 天），寿命比金属线剪长达 6 倍以上。永不生锈，不污染布料。

利用金属间化合物半陶瓷、半金属的性能特点，与陶瓷粉体复合取得了良好的增韧效果，并仍然保持了陶瓷固有的特性，同时陶瓷粉体对 Fe-Al 金属间化合物的包裹作用，有效地抑制了其室温氢脆，达到两者的优势互补，强强联合。近年来，这种复合材料的应用开发已经获得了可观的综合经济效益。

陶瓷基纳米复合材料

提起陶瓷，大家并不陌生，我们家里的厨卫用品，实验室的一些加热反应的器皿等多是由陶瓷制成的。陶瓷因其具有优异的耐高温，抗氧化，绝缘性好，造价低廉，制造工艺简单等特点，在很早以前就被我国古代的劳动人民所使用，并远销很多国家，为我国赢得了很高的荣誉。即使到了现代，也仍然广泛应用于我们的生产与生活中。但是，陶瓷也有其不尽如人意的地方，就是韧性太差，很容易破碎，好好的一个细碗掉在地上，"啪"就坏了！如何增强陶瓷的韧性，使它像塑料、橡胶一样怎么摔也不碎，曾牵动着各国科学工作者的心。经过一代代科学工作者的努力，近年来已经在这方面取得了突破，如今成功研制的陶瓷基纳米复合材料就具有优异的强度和韧性。

陶瓷基纳米复合材料是指通过一定的分散、制备技术，在陶瓷基体结构中弥散有纳米级颗粒的陶瓷基复合材料。按基体与分散相粒径的大小,陶瓷基纳米复合材料包括微米级(10^{-6}米)晶粒构成的基体与纳米级(10^{-9}米)分散相的复合、纳米级的基体与纳米级分散相的复合两种情况。目前已有的研究主要是前者。

从结构上说,陶瓷的基本单位是晶胞,由晶胞组成晶体,再由晶体构成陶瓷。制备陶瓷基纳米复合材料的目标是要使陶瓷基体结构中均匀分散纳米级颗粒,并使这些颗粒进入到基体晶粒的内部,形成"内晶型"结构。这样,当陶瓷产生裂纹时,裂纹碰到这些小颗粒就要被迫改变方向,不断地碰到小颗粒,就要不断地改变方向,断裂的驱动力逐级减小,最后消失,从而使裂纹无法扩大。

那么,这些纳米级的小颗粒是怎么进入基体晶粒内部的呢?目前一般使用下面3种方法:机械混合分散法、复合粉末法、原位生成法。机械混合分散法是一种较直接、简便的方法,将基质粉末与纳米相粉末进行混合、球磨,然后进行热压烧结,这种方法的不足是不能保证两相组分的均匀分散。复合粉末法是经化学、物理过程直接制取基质与弥散相均匀分散的复合粉末,然后进行热压过程成型。原位生成法首先将基质粉末分散于含可生成纳米相组分的先驱体的溶液中,经干燥、浓缩、预成型,最后再经过热处理或烧结过程生成纳米相颗粒。

在陶瓷基体中引入纳米分散相进行复合,能使材料组织结构均匀化,从而使材料的力学性能得到极大改善。其中最突出的作用有3点:第一,大大提高拉伸强度,使材料不易产生裂纹;第二,大大提高断裂韧性,使产生的裂纹不能扩大;第三,进一步提高陶瓷的耐高温性能。

虽然陶瓷基纳米复合材料具有如此多的优越性能,但在提高韧性方面依然十分有限,真要使陶瓷材料成为摔不裂、打不碎的高性能材料,还有很长的一段路要走。

高阻尼金属基复合材料

阻尼性能是物体内部消耗振动能量的能力。材料的阻尼性能具有减少振动、降低噪音和提高抗疲劳性能的作用,在动态应用中对其有严格的要求。随着金属基复合材料研究的发展以及应用领域的拓宽,高阻尼的要求已逐渐变得越来越重要。因此,研究金属基复合材料的阻尼特性显得十分必要,发展具有优异的机械性能和阻尼性能的新型金属基复合材料是人们追求的目标。

高阻尼金属基复合材料是在两块或者多块母体金属材料之间夹有很薄的黏弹性芯层构成的,它同时兼顾高阻尼和高强度。在弯曲振动时,通过黏弹性芯层的剪切变形,发挥其阻尼特性,在很宽的温度范围内保持着良好的减振性能。它的强度由所选用的母体金属材料确保,其阻尼性能由黏弹性材料和这种约束结构来加以保证,是当今世界上最理想的减振降噪材料。

高阻尼金属基复合材料在国外得到了迅速的发展,美、日、英、德等国家都已批量生产,并有广泛的应用。我国于 20 世纪 80 年代初期开始研制,现已有产品问世,在舰艇制造等领域已有了应用。

采用高阻尼金属基复合材料减振降噪,可以有效地解决振动和噪声问题。众所周知,火箭、导弹用电子产品必须经得住地面运输、鉴定试验、验收试验、静态点火、发射与飞行等若干不同的振动环境,其中最严酷的环境是振动鉴定试验及发射与飞行期间的实际使用环境。而这种环境可使电子产品的可靠性降低 2～3 个数量级。20 世纪 70 年代末期发展起来的高效应力筛选方法,使 15%～25% 的电子产品失效。为解决这一问题,有人用高阻尼金属基复合材料对试样件和电子产品的减振降噪效果做了试验。结果表明,用高阻尼金属基复合材料控制振动的效果是明显的,因此,高阻尼金属基复合材料将有可能在这一领域得到广泛应用。此外,人们还将其成功地应用于导弹的遥测设备中,经试验考核,在力学环境试验中具有很好的耗能效果。

多项试验表明,高阻尼金属基复合材料是目前最理想的减振降噪材料。母体金属材料可选用普通钢、不锈钢、高强钢、铜及铜合金、铝及铝合金等多种金属材料,阻尼层数可多可少,阻尼层的厚度在一定范围内可调整。因此,使用很方便,技术性能容易确保,在航天领域有着广阔的应用前景。

智能复合材料

智能复合材料是一类基于仿生学概念发展起来的高新技术材料,它实际上是集成了传感器、信息处理器和功能驱动器等多种作用的新型复合材料体系。可通过传感器感知内外环境状态的变化,将变化所产生的信号通过信息处理器做出判断处理,并发出指令,而后通过功能驱动器调整材料的各种状态,以适应内外环境的变化,从而实现自检测、自诊断、自调节、自恢复、自我保护等多种特殊功能,类似于生物系统。智能复合材料是微电子技术、计算机技术与材料科学交叉的产物,在许多领域展现了广阔的应用前景,如机械装置噪音与振动的自我控制等,飞机的智能蒙皮与自适应机翼,具有自增强、自诊断、自修复功能的桥梁与高速公路等大型结构,以及各种智能纺织品。

智能复合材料主要由基体、传感器、信息处理器和驱动器组成。基体材料较多采用高分子化合物,主要作用是承载。传感器的主要作用是感知环境的变化(如温度、热、声音、压力、光等),并将其转换为相应的信号。这类材料(一般有敏感的感知能力)有形状记忆合金(SMA)、压电材料、光纤、电/磁致黏流体和光致变色材料等,尤其是光纤应用最广(可感觉压力、温度、密度、弯曲、射线等)。信息处理器是核心部分,它对传感器输出信号进行判断处理。构成驱动器部分的驱动材料,在一定条件下可产生较大的应变和应力,从而起到响应和控制作用,如形状记忆材料、压电材料、磁致伸缩材料和电致变色材料等。

智能复合材料有很多,各具特色和功能。如压电智能复合材料具有压电效应,当在材料上施加外力时,材料产生电压的现象称为正压电效应;而对材料表面施加电场产生应变或应力称为反压电效应。其具有将电能和机械能变换的特性,故可应用于智能结构中,特别是自适应、减振与噪声控制等方面。将压电材料置入飞机机身内,当飞机遇到强气流而振动时,压电材料便产生电流,使舱壁发生与原来的振动方向相反的振动,抵消气流引起的振动噪音。将压电材料应用于滑雪板,滑雪板受振动的同时产生减振反作用力,增强滑雪者的控制能力。

用智能复合材料制成的自动调温纺织品有着神奇的作用,当人们穿上这种服装滑雪时,身体产生的热量由相变材料吸收;当停止活动时,相变材料将释放热量,在纤维周围形成温度相对恒定的微观气候,从而在一定时间内实现温度调节功能,确保穿着者有一个舒适的温度。

形状记忆智能服装的原理是先将镍钛(NiTi)形状记忆合金纤维加工成

宝塔螺旋弹簧状，而后加工成平面状，再固定复合在服装面料中。当服装面料表面接触高温时，镍钛（NiTi）纤维的形变被引发，纤维立即由平面状变为宝塔状，使两层织物之间形成较大的空腔，避免高温接触人体皮肤，可以有效地防止皮肤烫伤。而智能宇航服的里层采用薄壁塑料管，内有循环水沿人体表面流动，使宇航员免遭高温的影响，内衬有轻盈舒适的尼龙面料。中间是3层结构的气密限制层，为宇航员提供适当的气压。外层是一个5层结构的隔热层，由一系列屏蔽材料组成，以防止宇航员在舱外活动时过冷或过热。最外层涂敷阻燃耐磨的防护层，保护其他各层不受磨损和各种不利因素对人体的伤害。背包是生命保障系统，包括氧气、水、各种装备等。这些都是智能复合材料应用的实例。

目前，世界上许多国家都已展开对智能材料的研究，智能复合材料是高技术的综合，其发展将全面带动和提高材料的设计以及应用水平。实现复合材料的智能化将显著降低工艺成本，提高使用效率，拓展复合材料的应用范围，这是智能材料与结构技术向应用转化的最佳途径之一。智能复合材料与纺织行业的结合将促使纺织业的升级换代，极大提高其竞争力，经济效益和社会效益是巨大的。美国、日本与欧洲一些国家在智能复合材料方面的研究已处于领先地位。我国也十分重视这项技术的研究，做了很多探索性的工作，相信在本世纪内会在智能材料研究和应用方面有更大的发展。

（尹衍升　黄翔）

六、功能材料

功能材料

随着科学技术的不断进步，对材料的要求也越来越高。有一类神奇无比的材料越来越吸引人们的注意，这类重要的材料就是功能材料。有了功能材料，使我们仿佛进入了一个神话世界，上天、入地、跨海、越洋、千里眼、顺风耳等所有这些古代神话故事中的美妙幻想早已变成现实。

对我们来说，有些功能材料是比较熟悉的，如日光灯的内壁所涂的一层发光材料，受到电子的激发就会发出明亮的白光；打火机里的"电石"（压电材料）轻轻一摁按钮，就会产生火星，点燃可燃气产生火苗；磁铁可以把小刀、铁钉等吸起。但是还有更多的功能材料，虽然我们经常使用，日日相逢都不识。如电脑中使用了很多种功能材料，有导电材料、电阻材料、压电材料、磁性材料、半导体材料等，我们往往不知它们的功能。其中最重要的是半导体材料，由半导体材料制成的集成块可以将数以百万计的二极管、三极管、电阻、电容等集成在一块小小的硅片上，构成电脑的"心脏"。而电脑的"大脑"是一个很大的"记忆仓库"，叫存储器，这是存储各种信息的地方。计算机的存储器是用磁性材料制作的，每个磁盘由无数个小磁芯组成，这种磁盘在电场的作用下可以记录下大量的信息。

可以毫不夸张地说，现代社会的发展与进步离不开功能材料。那么什么是功能材料呢？功能材料是指以利用材料的力、电、光、声、磁性质及其交互作用制备器件和装置的一大类材料的总称。按照这个定义，我们就可以轻易地把前面提到的材料都划归于功能材料。导体、半导体、超导体、激光

材料、发光材料、磁性材料、光学材料等都属于功能材料。

功能材料虽然起步较晚,但是其来势迅猛,可以用日新月异四个字来形容。人类大规模有目的地利用功能材料的历史只有几个世纪,自从20世纪40年代科学家发明了半导体以来,人类社会快速进入信息时代。信息时代的来临加快了社会发展的脚步,时代的进步又对高新技术的发展提出了更加迫切的要求,所有高新技术的发展都离不开新材料,特别是功能材料。信息产业、航天航空、航海及交通运输、能源、医疗卫生及人们日常生活都越来越离不开功能材料。

电阻材料

电阻材料是用来制作电子仪器、测量仪表及其他工业装置中电阻元件的基础材料。从广义而言,凡是利用物质的固有电阻特性来制造不同功能元件的材料,均称为电阻材料。像导体一样,电阻材料在科学技术中也是不可或缺的。

导电材料和电阻材料是一个矛盾的两个方面。需要材料导电时,我们希望电阻要小。而当希望通过电来发热或发挥其他功能时,就希望材料具有电阻,这就是电阻材料。

电阻率、电阻温度系数是电阻合金的基本电学性能。电阻率是表征材料电阻性能的一个物理常数。一种材料的电阻率由其材料本性所决定,一块材料的电阻与其截面积成正比,与其长度成反比。而材料的电阻值可以通过欧姆定律关系很容易由电压和电流测量得到。实验表明,金属固溶体(合金)的电阻恒大于纯金属的电阻。根据诺伯里定理,在固溶体(合金)中,电阻率的变化与溶剂原子和溶质原子的原子价有关。例如,若溶剂金属原子的原子核外有一个价电子,溶质原子的原子核外有 $Z+1$ 个价电子,在这种情况下,加入溶质原子后所增加的电阻率与 Z^2 成正比。

大量研究结果表明,非晶态合金(又称金属玻璃)可以获得很高的电阻率,一般比晶态合金高几倍。

电阻材料的分类方法很多,按功能特性可分为以下4类:① 利用功能转换现象的电阻材料,如发热体电阻材料、发光电阻材料等。我们通常所见的电炉、电热毯及白炽灯的灯丝等都属于这类材料。② 利用电阻恒定不变特性的电阻材料,如精密绕线电阻、薄膜精密电阻材料等。③ 利用电阻随环境变化而变化的电阻材料,如应变电阻材料、热敏电阻材料、光敏电阻材料等。④ 利用导电物质与绝缘物质混合制成的特殊电阻材料,如导电塑料、导电橡胶、导电玻璃等。

总之,小到半导体集成块,大到汽车、飞机、人造卫星等的电器控制、操作系统都离不开电阻材料。

超导材料

我们日常生活中所接触的几乎所有材料,从导电率很高的金属导体,到绝缘性能良好的玻璃、陶瓷、混凝土及塑料等高分子材料都有电阻,其区别仅在于其电阻率的大小不同而已。那么是否存在没有电阻的材料呢?有,这就是鼓舞人心的超导体材料!

1911 年,著名的荷兰科学家梅林·翁内斯用液态氦冷却水银(汞),当温度降到−269℃左右(4.6 开)时,发现水银的电阻突然之间完全消失,电流可自由通过这种"超导体"面而没有损耗,于是他将这种现象称为"超导电性"。

近百年来,人们对超导体的理论研究和科学实验从来没有停止,由此取得了一系列振奋人心的科研成果。迄今为止,人们发现的超导材料不下数百种,从纯金属到合金,从氧化物到硫化物、硼化物等,甚至有机高聚物也可能成为超导体。超导体家族可谓百花齐放,争奇斗艳。

这里特别值得一提的是,钇钡铜氧化合物高临界温度超导体的发现。1984 年,在瑞士工作的两位美国科学家缪勒和柏诺兹在研究钇钡铜氧化合物陶瓷的低温电学性质时,突然发现这种化合物在 30 开时电阻突然消失。几年以后,美籍华裔科学家朱经武博士及我国科学家赵忠贤院士经过进一步研究,先后发现这类氧化物超导体的超导转变临界温度可以达到 100 开以上。这样人们在使用超导体器件时,就不必利用价格昂贵的液氦(液化温度 4 开)作为超低温保护介质,而可以利用价格比较低廉的液氮(其液化温度为77 开)。这一科学发现的意义十分重大,不仅在世界范围内掀起了高临界温度超导体研究的热潮,而且扩大了超导体的应用领域。为此,缪勒和柏诺兹两位科学家荣获 1987 年的诺贝尔物理奖,其后赵忠贤院士得到了第三世界物理奖。

超导材料具有许多奇特的物理性质,这里简单介绍其中的两个特性:

(1) 无阻流动特性:如果将磁场通过超导体环,将环的温度降低到其超导转变温度 T_c 之下,当将磁场撤去后,在环中就产生感应电流。只要环的温度低于 T_c,这个感应电流将持续在环里流过。利用超导体这一特性制成超导电线输送电力,不仅不需要变压器增压高压输电,而且很细的导线就可以通过很大的电流,这样不仅可以节省大量的铜、铝等较贵重金属,同时还可以减少电力在输送过程中的极大浪费。

(2) 迈斯纳效应:当施加磁场于超导体时,磁场不能传入超导体内部,即超导体具有抗磁性。许多国家正在研制的超导磁悬浮列车正是基于这一原理设计的。

目前一些超导材料已得到利用,但是人们并不满足于这些成就,科学家正朝着发现实用意义更大的室温超导体的目标迈进。

压电陶瓷

科学家在功能材料中发现了许多有趣的物理效应,这些物理效应对科学和技术的发展产生了巨大的推动作用。

压电效应是法国的居里兄弟于 1880 年发现的一种物理效应,是指在某些材料(单晶或陶瓷)的某一方向上施加机械力时,会在材料另一方向的表面上产生电荷,这种现象称为正压电效应;与此相对应的是逆压电效应,即在材料的某些方向施加电场时,材料的内部会产生应力或应变,可能引起材料的形变。

压电材料大致可分为压电晶体和压电陶瓷两类。压电晶体将在本书另外章节中予以介绍。相比较而言,压电陶瓷是一类更便宜、应用更广的压电材料,这主要是因为其工艺成熟、简单,更易于大规模工业化生产。

众所周知,陶瓷是由许多细小晶粒聚集在一起构成的多晶体。这些小晶粒通常是无规律排列的,因此,在宏观上刚烧成的陶瓷是各向同性体,一般并不显示压电效应。在一定温度下,施加直流电场极化,可使每个小晶粒的自发极化(Ps)方向取向一致,这个过程称为极化。只有经过极化处理的压电陶瓷才具有压电效应。

大家都见过打火机及燃气灶的电子打火器,只要轻轻把按钮一按或一转,就会打出火星,从而把可燃气体点燃。有了这种电子打火器,人们用了数百年的火柴就可以光荣"退休"了。电子打火器的发明节省了许多木材。电子打火器的核心部分就是一小块压电陶瓷,稍用力,就能产生出高压电火花。

利用压电陶瓷的逆压电效应,人们发明了扬声器。收音机、电视机的音响就是通过把电信号转变为压电陶瓷片的机械振动,就产生了我们听到的美妙的声音。

压电陶瓷还有一个重要的用途是制作声呐。声呐的作用非常大,它是军舰、潜艇的"千里眼"、"顺风耳"。每一艘军舰和潜艇上都装有一个硕大的声呐装置。大家知道,海水对光波和电波都有强烈的吸收,在海水中雷达是不起作用的。科学家发现,超声波在海水中的穿透能力很强,于是人们就发明了发射和接收超声波的装置——声呐。超声波发射器使用了压电陶瓷的逆压电效应。在压电陶瓷薄片上加一个交变电场,通过压电陶瓷的高速振动,就会产生一定频率的超声波,超声波在海水中传播时,遇到远处的舰艇、礁石、鱼群等就会被反射回来,反射回来的超声波碰到声呐的超声波接收器中的压电陶瓷,就会通过正压电效应转变成电信号。舰艇操控人员就会在显示屏上看到远处物体的形状,根据超声波的速度及其往返所需要的时间,计算机会准确计算出前方目标的距离,从而采取相应的措施。

现在,许多新型压电陶瓷正在许多工业部门大显身手,在军事和民用领域都得到了十分广泛的应用。

热释电陶瓷

火车是一种安全舒适的交通工具,但是在长途运行过程中,难免会有车轮出现故障的情况,如果火车带"病"运行,其后果将会不堪设想。特别是近两年我国高铁的发展,在高速运行中的列车,更要求其各个部件都正常工作。在几十年以前,火车每到一站,车站检修人员都要对每一个车轮进行检查,摸一摸温度。如果某个车轮的轮轴温度过高,就说明这个轮子出现了故障,需要及时维修和拆换,这是一项十分艰苦的工作。现在,人们利用功能材料发明了火车热轴探测仪,工作起来就简单多了。热轴探测仪可以迅速查明运行车轮的温度,再通过无线电及时通知司机和下一站,以便及时更换。这种火车热轴探测仪的核心部件就是一块热释电陶瓷。

热释电效应是指某些晶体或陶瓷受到外部温度变化的影响时,会在某一方向的表面产生电荷的一种现象,根据表面电荷的多少可以判断出物体温度的高低。

与压电陶瓷的制备过程类似,热释电陶瓷在成型、烧结、抛光之后,也需要在一定温度下加一直流电场极化,使得热释电陶瓷中晶粒的极轴取向一致。钛酸铅和掺镧钛锆酸铅是两种常见的热释电陶瓷。

利用热释电效应,人们制成了不接触测温温度计。在冶金工业中,可以从远处测量钢水等高温物质的温度。在医学上,人们制成了不接触人体成像设备,只要病人在仪器前一站,就可以从电脑屏幕上看出人体轮廓及发生炎症的部位(因为发生炎症部位的温度比其他部位的温度高),从而可以帮助医生诊断疾病。

热释电材料在军事上也有非常重要的应用。军队在伸手不见五指的黑夜如何发现远处的敌人目标呢?人们发明了红外夜视仪。从夜视仪的屏幕上,战士可以清楚地看到远方的敌人,以及远处运动中的汽车、坦克等机械装置。道理很简单,因为人体及发动机都是发射红外线的热源。人们还利用热释电材料发明了导弹制导装置。在导弹头部安装一个热释电器件,导弹发射后就会追随目标飞行(因为飞机发动机及其排气口都是能辐射红外线的热源),直至击中目标。

光学玻璃和激光玻璃

从平房到高楼大厦的建造都离不开玻璃,玻璃窗让我们的生活空间变得十分明亮。

玻璃是材料大家族中的重要一员。从微观上看,晶体中的原子、离子或分子在三维空间做长程有序排列,显示出微观和宏观对称性。而玻璃中的原子或离子的排列是长程无序的,所以有人把玻璃称作"冻结的液体"。从宏观物理性质看,晶体是各向异性的、有固定的熔点,而玻璃是各向同性的、没有固定的熔点。当把玻璃加热时,随着温度的升高,它将从固态逐渐软化为黏滞态,其性质也是逐渐变化的。

当熔融状态下的物质以一定速度冷却时,某些物质只能形成晶体,而有些物质则会形成玻璃。能形成玻璃的物质在熔融状态下冷却时,其黏度迅速增加,使结晶过程受到抑制或阻碍,还未来得及析晶即黏度已经很大,其中的离子难以通过扩散排成有规律的队形而形成晶体,而是原位冻结形成透明的玻璃。

光学玻璃的生产已有 200 多年的历史。目前无色光学玻璃已发展到 200 多个品种(折射率从 1.4～2.0),有色光学玻璃也有 100 多个品种。

光学玻璃与普通玻璃的区别在于:光学玻璃一般要求纯度更高,透过率更好。同时根据不同应用要求,还要通过改变组分,获得不同折射率、不同波段有不同透过率以及不同硬度和物理化学稳定性的玻璃。

光学玻璃元件是光学仪器的核心部分,主要是制成满足各类特殊要求的透镜、反射镜、滤光镜、窗口材料等。如各种曲率的球面透镜和反射镜,各种非球面的抛物镜,椭球面和双曲面镜,以及各种各样的棱镜。

激光玻璃是功能玻璃家族的重要成员,它是玻璃激光器的核心。同激光晶体相比,激光玻璃的最大优点是制造工艺相对简单,易于获得掺杂浓度高的玻璃,可以制成大尺寸、高功率的激光器。

常用的激光玻璃是掺杂稀土元素钕的硅酸盐玻璃。此外,还有磷酸盐激光玻璃、铝硅酸盐激光玻璃等。

钕玻璃高功率激光器是研究激光核聚变的重要组成部分,在能源开发和等离子体物理研究及激光加工等方面有着重要作用。

光信息存储材料

在原始社会,人们没有笔墨纸张,只能通过在墙上用石头画图形或道道,或在绳子上打结来标记一些事情。大约到了商周时代,我们的祖先学会了纺织丝绸、制造毛笔和墨,于是开始在丝绸上或者竹简上留下文字记载。当时学生读的书本也是用竹简制作的,一本书会很重,但其中的知识并不多。古人曾用"学富五车"形容一个人有学问,现在看来,五车竹简也容纳不了多少学问。到了汉朝,蔡伦发明了造纸术,人们学会了造纸。这是一项给全人类带来文明的伟大发明,后来我国古代劳动人民又发明了活字印刷术。纸比丝绸、竹简便宜多了,并且使用起来也更方便。通过在纸上印刷文字,可以让更多的孩子有机会上学读书,书本传播知识的速度也更快了。活字印刷技术一直持续到了 20 世纪 70 年代,后来激光照排技术取代了活字排版,信息记录传播的效率更高了。

信息产业主要包括信息的产生、信息的传输、信息的处理和存储以及信息的显示,这几个环节缺一不可。

从 20 世纪初开始,出现了光存储的雏形——微缩照相技术,它曾一度成为文档资料保存的主要手段。信息时代的到来,激励了信息存储技术的不断革命。电子计算机问世之后,磁存储器一直占据主导地位。光盘存储技术是 20 世纪 70 年代研究成功的,到 20 世纪 80 年代,它便促成了激光唱机产业的兴起。可以预测,在今后 10 年内,磁存储和光盘存储仍为高密度信息存储的主要手段。

与磁盘存储技术相比,光盘存储技术具有以下优点:存储寿命长,一般寿命在 10 年以上,而磁存储的信息一般只能保持 3～5 年;非接触式读写和擦除,激光头不会磨损或划伤盘面;信息信载噪比高,图像和音质更加清晰;存储信息密度高;单位信息的价格低,只有磁记录的几十分之一;光存储可以利用光的并行处理和三维处理特点,特别有利于图像的存储。

理论计算和实际应用均表明,光盘存储的信息量与所用激光的波长成反比,即所用激光波长愈短,存储信息量愈大。

光盘的工作性能取决于存储介质的发展。CD-ROM 光盘信息数据是通过在光盘母盘上刻上凹槽,然后制成金属压膜,靠凹槽与周围介质的反射率不同,再利用光读取信息。

可擦重写光盘的存储介质能够在激光的作用下发生物理或化学变化。这种可反复使用的光盘主要有两类,即磁光型和相变型。前者靠光照前后局部磁畴方向的变化记录和读出信息;后者靠光热效应局部区域晶态和非晶态的可逆相变记录和读出信息。目前专业计算机上用的主要是磁光型光盘。

目前,磁记录材料和光盘的比赛仍然继续,但看来磁记录材料的发展更快、更好,特别是闪存技术的发展已经普及人们生活的各个方面。现在,人们买东西不用现金,刷卡就行;照相不用胶卷,存卡就灵;乘飞机、火车不要票,刷身份证就可以,一个小小的优盘可以放进好几部电影。这都是功能材料、存储材料和存储技术发展给我们带来的好处!

液晶材料

我们给大家介绍过晶体,晶体是原子、分子或离子有规律排列的固体。

从沙子、泥土到矿石(玻璃除外),从水泥到各种金属材料等都是由晶体组成的。但是,你见过液晶吗?什么是液晶呢?从一些电子表的表盘、手机的显示屏到手提电脑显示屏,以及一些平板式彩色电视机屏幕等都是由液晶制作而成的,特别是为人们十分喜爱的小型平板电脑(iPad)就是由液晶作为屏幕的。

液晶是介于晶体和液体之间的一种中间态。1888年,奥地利植物学家瑞尼泽发现了热致液晶,迄今已有100多年的历史。普通液体的最大特点是具有流动性和各向同性,液体在不同方向和不同部位都具有相同的物理化学特性。目前已知的液晶都是有机化合物,它像液体一样,不能承受切向力,但是能够流动。液晶分子本身的几何形状是不对称的、各向异性的,而且它在液晶中某一个方向上的分子排列是有序的。因此其物理性质也表现出各向异性,这一特点又与晶体很相似,所以液晶又称流动的晶体或液态晶体。液晶的流动性表明,液晶分子之间的作用力是微弱的,要改变液晶分子的取向排列只需很小的外力。例如,在几伏电压和每平方厘米几微安的电流作用下,就可以改变液晶分子的取向,因此液晶显示器具有低电压、低功耗的特点。另一方面,液晶具有较强各向异性的物理性质,稍微改变液晶的分子取向,就会明显改变液晶的光学和电学性能。液晶显示的原理就在于充分利用它的各向异性随电场的变化。例如,利用它的折射率、反射率随电场的变化。显示器的结构特点是在两片平行电极之间放一层液晶。在液晶盒两侧往往还要加偏振器及反射器。这样,我们就可以通过电场(即电极)形状的改变把字符或图像显示出来。

液晶主要用于信息平面显示。与显像管相比,液晶显示器可做成超薄型的,这种显示器体积小,质量轻,无电磁辐射,便于携带和放置,此外,还有功耗小、节能的优点。液晶显示器主要用于各类钟表、仪表、彩色电视机及计算机终端显示器等方面。

感光材料

在日常生活中大家经常照相,但是你知道相片上的影像是怎样产生的吗?相机中的底片在拍照时,经过曝光、显影和定影,就会显出人像或自然风光图像。再利用底片在相纸上经过曝光、显影、定影和烘干,就可以得到一张漂亮的照片。这是底片和相纸上的感光材料在发挥作用。那么,什么

是感光材料呢？感光材料是指在光或射线的作用下，能够迅速发生物理化学变化而留下影像的一类材料。感光材料在信息记录和保存方面具有重要的作用。它大致可分为银盐感光材料和非银盐感光材料两大类，也可分为无机感光材料、有机及高分子感光材料两大类。

传统的银盐感光材料的应用已有100多年的历史。自20世纪60年代以来，以快速、简便、价格低廉为特色的非银盐感光材料得到迅速发展，这些新型感光材料已被广泛用于照相、复印和印刷等方面。

（1）稳定化处理印相纸：银盐印相纸由于需要显影、定影、水洗、烘干等工序，过程较为麻烦，而且很费时间。而稳定化处理印相纸可以省去定影、水洗等工序，它是在相纸的乳剂中预先加入显影剂，感光后，通过显影和稳定化处理，就可以得到相片，全部过程只需10秒钟左右的时间。

（2）重氮复印纸：重氮复印是继银盐方法之后发展起来的又一种经典复印方法。重氮盐的成像原理是基于重氮化合物的光分解作用，未分解的重氮化合物和发色剂发生偶联反应而形成清晰的图像。

（3）感光高分子材料：感光高分子材料在光的作用下可以迅速发生光化学变化或光物理变化。光化学变化是不可逆的，如光交联、光分解、光聚合等；光物理变化是可逆的，如光导电、光变色、光致发光等。通常将印刷制版用的高分子材料称为感光树脂，而把微电子微细图形加工用的感光高分子称为光刻胶。若光化学反应引起高分子交联变成不能溶解的负像，则称为负性光刻胶；若光化学反应引起高分子分解而具有可溶性并形成正像，则称为正性光刻胶。

感光高分子材料已广泛应用于印刷、电子等部门。如感光树脂印刷制版已代替铅字排版，使印刷工业实现了自动化。半导体器件工业中有一道重要工序叫光刻，就是在光滑如镜的半导体薄膜上镀一层感光高分子光刻胶，通过自动控制的激光束在光刻胶上刻许许多多的电子线路，再加上其他工序，就可以得到神通广大的大规模集成电路。

发光材料

在夏天的夜空，大家经常可以看到天空中飞舞的如流星般美丽的萤火虫。大家知道萤火虫的尾巴为什么能发光吗？这是因为它的尾部能够分泌出一种能在白天吸收太阳光、夜间发光的荧光材料。我们家中的彩色电视机为什么会显示出五颜六色的图像呢？因为电视机屏幕上有一层彩色荧光粉，电视机显像管后部的电子枪发出的电子束打到屏幕的荧光粉上就会显现出一个个彩色的亮点，电子束高速扫描过屏幕，一个个彩色亮点就"织"成了一幅幅不断变化的彩色图像，这就是我们看到的电视节目。发光材料为我们的生活增光添彩。那什么是发光材料呢？发光材料是指那些在吸收外部能量（如光能、电能、机械能等）时可以发光的物质。

人们对发光材料和发光现象的认识是从自然界中的发光物质开始的，例如，墓地中的"磷火"（俗称"鬼火"）、萤火虫的发光及天然矿物如萤石的发光等。1866年，法国人斯道特首先研制出掺铜硫化锌荧光粉，掀开了人类研究、开发和利用发光材料新的一页。

1948年，科学家首次将卤磷酸盐荧光粉用于制作荧光灯。与白炽灯相比，荧光灯耗电少，节省能源，亮度高，而且光线更接近自然光，可以保护人们的视力。这可以说是照明领域的第二次革命。

1964年，科学家发明了红、绿、蓝三基色荧光粉，从而使各种显示屏从黑白走向五光十色的多彩世界。这是发光材料研究和应用的又一次飞跃，它给人类带来了实实在在的享受。

20世纪70年代以后，由于半导体技术的不断进步，各种各样的半导体发光器件如雨后春笋般地涌现出来。半导体发光管是将电能直接转换为光能的器件，它不仅更加节能，而且亮度更高，色度更纯。你是否发现现在各种仪表的指示灯和马路上的红绿灯比以前亮多了？十几年前，这些指示灯还都是用白色灯泡外加彩色灯罩做成的，亮度当然不好。现在换成半导体发光二极管制成的显示灯后，效果自然就不一样了。特别是新型交通信号灯的使用，避免了许多交通事故，挽救了很多人的生命。

现在人们正期待着白光发光二极管的推广普及，到那时，照明灯具将再次更新换代，我们的房间将变得更加明亮。

交通安全的保护神——反光材料

夜晚当你乘车行驶在公路上时，你会发现在车灯的照射下，路边的标志发出醒目的光泽，明确地指引着你前进的方向；你也会清楚地发现远处的交通警察或修路工人。这是怎么一回事呢？原来这就是反光材料在起作用。这种材料对光的反射率比一般物体高几十倍到几百倍，能够将汽车前灯射出的光线大部分按原路反射回去，使驾驶者能够看清几百米外的路标和路况，成为茫茫夜色中交通安全的保护神。

反光材料主要可以分为两大类：

（1）玻璃微珠型反光材料：这种反光材料中分布着一层细小的高折射率玻璃微珠。当灯光在一定范围内照射到微珠前表面时，由于微珠的高折射作用，使光线聚焦在微珠后表面的反射层上，反射层将光线沿着入射光线方向平行反射回去，就形成了回归反射。大量的微珠同时发生作用，使得物体变得明亮可见。这些高折射率玻璃微珠一般小于 200 微米。

根据玻璃微珠在反光材料中所处位置的不同，反光材料又可以分为外露型和平顶型两种。外露型是指玻璃微珠位于反光材料的最表面，微珠直接与空气接触。微珠通过胶黏结在布或人造革等基材上，制成反光布或反光革。我们经常见到服装、鞋帽和箱包上使用的就是这种材料。这种材料是用折射率为 1.9 的玻璃微珠制作的。平顶型反光材料是指玻璃微珠埋入透明树脂中，树脂与空气接触。这类材料耐候性好，可反射有色光，雨天也不受影响。道路上使用的标志牌、汽车牌照都是这种材料。这种材料一般是用折射率为 2.2 左右的玻璃微珠制作的。

（2）微棱镜型反光材料：这类材料的反光元件称为微晶立方角体，由特种树脂材料经精密压制而成。每平方厘米有近千个这样的小立方角体，每个微晶立方角体为 3 个垂直组成的直角棱镜，其固有的反射关系使入射光由原方向反射回去。每一微晶立方角体连接排列后形成精密反射列阵，微晶立方角体下层经密封后形成一空气层，使入射光线形成内部全反射，达到异乎寻常的优异反光效果。这类材料也属于平顶型结构。使用这一技术制作的超强级反光膜，反光性能数倍增加，广角性能也有极大提高，将会在道路交通标志方面得到越来越广泛的应用。

近年来，由于交通的发达、车辆的增加，交通事故也随之上升。现在一些城市的交通事故的死亡人数甚至超过战争中的遇难者。据分析，大城市夜间发生交通事故的几率明显高于白天，事故高峰集中在晚上 8～10 点这一时段，道路能见度低是主要原因之一。使用反光材料设置醒目的交通标志、穿戴装饰有反光材料的服装能给司机良好的指示，以有效地减少交通事故和人身伤亡的发生，达到保护人们生命和财产安全的目的。

蓄光材料

蓄光材料的全称是蓄能发光材料，又称作长余辉发光材料或夜光材料，是发光材料中很有意义的一类。唐代诗人王翰"葡萄美酒夜光杯"的优美诗句曾引起多少代人的遐想，"夜光杯"究竟是何种宝物？科学给人们解开了这个谜。其实"夜光杯"就是用含有长余辉发光材料的玉石经人工雕琢而成的酒具。有了这种人工制造的蓄光材料，现在人们就可以轻而易举地仿制出"夜光杯"。

蓄光材料是一种吸收太阳或灯光发出的光线后可持续长时间发光的物质，是一种蓄能、节能的发光材料。蓄光材料可以分为以下 3 类：

（1）传统的硫化物蓄光材料：其中最有代表性的长余辉发光材料是掺铜硫化锌，它是第一个具有实用价值的长余辉发光材料，曾被用于钟表、仪表及特殊军事等部门的夜间显示。这类材料的缺点是化学稳定性差，在紫外光或湿气的作用下，易分解、变黑、减弱以至丧失发光功能。

（2）稀土激活硫化物蓄光材料：这类长余辉发光材料是以硫化物或氧硫化物为基质，以稀土离子作为激活剂而人工合成的发光材料。其优点是余辉时间比传统硫化物高数倍，缺点仍然是化学稳定性差。

（3）稀土激活碱土金属铝酸盐蓄光材料：这是 20 世纪 90 年代发展起来的一种新型长余辉发光材料。通过改变发光材料的化学成分，可以获得从紫光到黄光的一系列长余辉发光材料。这类材料发光效率高、余辉时间长，光照后发光时间可持续上百个小时，即在太阳光或灯光下照射几分钟后，在黑暗中可以持续数昼夜发光，同时有稳定的化学性质，并且无放射性污染。

长余辉发光材料在人们的生活中具有十分广泛的应用：一是可以用作交通标志材料。在西方发达国家的铁路、公路等交通干线上，采用了长余辉发光材料与玻璃微珠复合制成的发光指示牌、分界线、行车引导线等，在黑夜中可以给行人、车辆指明道路的边界和走向。二是可以用于安全通道指示牌，如车站出口、娱乐场所、高层建筑安全通道指示等。据报道，在美国"9·11"事件中，在世贸大厦被撞倒塌过程中，楼梯过道发光材料制成的安全标志线,对许多人的逃生起到了关键性作用。国际海事组织规定,载客船舶必须在舱内走道、通道及公共设施安装紧急疏散用的蓄能发光指示标志。三是可以用于儿童玩具及各类艺术品等,涂上一层美丽的彩色蓄光材料后,夜间可以发出迷人的光芒。

光催化材料

化学污染在不断地破坏着人类的生存环境,威胁着人们的生命和健康。不仅化工、钢铁、造纸、发电等工业生产活动在不断地污染着环境,而且在家庭装修中,各种涂料和复合材料所释放出来的有毒气体,给人们的身体健康造成了很大威胁。为了人类的生存和发展,环境保护呼唤性能优异的环保型新材料。

环境和能源是制约人类社会发展的两大难题。科技工作者正在不遗余力地从不同角度研究相应对策,其中光催化剂的深入研究和应用给人们带来了希望。

目前,研究和应用最多的光催化剂是纳米二氧化钛微粉,其光催化的原理是:当纳米二氧化钛粉受到紫外光或阳光照射后,它的表面会产生出电子(负电荷)和空穴(正电荷)。这种表面电荷具有很强的氧化还原能力,可以将有害的重金属离子还原为危害较小的重金属原子,还可以将有害的有机物降解为水和二氧化碳。

光催化材料正在成为备受人们关注的新材料,它在许多领域都有广阔的应用前景。

(1)在环保领域中的应用:① 玻璃防尘及自清洁作用:如果在路灯罩、汽车挡风玻璃、窗玻璃上镀一层二氧化钛光催化剂,利用它在光照后的超亲水特性,可使其表面具有防污、防雾、易洗、易干等特性,从而可以长期保持清洁。不仅如此,它还具有降解有机物和保护环境的功能。② 防污及杀菌特性:如果在卫生洁具及釉面砖等表面镀一层光催化剂,在光线的作用下,不仅具有自清洁作用和杀菌作用,而且净化室内空气。③ 污水处理:光催化剂用于污水处理,可以在太阳光的作用下,将污水中的有机物降解分解变成无害的水和二氧化碳。这种污水处理技术还不会产生二次污染。④ 在空调领域中的应用:1996年,日本大金工业公司开发出空气净化除臭机,其杀菌效率提高了 10%，除臭能力为活性碳的 130 倍。同时还可除去空气中的氧化氮、甲醛等有害气体。

（2）在太阳能光催化电解水制氢中的应用：1972 年，日本科学家利用二氧化钛（TiO_2）晶体作为一个电极，另一电极为铂黑电极制成了一个电解槽，发现在紫外光作用下，有少量的水分解为氢和氧。这一发现为人类开发新型氢能源提供了一条新途径。

磁性材料

说到磁性材料，人们马上会联想到磁铁和指南针。不错，这些都是磁性材料。

地球是个巨大的磁体，它也有南磁极和北磁极。磁铁矿（Fe_3O_4）是一种天然的永磁体，在地球磁场的作用下被磁化。据说，在古代曾有一艘铁壳船，开到一座铁矿山附近时，就自动向矿山冲过去，无论船员怎样用力划船，也改变不了船前进的方向，最后被吸到矿山脚下。利用磁性材料制作指南针是我国古代的四大发明之一。这一发明，揭开了人类远洋航行历史的新篇章。早在公元前四世纪，我国古代文献就对磁铁矿的磁性做了详细的描述。我们的祖先最早发明了用磁石（磁铁矿）制作指南针。到了唐宋时期，我国劳动人民知道用磁石磁化钢针，用钢针替代磁石做指南针。直到今天，指南针仍是航海、航空、沙漠探险、野外旅游等不可缺少的方向指示器。

到了 19 世纪，西方产业革命的需求推动了磁性材料的发展。1823 年，英国电子工程师斯特金用裸铜线在一根 U 形铁块上绕了 18 圈，制成了第一块"电磁铁"。当线圈通过电流时，使铁块能吸起比它自身重 30 倍的铁块。断电后，磁铁的磁力立即消失了，被吸的铁块随之落到了地面上。

1829 年，美国物理学家亨利采用绝缘导线代替裸铜线，大大改进了这一装置。由于导线有了绝缘层，就可以一圈圈紧密地绕在一起，不必担心短路。每多绕一圈就能增加磁场的强度，从而增加电磁铁的力量。到了 1931 年，亨利制成了一块强电磁铁，它的体积虽然不大，却能吸起 1 吨重的铁块。

电和磁是一对孪生兄弟。电子的运动产生磁场，金属线圈在磁场中做切割磁力线运动时，内部就会产生电流。发电机的发明与改进都离不开电磁铁。只有制造出更强的电磁铁，才能使导体运动时切割更密集的磁感

（应）线，产生出更强大的电流。1845 年，英国物理学家惠斯通制成了采用电磁铁的发电机。现在大家都知道，不仅火力（煤、石油等）可以发电，核动力、水力、风力等都可以发电，这些发电设备都离不开电磁铁。

原子内电子绕核的高速运动也会产生磁场，构成物质的载磁子。尽管宏观物体的磁性多种多样，但其磁性均源自于这种载磁子。上述物质磁性的同一性决定了磁性是物质普遍存在的一种属性。但是，在科学技术中具有实用价值的磁性材料还是有限的。它们在现代科学技术的发展中发挥了十分突出的作用。

永磁材料和软磁材料

随着在磁性材料方面的研究不断深入，人们发现了越来越多的各具特色的新型磁性材料，如永磁材料、软磁材料、旋磁材料、磁光材料、磁性液体等。

永磁材料又称为硬磁材料，是指经过外加磁场磁化后，去掉外磁场后仍能保留较高剩磁的一类材料，上节中提到的磁铁矿石就属于这类材料。在现代科学技术中，磁悬浮列车、雷达、人造卫星和高能加速器等都离不开永磁材料。

软磁材料是在外磁场中很容易磁化，去掉磁场后又很容易失去剩磁的一大类磁性材料，上节中提到的电磁铁中所用的铁块就属于软磁材料。软磁材料在高能加速器、电子显微镜、高效开关电源和磁流体发电等领域广泛应用。

20 世纪 80 年代，有一种重要的永磁材料问世了，它的名字叫钕铁硼。这种磁体是迄今可以得到的最强磁体，它是 20 世纪永磁材料研究的标志性成果。钕铁硼合金磁体问世的第二年（1984 年）即已开始商品化生产，当年世界总产量为 32 吨，到 1990 年产量已达 1 550 吨，7 年间增长了 50 倍。目前，全世界钕铁硼合金的年产量已上万吨。值得一提的是，稀土元素钕是钕铁硼磁体的主要成分，我国是稀土储量最多的国家，也是钕铁硼磁体生产量和出口量最大的国家之一。

钕铁硼磁体的问世恰与磁盘驱动器的微型化进程同步，因此立刻被用到"刀刃"上。钕铁硼的应用，使磁盘体积大为减小，性能更加优越。

在音响器件方面，钕铁硼广泛应用于微型扬声器和耳机。主要是作为高档汽车的扬声器,因为这种扬声器不仅使音响效果的保真度、信噪比大为提高,而且使整机体积和质量显著减小。钕铁硼在这方面用量的年增长率超过 60%。

此外,钕铁硼磁体还在直流电机、步进电机、核磁共振成像等方面大显身手。这种磁体在磁悬浮列车方面的应用前景不可限量。磁悬浮列车既可实现高速运输,又无噪声,安全可靠。据统计,每千米磁悬浮列车铁路线平均需要钕铁硼磁体 1 吨。由此可见,现代高科技对钕铁硼磁体的需求量是多么巨大的。

新型能源材料

随着世界人口的快速增长和工业化进程的加快,人们对能源的需求与日俱增,然而地球上的一次性能源——煤和石油都是不可再生资源,且不说其对环境的严重污染,就储量而言也是日渐减少,人类正面临着能源短缺的挑战,发展新能源材料已成为世界各国普遍关注的重大问题。

太阳是离地球最近的一颗恒星。科学研究证明,太阳是一个比地球直径大 100 多倍的球状炽热气团,太阳每天不停地向外界辐射能量(光线),太阳表面的温度约为 6 000 开。根据推算,太阳中心的温度要高达 2×10^7 开,压力为 2×10^{16} 帕。由于太阳内部有极高的温度和巨大的压力,使原子核反应能够不断进行,这样就产生了太阳辐射的巨大能量,这种核反应是氢聚变为氦的反应。据推算,太阳总辐射功率为 3.75×10^{26} 瓦,而太阳投射到地球范围内的辐射功率约为其总辐射功率的二十二亿分之一,即约 1.8×10^{17} 瓦。考虑到地球大气层上部的反射和大气层的吸收,假若有 1/3 的辐射能到达地球表面,则到达地球表面的总能量为 6×10^{16} 瓦左右。地球一年从太阳获得的能量约为目前全世界同期利用各种能源所生产能量的大约 2 万倍。

人们目前正在研发各种利用太阳能的设施,如太阳能热水器、太阳能电池、太阳能干燥器、太阳能制冷和采暖设备等。

太阳能电池是将太阳能直接转化为电能的设备,也是最有广阔前景的新能源。太阳能电池是借助于半导体薄膜材料将太阳能转换为电能,大家从电视上看到的"神舟六号"飞船上漂亮的翅膀就是为它提供动力的太阳能电池。

硅太阳能电池是目前已研究成功的综合性能最好的一种太阳能电池，已达到实用化阶段。大量生产的硅太阳能电池的转换效率超过 10％，实验室试验的转换效率已达到 20％以上。根据原子的聚集状态，硅太阳能电池材料又分为单晶硅、多晶硅及非晶硅材料。此外，已研发成功的还有砷化镓（GaAs）、硫化镉（CdS）及氧化物太阳能电池。与一次性能源相比，太阳能电池的优点是不消耗矿物资源，无污染。缺点是成本稍高。随着科技进步和生产规模的扩大，太阳能电池的成本将不断降低，应用将更加广泛。

另一类新能源是核能，核能又分为核裂变能和核聚变能，这两种能源的发展都离不开新材料。

目前核裂变能已获得广泛应用，我国的大亚湾核电站、秦山核电站等都是利用核裂变能。核裂变反应的物理基础是铀-235 原子俘获中子之后发生裂变反应而产生能量。这种核电站需要一系列新材料，如多层包覆陶瓷核燃料颗粒、反应堆控制棒、陶瓷隔热罩、隔热板等。

核聚变的物理基础是在高温下使氘气发生原子核聚变而产生大量能量。其中一种途径是激光核聚变，即多路高功率激光同时聚焦到中心氘靶上引起热核反应。激光核聚变首先要解决大功率激光器、激光 Q 开关及倍频器等关键器件，这些器件都需要新材料。

隐身材料

人的眼睛为什么能看到五光十色的世界，是因为有光。光照射到物体上就会被反射，反射光在人的眼睛里成像，于是就会看到各式各样的动物、植物及其他物体。试想如果发明一种可以全部吸收各种可见光的布，再用这种布做成衣服，将整个身体遮盖起来，穿上这种衣服外出办事，谁也不会看见你。这是因为你的衣服将照到身上的光都吸收了，没有反射光，所以就不会被人看见。

事物都是相生相克的，发明了矛，随之就发明了盾。飞机问世以后，开始被认为是很难被击落的"空中霸王"，后来人们就发明了雷达、高炮及导弹。有了在海底活动的潜艇，人们很快就发明了对付它的声呐及反潜装置。由于雷达、声呐的发明等于给导弹装上了眼睛，打击精准度大大提高。那么，有没有对付雷达和声呐的新材料呢？有，这就是给飞机、导弹、舰艇披上一层隐身材料,它可以让雷达和声呐失灵。

隐身材料最重要的用途是在军事方面。试想,如果给飞机披上一层隐身外套,战机就不会被雷达发现;如果给潜艇、战舰披上一层隐身外套,潜艇、战舰就不会被声呐锁定;如果给地面的军事基地、坦克、汽车、桥梁等披上一层"隐身衣",那么这些地面目标就不会被雷达发现,也就不会被导弹击中。

雷达可以发射和接收电磁波,红外雷达可以发射和接收红外线。当雷达发出的电磁波或光波在空中传播时,遇到飞机等空中目标或坦克等地面目标就会被反射回来,在雷达荧光屏上就可显示出目标的外形,根据电磁波或光波的发射角度及在空中往返时间,计算机立即就能算出目标的距离及方位。为了对付雷达的追踪,人们就在飞机等空中目标及地面目标外涂上一层隐身材料。这种隐身材料能吸收雷达发射的电磁波或光波,使雷达接收不到反射波,这样就能巧妙地将飞机隐藏起来,这就是隐形飞机。美国空军的 F117 战机、海军的 B-1 和 B-2 轰炸机都是隐形飞机,在伊拉克战争中发挥了很大的威力。

吸收电磁波或光波的材料是一种复合材料,它是由高损耗的吸波材料与有机或无机黏结剂按一定工艺涂到飞机等目标物的外表。高损耗吸波材料有陶瓷铁氧体、羟基铁、炭黑等,黏结剂可用油漆、橡胶、塑料、磷酸盐等。

对付不同波段的波要研制不同性能的吸波材料,例如潜艇、军舰用的隐身材料必须对超声波有充分的吸收。为了对付日益改进的雷达系统,必须研制吸波范围更广泛的新材料。

仿生材料

自然界形形色色的生物给科学家带来了许多启示,许多发明创造都是由此而产生的。我们把模仿生物功能制造出的新材料叫做仿生材料。已经研制成功并获得应用的仿生材料很多,现仅举数例加以说明。

人们常常惊叹猫头鹰在漆黑夜间的灵敏视觉,它在一夜之间可以捕获十几只老鼠。有科学家发现,猫头鹰的眼睛能看见我们看不见的红外线,龟和乌贼也有这样的红外线视觉。根据这些动物对红外线反应灵敏的特点,人们发现了热释电材料。众所周知,温度稍高的物体都会不停地释放出红外线,人们利用热释电材料制作了红外医疗检测仪,利用这种仪器,医生可以从屏幕上观察到人体发生炎症的部位和形状。红外热轴探测仪可以检测运行中的火车某一轮轴是否发热,以便在下一站及时维修;红外夜视仪则可以在夜间观察到远处运动中的、隐蔽的军事目标(包括人)。

科学家还发现,响尾蛇对红外线十分敏感,特别是对波长1~1.5微米的红外线最敏感,它是依靠其头部对红外线敏感的漏斗形小窝探测并向周围动物发起攻击。根据响尾蛇的捕食原理,人们发明了一系列热释电(热敏)材料,制成红外制导导弹,其中,美国军用的红外制导导弹就叫响尾蛇导弹。这种导弹的头部有一块热敏材料制作的器件指引导弹的飞行方向,导弹一直追踪飞机发动机等放热目标,直到击中。

研究表明,海豚是一种听觉特别灵敏的海洋动物,无论白天或黑夜,它们都能成功地捕食到鱼。原来它们有自己的声呐设备,可以发射并接收超声波,以辨识物体的大小、形状和距离。它们可以分辨出3千米以外的鱼是其喜爱的石首鱼还是厌恶的鲻鱼。根据海豚的回声定位本领,人们发明了压电材料和器件,并制成装备海军的声呐系统。

许多动物的嗅觉器官特别灵敏。例如,稀释至十万亿分之一的苯甲酸能把鱼吓跑;在3 500立方千米的湖水中加入1克酒精,鳗鱼仍能嗅到酒精的气味。人的鼻子也很灵敏,能辨别出4×10^{-9}毫克/升的乙硫醇。根据动物的嗅觉特性,人们发明了一系列气敏半导体材料,制造出在不同领域应用的电子鼻,例如CO报警器、煤矿煤气报警器等。

萤火虫在夜晚可以发出漂亮的荧光,这种光又称为"冷光",因为它与电灯发光不同,只发光而不发热。由此,人们发明了荧光材料,制造出荧光灯、荧光屏。人造蓄光材料的发光强度远远超过了生物发光。

复合功能材料

复合材料是指两种或两种以上不同结构的材料复合在一起形成的一类新材料。在设计复合材料时,必须首先考虑到在两种材料复合之后要优势互补,取长补短,才能取得理想的使用性质。复合材料分为复合结构材料和复合功能材料。钢筋混凝土是人类近代最早认识和利用的复合结构材料之一。

复合功能材料是两种或几种材料复合之后,具有更好的使用功能特性的一大类材料的总称。

半导体集成电路是在一块小小的硅(或砷化镓)外延片上,通过光刻、离子注入等方法把数以千万计的半导体二极管、三极管及电阻、电容、导线等组合在一起,把具有不同功能的器件复合在一起,制成现代各类电信设备的"心脏"。

在蓝宝石衬底上外延生长硅材料,可以制造出耐辐射性能更好的集成电路;在蓝宝石衬底上外延生长氮化镓(GaN)薄膜,已制造出发射波长 400 纳米左右的蓝紫光发光二极管。

单晶硅太阳能电池性能虽好,但成本太高。非晶硅太阳能电池虽然性能稍差一些,但工艺简单,成本低,有利于大规模生产,因而具有更好的性价比。第一个非晶硅太阳能电池是在氢化的非晶硅中掺磷或硼形成的 P-N 结型太阳电池。但是非晶硅薄膜强度很差,一动就碎,无法使用。如果把非晶硅与金属铝片或塑料薄膜复合,则可解决其强度问题,从而使大规模工业化生产成为现实。

如果把蓄光材料与玻璃复合,可制成长余辉发光玻璃。把光催化材料如二氧化钛(TiO$_2$)薄膜与玻璃复合,可制成具有自洁净和杀菌作用的新型玻璃。利用各种新技术将激光器、调制器等复合在同一条二氧化硅(SiO$_2$)光纤中,光通讯将更加便捷,维护更方便,成本更低。

目前广泛应用的 CD-ROM 光盘是利用高分子基盘与溅镀的金属反射层和保护层(有机塑料)组成,可记录光盘则需在基盘上复合一层无机碲半导体合金材料作为记录层。

如果将磁粉与纸或其他薄膜材料复合,可制成磁记录纸。这种磁记录纸可用于铁路客运自动检票的车票、银行存款折、身份证防伪及信息存储等方面。

总之,复合功能材料已在各行各业获得了广泛应用。

(吕孟凯)

七、半导体材料

信息技术的基石——半导体材料

蒸汽机的出现,将人类从农业文明带入了工业文明。在我们享受工业文明给我们生活带来的无穷便利之时,历史的车轮又将我们带入了一个变化迅速、绚丽多彩的信息时代。信息时代最根本的标志是信息技术。现代的人们在不断感受着广播电视的普及与提高,自动化技术的日新月异,电子计算机的更新换代,通信事业的迅猛发展……所有这些都是信息时代的典型特征。可是大家知道支撑整个信息技术不断向前发展的基石是什么吗?那就是半导体材料!

那么,什么是半导体材料呢?

我们通常把导电性和导热性差的材料,如琥珀、陶瓷、橡胶、塑料等称为绝缘体。而把导电、导热性能都比较好的金属如金、银、铜、铁、锡、铝等称为导体。介于导体和绝缘体之间的材料称为半导体。区别于金属和绝缘体,半导体材料具有 4 个最基本的特性,结合半导体的发现历程可以说明这些独特的性质。

半导体的发现实际上可以追溯到很久以前。1833 年,英国巴拉迪最先发现硫化银的电阻随着温度的变化情况不同于一般金属。一般情况下,金属的电阻随温度的升高而增加,但巴拉迪发现硫化银材料的电阻是随着温度的上升而降低。这是半导体现象的首次发现。不久,1839 年法国的贝克莱尔发现半导体和电解质接触形成的结,在光照下会产生一个电压,这就是后来人们所熟知的光生伏特效应,这是被发现的半导体的第二个特征。

1874 年，德国的布劳恩观察到某些硫化物的电导与所加电场的方向有关，即它的导电存在方向性，这就是半导体的第三种特性，即整流效应，也是半导体所特有的性质。1873 年，英国的史密斯发现硒晶体材料在光照下电导增加的光电导效应，这是半导体又一个特有性质。

半导体材料为什么具有这些特性呢？我们知道固体材料导电要有自由电子，材料中的束缚电子必须从低能带跃迁至高能带才能成为自由电子，高、低两个能带之间的能量差称为能隙。对绝缘材料来说，由于此能隙太大，外部注入的能量无法将束缚电子变成自由电子，故而不能导电；金属材料则相反，其能隙太小或者没有能隙，通常情况下金属中存在大量自由电子，故而为导体；而半导体材料的能带介于金属和绝缘体之间，在外部条件合适的情况下，提供的能量就能将材料内部的电子变成自由电子。半导体中产生一个自由电子的同时产生一个带正电的空位（被称为空穴），空穴也会移动的，所以半导体材料中存在两种导电粒子：电子和空穴。半导体中的导电方式有三种：电子导电、空穴导电和两者同时导电。主要依赖电子导电的称为 N 型半导体，主要依赖空穴导电的称为 P 型半导体，两者共同导电的称为本征半导体。由 N 型和 P 型半导体形成的界面称为 PN 结，大部分半导体器件是由不同的 PN 结组成的。

最早得到应用的半导体材料是硒晶体。1923 年，科学家用硒制造出了第一只半导体整流器，它可以把交流电转变为直流电。三年以后出现了氧化亚铜整流器。但是真正作为现代半导体材料起点的当推锗单晶。1947 年，科学家发明了第一只锗晶体管。1950 年，科学家用提拉法生长出第一块高完整性的锗单晶。值得一提的是，现在科学和技术上应用的几乎所有的半导体的概念和名词都来自对半导体锗的研究。随后，各种半导体材料提纯技术、单晶生长技术、薄膜技术及器件制造技术如雨后春笋般地迅速发展起来了。由半导体材料制备的各种器件及其应用使整个世界发生了天翻地覆的变化。

半导体材料是集成电路、半导体激光器、发光管、光探测器和敏感器件的基础。这些器件是信息技术中最核心的部件，因此，将半导体材料称为信息技术的基石当之无愧。它不仅改变了人们的生活方式，甚至在不断影响着人们的思维方式。

元素半导体材料

你肯定知道计算机,也知道计算机更新换代的速度非常快。计算机中被称为 CPU 的微处理器是计算机的核心。所谓计算机的换代是指微处理器性能的升级。那么,大家知道计算机的 CPU 是由什么材料制成的吗? 制备 CPU 及其他许多器件的材料都是半导体硅材料,硅是一种元素半导体材料。

顾名思义,元素半导体材料是由单一元素组成的半导体材料。现在人们发现的元素半导体仅仅有 11 种,它们是硅、锗、金刚石、硼、灰锡、磷、灰砷、灰锑、硫、硒、碲、碘等。除硅、锗、金刚石之外,其他大部分元素半导体材料由于存在挥发性、结构不稳定性等缺点,目前还没有真正作为半导体材料用于实际中。

在所有的元素半导体材料中,锗对半导体行业的发展起到了开创性作用。1947 年锗晶体管的诞生引起了电子工业的革命,现代大部分的半导体概念都来自于对半导体锗材料的研究。20 世纪 50～60 年代,锗在电子学方面占据重要地位,但现在逐渐被硅所取代。目前锗仍然是重要的红外材料之一。

硅在地壳中的含量为 25.7%,资源丰富。优良的物理、化学性质使其成为生产规模最大、工艺最成熟和完善的半导体材料。随着硅的提纯技术、晶体生长技术以及硅平面工艺的发展,它很快就在半导体工业中取代了锗的位置。到目前为止,90% 以上的二极管、晶体管和集成电路等电子元器件都是用硅材料制备的。全世界与硅相关的电子工业产值接近 8 万亿元。

硅材料在半导体工业中获得最为广泛应用的原因是什么呢? 原来硅表面在氧环境下,容易被氧化形成二氧化硅薄层,而半导体器件的制备在很大程度上得益于二氧化硅的特殊性质。首先,二氧化硅薄层杂质的掩蔽效应使器件的几何图形可以得到精确控制。其次,有氧化膜覆盖的表面钝化效应使器件特性获得良好的重复性和稳定性。此外,二氧化硅的绝缘性质是制备金属-氧化物-半导体(MOS 型)场效应晶体管的基础。其他半导体材料不具备硅的这一特性。我们不能不为自然界为我们提供了资源丰富而性质独特的硅材料而庆幸。

用于半导体行业的硅材料又是如何制备的呢? 直拉法是目前主要的硅单晶生长方法。20 世纪 60 年代,硅单晶直径只有 5.08 厘米(2 英寸),而现

在长度超过 1 米的 20.32 厘米(8 英寸)、30.48 厘米(12 英寸)硅单晶都已实现了规模生产。目前,硅集成电路主要使用的是 20.32 厘米硅,但 30.48 厘米硅单晶的用量在逐年增加,预计到 2012 年 45.72 厘米(18 英寸)的硅单晶可能用于集成电路制造,68.58 厘米(27 英寸)的硅晶体研制也正在筹划中。目前全世界硅单晶的产量每年大约是 1 万吨,我国每年大约是 1 000 吨。

由于硅具有良好的光生伏特特性,因此,硅还广泛应用于太阳能电池的制备。在太阳能电池中不仅应用单晶硅,还应用多晶硅和非晶硅材料,在以后的章节中有详细介绍。

除上面介绍的两种元素半导体外,其他元素半导体作为半导体应用相对较少,但它们作为化合物半导体的主要成分或掺杂剂得到广泛应用。

化合物半导体材料

提到光通信、移动电话、大屏幕电子显示、交通灯、VCD 和 DVD 等,你肯定非常熟悉。但你知道这些发光器件,高速、高频器件等都是用化合物半导体材料制备的吗?

化合物半导体是由两种或两种以上元素所组成的。不同元素之间以共价键和离子键结合。由于组成元素不同和化学键强度不同,化合物半导体的能隙宽度差别很大。目前已知的二元无机化合物半导体材料有 600 多种,其中氧化物、硫属化合物有 250 多种,卤化物约 200 种。它们之中的大多数还没有被详细研究或尚无明显的研究价值。目前,已经实用化的二元化合物半导体材料主要有 Ⅲ-Ⅴ 族、Ⅱ-Ⅵ 族及 Ⅳ-Ⅵ 族化合物,例如砷化镓(GaAs)、磷化镓(GaP)、磷化铟(InP)、氮化镓(GaN)、碳化硅(SiC)、硫化锌(ZnS)、硒化锌(ZnSe)、碲化镉(CdTe)和硫化铅(PbS)等。化合物半导体材料与元素半导体材料相比,无论在材料组成还是性能上都变得丰富多彩。但由于其组分固定,性质单一,因此,真正得到广泛应用的是这些半导体化合物的固溶体,即由多种化合物半导体组合的固体,如镓铝砷、镓砷磷、碲镉汞和铟镓砷磷等。通过调节固溶体的组成,我们可以随意调节半导体的性质,从而制备不同性能的器件。

化合物半导体有哪些重要用途呢?

(1) 化合物半导体是现代信息技术的基础材料:化合物半导体具备单晶

硅所不具备或不完全具备的性能,由于化合物半导体有不同宽度的能带,特别是固溶体,我们几乎可以任意地调节其能带宽度,故而可以用它制备从紫外光到远红外光的发光和探测器件。由于其具有高的电子迁移率,因此可以制备高速、高频器件。例如砷化镓(GaAs)、磷化铟(InP)、锑化镓(GaSb)、磷化镓(GaP)、氮化镓(GaN)及它们的固溶体可分别制成场效应晶体管(FET)、异质结双极晶体管(HBT)、高电子迁移率晶体管(HEMT)、微波集成电路(IC)、激光管、光探测器、超高速电路、发光二极管、磁敏和光敏传感器等器件,这些器件广泛应用于微波通信、光通信、计算机、显示装置和消费类电子产品等领域。近年来,移动通信技术发展异常迅猛,通信频率愈来愈高,砷化镓微波器件也随之有较大的发展。

(2)化合物半导体是现代国防的关键材料:军事电子学在现代国防领域中展示了巨大的威力,而军事电子学离不开化合物半导体材料。例如砷化镓(GaAs)/铝镓砷(AlGaAs)微光夜视仪可应用于部队夜间搜索和作战,卫星装有硫化铅(PbS)红外探测器用来监视导弹,战斗机利用碲镉汞(HgCdTe)红外探测矩阵装置作为夜间飞行导航和瞄准器,坦克将碲镉汞热成像系统及砷化镓激光瞄准系统用于夜战。化合物半导体材料在导弹以及精密武器等国防建设方面应用的例子举不胜举,已充分说明其重大的战略和战术意义。

(3)空间技术的能源:虽然目前硅材料在太阳能的利用方面还占统治地位,但砷化镓等化合物半导体材料光伏电池能够克服硅太阳能电池转换效率不够高、抗辐射能力差的缺点,而成为在太空中获取能源的最主要的太阳能电池。我国自行研制的砷化镓系列太阳能电池已成功应用于宇宙飞船和各类卫星中。在我国未来的登月计划等航天航空事业中将会应用更多、更高性能的此类电池。

(4)其他应用:化合物半导体的种类繁多,性能各异,可组合成各种结构,制作成不同效应的新型器件。例如,用化合物半导体材料制备的各种高亮度发光二极管、蓝绿光激光器、红外激光、高速宽带探测器和共振隧道二极管等,在汽车超亮度照明以及防撞雷达装置、计算机及声像设备的光盘读出装置等方面均有应用。由此可见其应用领域之广泛,具有无限的前景。

非晶硅半导体材料

大家很熟悉玻璃和水晶，它们是由相同的物质——二氧化硅构成的，但是它们具有截然不同的特性，这是因为水晶是晶体，而玻璃是非晶体。同样，我们所讲的半导体材料一般都是指晶体材料。那么，非晶半导体材料是否也有实用价值呢？事实上，非晶态半导体材料不仅具有制作成本低、容易获得大尺寸材料等优点，而且有许多特殊的物理化学特性，在很多方面已获得应用。从材料结构来讲，晶体材料是长程有序，而非晶态固体中却不存在较大范围的周期性原子排列。但是非晶体通常与同质晶体原子的配位数相同，不同的是键长和键角略有改变。换句话说，非晶体中不存在原子排列的周期性和对称性，短程有序而长程无序。对于晶态物质，根据晶体结构周期性的特征，只要知道晶体中任何一个原子及其周围的情况，就可以推知其他位置的情况，但非晶态物质失去了这种特征。

非晶硅半导体材料是一类重要的半导体材料，其研究开发始于20世纪70年代。非晶硅实用化的一个重大突破是大平面液晶显示器（LCD）的诞生与发展。20世纪80年代，非晶硅应用有了许多新的进展，最早发展的是非晶硅太阳电池，其转换效率可达19.1%，这显示出非晶硅材料作为太阳电池材料的巨大潜力。非晶硅又是制造大面积感光器件的优良材料。自20世纪80年代后期，用非晶硅制作的静电复印机的感光鼓进入实用化阶段。由于非晶硅具有优异的光电变换特性、耐热性强、机械强度高，它成为代替传统硒鼓的理想材料。用非晶硅制备的感光鼓灵敏度高、噪声低、寿命长，还适用于激光打印机和传真机。此外，可使用非晶硅制备集成变色器，是理想的机器人的眼睛；用非晶硅制造的彩色显像管，具有灵敏度高（可在很低照明度下得到明亮的图像）、分辨率高和稳定性好等特点，用其制造图像传感器反应速度快、图像清晰。非晶硅还能制成气体敏感器件、定位传感器、机器人手接触传感器和微波功率传感等器件。用非晶硅制作发光器件和光盘的潜力也逐渐引起人们的注意。总之，硅系非晶半导体材料在太阳能电池、发光器件、场效应器件、敏感元器件、电子开关与光盘、静电复印、光电子印刷中的光敏器件和摄像管等方面都有应用，目前国际市场需求量相当大。

几乎所有的半导体材料都可制备成非晶材料，随着研究的不断深入，会

有更多的非晶半导体材料获得广泛应用。

纳米硅和多孔硅

纳米材料是当代最活跃的研究领域之一,其中以半导体纳米材料的研究最为广泛。而纳米量级半导体结构,即量子结构半导体的研究和应用早于纳米材料概念的提出。我们知道硅材料是当今半导体工业的主体材料,但它是间接带隙半导体,发光效率很低,因而长期以来主要用于制作微电子器件,未能用于制备重要的半导体发光器件。但由于硅具有良好的物理、化学性质和成熟的制作工艺,人们一直期望在同一个硅片上能够同时制备出微电子和光电子器件,最终实现光电集成。1990 年,Canham 首次报道多孔硅(在硅表面呈现许多纳米级孔洞的硅材料)在室温下具有很强的光致发光现象,使人们看到了利用硅材料制作发光器件的希望,并在国际上引发了多孔硅制备和发光性质研究的热潮。1991 年,人们首次制备出多孔硅的发光二极管,发光波长为 700 纳米。2000 年,Pavesi 报道了纳米硅镶嵌二氧化硅(SiO_2)具有光增益作用,这又使得硅基材料可能成为光泵浦激光器材料。此后,人们又实现了基于纳米硅颗粒的微区激光。在科学技术上意义更大的是电泵浦硅基激光器的研究,如何研制出全硅光电子集成器件受到日益广泛的重视。

多孔硅和纳米硅材料又是如何制备的呢?在氢氟酸电解液中将硅进行电极氧化,可以在其表面形成大量的微孔,从而获得多孔硅。在一个立方厘米的体积内,微孔的面积可达几百平方米,这些微孔被认为是一种硅的纳米线(量子线)或纳米点(量子点)。多孔硅的光致发光效率可达百分之几,发光波长可以从紫外光扩展到近红外光波段,而且其发光波长可通过调节孔密度进行调节。纳米硅通常采用化学气相沉积和离子注入技术来制备,其发光特性与多孔硅相近。纳米硅通过氢化后,具有很高的电导率。

除了用于制备发光器件外,多孔硅和纳米硅还有许多其他应用。利用氢化纳米硅高的压力灵敏度系数可设计出具有高灵敏度和高稳定性的压敏传感器;利用多孔硅具有的巨大内表面积,通过调节孔的空隙直径等参数可以控制被吸附分子的尺寸和类型,以制备各种化学敏传感器;通过测量其电容、电阻、光致发光和光反射等物理参数的变化来探测有毒气体、炸药或蛋白质等,检测灵敏度最高可达 10^{-9} 量级。

氧化物半导体

大部分人可能没有意识到,在我们的生活中有许多用氧化物半导体材料制作的电子元件,例如家里厨房中的煤气探测器等。

氧化物半导体是化合物半导体材料中的一类,种类非常多,但通常情况是单一导电性半导体,其中,N 型导电的有氧化锌(ZnO)、氧化钛(TiO_2)、二氧化锡(SnO_2)、氧化铁(Fe_2O_3)、氧化铈(CeO_2)、氧化铅(Pb_2O_3)和氧化铟(In_2O_3)等;P 型导电的有氧化银(Ag_2O)、氧化亚铜(Cu_2O)、氧化镍(NiO)和氧化亚铁(FeO)等等。已获得广泛应用的氧化物半导体材料有氧化锌、二氧化钛、二氧化锡、氧化铟、氧化亚铜以及它们形成的固溶体等。近年来,对氧化物半导体的研究越来越多。现仅对氧化锌(ZnO)和氧化钛(TiO_2)两种材料进行介绍。

氧化锌材料的原料丰富、成本低、无毒、对环境无污染、制备温度低,是典型的绿色环保型材料。氧化锌是一种宽带隙半导体材料,具有纤锌矿结构。氧化锌在表面声波(SAW)和体声波(BAW)器件、太阳能电池和显示器件透明电极、对可见光透明的波导、结合声光性质的声—光布拉格反射器、用于氮化镓(GaN)的衬底制备高亮度发光管、作为紫外激光器的有源层、紫光探测器以及用于光电器件的单片集成等许多方面有着广泛的应用。近几年,氧化锌纳米材料研究成为热点。

近年来,环境污染日益严重,能源日趋匮乏成为威胁人类生存的两个严重问题。为此,人们展开了治理污染、保护环境和开发新能源的一系列科学研究。以半导体为催化剂,利用太阳光催化氧化有毒污染物质作为一种有效的治理污染方法已成为环境科学研究的一个热点;利用半导体材料光催化分解水制氢也受到广泛关注。1972 年,Fujishima 和 Honda 发现光照射氧化钛单晶,可持续发生水的氧化还原反应产生氢气和氧气,这种光催化反应引起人们的浓厚兴趣,来自化学、物理、材料等领域的学者对此进行了大量的研究。目前,氧化钛已成为唯一的商业化光催化材料。但是氧化钛光催化效率不高,而且吸收光波波长集中在紫外光范围,对太阳光的利用率低,制约了它的发展。为了提高其催化效率,扩大它的光响应范围,氧化钛的改性研究是近些年研究的主要方向。

另外,人们也研究了许多其他氧化物半导体的光催化效应,获得了重大进展。预计在不远的将来,我们将感受到光催化在环境保护和新能源方面起到的重要作用。

新一代半导体材料——宽禁带半导体

你肯定希望一张 DVD 碟片播放时间会更长,家用电器会更可靠;你肯定也想知道在航天飞机、大功率输电控制等非常苛刻条件下,各种电子器件是如何保持正常工作状态的。现在的广播电台、电视台的大功率发射管均是电子管,寿命只有两三千小时,体积大,且非常耗电。如果用半导体高功率发射器件,体积可以缩小几十到上百倍,寿命也会大大增加。对硅、砷化镓等常规半导体材料来说,由于其禁带宽度较小,只能发射长波长的光,外界条件的变化就可能引发内部的电子激发,从而产生干扰现象。具有更宽能带的半导体材料可以解决上述问题。宽禁带半导体材料实际并不难找,但性能良好,制备容易的材料并不多。随着材料制备技术的发展,近十几年来,宽禁带半导体材料和器件的研究成为最活跃的研究领域,人们迫切需求的材料逐步研制成功并获得广泛应用。

最重要的宽禁带半导体材料有Ⅲ族氮化物、金刚石、氧化锌(ZnO)和碳化硅(SiC)等。这些材料除具有比硅、砷化镓更宽的带隙外,还有许多与传统半导体不同的特有光学和电学性质。以Ⅲ族氮化物为代表的宽禁带半导体材料与器件的发展,对信息科学技术的发展和应用起了巨大的推动作用,被称为继以硅、砷化镓为代表的第一、第二代半导体后的第三代半导体。

由氮化铟(InN)、氮化镓(GaN)、氮化铝(AlN)及其合金组成的Ⅲ族氮化物(又称 GaN 基)半导体是目前最重要的一类宽禁带半导体。其主要应用领域包括:

(1)照明领域:当前在国内外非常受人瞩目的半导体照明是一种新型的高效、节能和环保光源,它将取代目前使用的大部分传统光源,被称为 21 世纪照明光源的革命,而氮化镓基高效率、高亮度发光二极管(LED)的研制是实现半导体照明的核心技术和基础。

(2)光存储领域:DVD 的光存储密度与作为读写器件的半导体激光器

的波长的平方呈反比,而氮化镓基短波长半导体激光器可以把当前使用的砷化镓(GaAs)基半导体激光器的 DVD 光存储密度提高 4~5 倍,将会成为新型光存储和处理的主流技术。

（3）电子器件领域:高温、高频、高功率微波器件是无线通信、国防等领域急需的电子器件,如果目前使用的微波功率管的输出功率密度提高一个数量级,微波器件的工作温度提高到 300℃,将解决航天航空用电子装备和民用移动通信系统的一系列难题。

碳化硅材料是宽禁带半导体材料的另一个代表。碳化硅的工作温度可达 600℃,优异的特性使其在研制高温、高频、大功率、抗辐射器件以及紫外探测器、短波发光二极管等方面具有广阔的应用前景。

总之,由于碳化硅、氮化镓、氧化锌和金刚石等材料具有高热导率、高电子饱和漂移速度和大临界击穿电压等特点,成为研制高频、大功率、耐高温、抗辐照半导体微电子器件和电路的理想材料,在通信、汽车、航空、航天、石油开采以及国防建设等方面有着广泛的应用,前景无限。

摩尔定律与集成电路

科学技术的发展速度有时真是令人难以想象。有谁能够想到,20 世纪 40 年代的一台需要用一座两层楼房安放的电子计算机,现在只要用一个火柴盒即可装下,性能也提高了许多倍。计算机的发展经历了一个从电子管到晶体管到集成电路,再到超大规模集成电路的发展过程。什么是集成电路呢？它就是采用特殊制造工艺将若干半导体器件制作在一块很小的半导体晶片(常用的是单晶硅片)上,形成一个十分紧凑复杂的电路。1958 年,世界上第一块集成电路的诞生宣告了集成电子学时代的到来。随后,科学家在不断提高集成度,科技工作者在一片米粒般大的硅片上集成几十万个晶体管,这就是我们所说的超大规模集成电路。现在的技术已经可以将几千万个晶体管集成在一个芯片上。这真是名副其实的巧夺天工啊！

更令人惊奇的是,集成电路集成度的发展速度竟像科学中的定律一样按一定规律变化(此现象在其他工业产品中难以找到),这个定律就是著名的摩尔定律,即"集成电路的集成度每 18 个月翻一番",或者说"三年翻两番"。这是 1965 年 4 月,由美国仙童公司电子工程师的高登摩尔提出的。半导体集成电路和计算机技术的发展证明了其正确性。计算机从神秘不可近的庞然大物变成多数人日常不可或缺的工具,信息技术由实验室进入无数个普通家庭,互联网将全世界联系起来,多媒体视听设备丰富着每个人的生活,这一切背后的动力都是半导体芯片的发展。

现在,人们以摩尔定律为基础预测将来的发展方向。"如果你期望在半导体行业中处于领先地位,你无法承担落后于摩尔定律的后果"。摩尔定律以准确、实证的科学态度,洞悉了半导体技术发展的内在规律,归纳了信息技术进步的速度。

集成电路是不是可以永远按照摩尔定律发展下去呢?目前集成电路大规模生产技术已经达到 0.13～0.09 微米,下一步将到 0.07 微米,也就是 70 个纳米甚至更小。根据预测,到 2022 年,集成电路技术的线宽可能达到 10 个纳米,这个尺度被认为是集成电路的"物理极限"。就是说,尺寸再减小,就会遇到有很多难以克服的问题。总有一天,当代的集成电路技术会走到尽头。到那时电子技术会停滞不前了吗?答案必然是否定的。人们要想突破上述的"物理极限",就要探索新原理,开发新技术。是量子计算机、光子计算机、纳电子技术、自旋电子学?还是其他?目前还没人能给出正确答案,但有一点是肯定的,新技术与现在技术的工作原理会完全不同,我们将拭目以待。

半导体激光器

DVD 将影院搬回家,通讯光缆铺遍世界各地,教授们用的激光教鞭,导弹克星激光武器……不知不觉中,半导体激光器已应用到社会的方方面面。激光是 20 世纪最重大的发明之一,自 1960 年由梅迈制成世界上第一台红宝石激光器以来的几十年中,激光和光电子技术得到迅猛的发展。随着激光技术领域的不断扩大,激光器件的种类日益增多,水平迅速提高。迄今为止,已发现的激光工作物质有千余种,获得的激光谱线达到上万条,可覆盖从毫米波直到 X 射线的整个光学波段。所谓激光工作物质,即可以进行粒子跃迁,提供放大作用、完成受激辐射的物质。激光工作物质又称为增益介质,是激光器的重要组成部分。顾名思义,半导体激光器的工作物质就是半导体材料。

半导体激光器与其他激光器相比有以下优势：超小型、重量轻，激活面积约为 0.5 毫米×0.5 毫米；效率高，微分量子效率大于 50%，能量转换效率大于 30%；发射的激光波长范围宽，在 0.5～30 微米之间均可获得激光输出；使用寿命长，可达百万小时以上，即使在较高环境温度下工作，寿命也可达 $2×10^5$ 小时以上；制作成本低。

以上几个优点使半导体激光器克服了其他激光器价格昂贵、寿命短、能耗高、操作复杂等缺点。

目前主要的半导体激光器有四类：砷化镓半导体激光器，这是最早研制成功的一类半导体激光器，它标志着半导体激光器技术的开始；镓铝砷半导体激光器主要有两个波长：808 纳米和 780 纳米，其中，808 纳米激光器主要作为绿光固体激光器的泵浦光源；780 纳米激光器是 CD、VCD 激光光头和光通讯的光源；铝镓铟磷半导体激光器，是一种可见红光激光器，主要应用于 DVD 光头、激光笔等，未来可能取代二氧化碳激光器，发挥更大的作用；铟镓砷磷半导体激光器主要发射 1.3～1.5 微米激光，由于在此波段二氧化硅光纤具有较低光吸收，此类激光器主要用于现代光通讯。

半导体激光器从结构上来说，有 P-N 结激光器、异质结激光器、量子阱激光器、量子点激光器和量子级联激光器等类型。单个普通的半导体激光管发光面积较小，激光输出较低。为了增大输出功率，现在人们通常采用激光列阵技术，即把一系列的单元半导体激光集成在同一芯片上，组成线性列阵，从而形成了高能半导体激光器。

随着第三代宽禁带半导体材料发展，氮化镓基激光器已成为目前光电子材料与器件领域国际上竞争最激烈、技术难度最大、最具挑战性和标志性的研究方向。这种短波长半导体激光器作为下一代 DVD 光头使光盘的光存储密度大大提高，可消除看影碟时频繁更换光盘的麻烦，影像也会更清晰。更短波长半导体激光器的出现将在生物、医疗和光化学反应等领域获得广泛应用。

半导体发光二极管材料

说起半导体发光二极管材料，大家可能觉得有些陌生。但是实际上在我们的日常生活中，用发光二极管制造的各类产品处处可见，家电中的指示灯、新式交通灯、各种户内外显示屏和装饰用灯等等在不经意间为我们的生活增加了许多色彩和便利。在现代显示技术中，半导体发光二极管（LED）是一种非常重要的主动显示技术。LED 是一种电注入式固体发光器件，它具有体积小、寿命长（一般超过 10 万小时）、耗电少和可靠性强等特性，广泛用于各种数字、文字、符号显示。近年来，高亮度发光二极管在户外大屏幕显示、交通灯等方面的应用日益广泛。随着蓝光二极管的发展，目前高亮度 LED 正向固态照明光源的方向发展，这必将引发又一次"半导体革命"。

半导体发光二极管已经有 40 多年发展历史。下面简单介绍一下主要的半导体发光二极管材料。

（1）磷化镓（GaP）系列材料：1962 年，美国通用电气公司用镓砷磷材料制备出世界上第一只红色 LED。20 世纪 60 年代后期，由美国惠普等公司开始规模生产 LED。当时 LED 材料的发光效率只有 0.1%。20 世纪 70 年代，人们发明了磷化镓等材料的等电子掺杂技术，使红、橙、黄、黄绿 LED 的发光效率增加了 10 倍（约 1%），磷化镓从此成为主要的可见光 LED 材料。

常温下，非掺杂的磷化镓单晶为橙红色透明晶体。磷化镓是间接跃迁半导体材料，其发光几乎与杂质无关，但利用电子陷阱所形成的束缚激子复合可获得相当高的发光效率。通过在磷化镓中掺氮（N）、氧化锌（Zn-O）可获得不同波段的 LED。目前，磷化镓单晶主要采用液体覆盖直拉法（LEC）制备，而磷化镓外延材料主要采用液相外延（LPE）工艺生产，是生产中低亮度红、黄绿色 LED 的主要材料。磷化镓等材料属于间接跃迁带隙，进一步提高发光效率困难很大。

（2）铝镓铟磷（AlGaInP）系列材料：20 世纪 80 年代初期，随着金属有机化学气相沉积（MOCVD）技术的不断成熟，具有直接带隙的四元系铝镓铟磷材料成为研究的热点。四元系铝镓铟磷材料属于直接带隙材料，具有发光效率高、覆盖波段宽（从 570～650 纳米）、波长调节方便等优点，是目前生产高亮度红、橙、黄和黄绿波段发光二极管的最重要的材料。铝镓铟磷材料体系的研究成功，极大地促进了 LED 的发展。四元系铝镓铟磷材料一般是在砷化镓（GaAs）衬底上用 MOCVD 方法生长。目前，四元系铝镓铟磷的外延技术已经非常成熟，是当今光电子行业发展的一个新的生长点和热点。

（3）氮化镓（GaN）系列材料：进入 20 世纪 90 年代，氮化镓基材料的发展,使得半导体发光二极管的波段向短波方向延伸,绿光、蓝光和紫光发光二极管已经从实验室走向市场,商品化的蓝绿光发光二极管广泛应用于室内外全彩显示、交通灯等领域。特别值得一提的是,氮化镓基 LED 为全固态半导体照明的发展提供了基础。

氮化镓是 1928 年合成的,但到目前尚未制备出较大尺寸的单晶。所有的氮化镓基器件都是在蓝宝石、碳化硅(SiC)等衬底上生长的。以氮化镓为代表的 III 族氮化物可形成连续的三元(铝镓氮、铟镓氮)或四元(镓铝铟氮)固溶体,其带隙在 1.9~6.2 电子伏特之间连续可调,所制器件发光波长涵盖了全部可见光直到紫外光波段。由于带隙宽,又具有良好的机械、热学、电学性能以及很好的抗辐射性,因此氮化物是良好的发光二极管材料。

半导体与固体照明

在不远的将来,一盏耗电仅 4 瓦的半导体灯(LED)可以照亮整个房间,它的亮度与 30 多瓦普通白炽灯相当,使用寿命是白炽灯的 50 倍以上,并且比白炽灯要节约 85% 的能源。这就是被誉为 21 世纪照明革命的半导体照明技术,也是继爱迪生发明电灯泡以来的第二次照明技术的革命。用固态光源替代传统灯泡的"下一代照明光源"计划是目前各国研究的热点。根据国内外专家预言:半导体照明产业将是本世纪最大、最活跃的高科技产业之一。据美国能源部预测:到 2010 年前后,仅美国就会形成 500 亿美元的半导体照明产业。

半导体固体照明光源是指用半导体发光二极管制成的光源。半导体照明是一种新型固态冷光源,其光源发光二极管(LED)具有高效、节能、环保、使用寿命长等显著特点,耗电量仅为同亮度传统白炽灯的 10%~20%,寿命则长达 10 万小时,被誉为不用更换的"灯泡"。除了寿命长、耗能低之外,LED 还有许多优点:

(1)应用非常灵活:用 LED 可以制备成点、线、面等各种形式的轻薄短小产品。

(2)环保效益更佳:由于光谱中没有紫外线和红外线,节约能源,从而减少了温室气体的排放,属于典型的绿色照明光源。

(3)控制极为方便:只要通过调整电流,就可以随意调节光强。

　　三基色(红、绿、蓝)的 LED 在计算机的控制下,可逼真地还原自然界的色彩,从而达到丰富多彩的动态变化效果。另外,抗震动、耐冲击、全固体、反应快等也是 LED 的特点。

　　半导体照明问世 40 多年了,已经深入到人们生活的方方面面。人们日常使用的手机、电脑、数码相机和汽车中,都有半导体照明的身影。在城市景观照明、仪器仪表指示中,半导体照明更是得到了广泛的应用。但长期以来,半导体发光二极管只能发出彩色光,虽然五色斑斓,却不能用于日常照明,只能在一些装饰等领域充当辅助光源的角色。直到 20 世纪 90 年代中期,第三代半导体材料氮化镓的突破,以及蓝、绿、白光发光二极管问世后,半导体照明才得以进入日常照明这一照明领域的主阵地,从而使得 LED 的应用从标识功能向照明功能跨出实质性的一步。白光 LED 开发基础在于蓝光技术。所谓白光是多种颜色混合而成的光,如二波长光(蓝色光＋黄色光)或三波长光(蓝色光＋绿色光＋红色光)。目前已商品化的产品仅有蓝光二极管加上 YAG 黄色荧光粉。在未来较被看好的是三波长光,即以紫外光二极管加红、绿、蓝三色荧光粉形成肉眼所需的白光。

半导体光敏材料

　　你是否很奇怪,为什么当你走近宾馆大门时,玻璃大门会自动为你打开? 洗手时,只要将手往水龙头下一伸,自来水会立即自动流出来? 原来这些都是光敏电阻在默默地为你服务,它相当于人的眼睛,在现代化的自动控制中起着重要作用。而制备光敏电阻等光敏器件的材料就是神奇的半导体光敏材料。

　　所谓的半导体光敏材料是指那些具有光电导效应、光伏效应、光电磁效应和光发射效应的半导体材料。利用这些效应可制备相应的传感(探测)器件,称为光敏元件。早在 1917 年,人们就制成了第一只光敏电阻。光敏材料的种类繁多,在不同的波长区域内要使用不同的材料。按照对不同波段光的响应情况分类,光敏材料可分为可见光光敏材料、红外光光敏材料和紫外光敏材料。

　　(1) 可见光光敏材料:硫化镉(CdS)和硒化镉(CdSe)是可见光波段常用的光敏材料。具有灵敏度高(可达到 50 安培/流明)、响应时间短($10^2 \sim 10^6$

微秒)和响应波段宽(0.2~1.0微秒)等优点。另外,可以通过在该类材料中掺入某些杂质的方式提高其灵敏度。例如,在硫化镉中掺入氯(Cl),可形成施主,从而提高电导率。在硫化镉和硒化镉中掺铜(Cu)可形成陷阱中心,空穴寿命得以提高,从而大幅度提高光敏元件的灵敏度。

(2)红外光敏材料:用红外光敏材料制备的半导体传感器在军事、工业、医疗等众多领域有着广泛的应用。20世纪50年代研制成功第一个锗(Ge)的非本征光电导探测器。随着砷化镓等化合物半导体材料制备工艺的发展,又陆续研制出锑化铟(InSb)、碲镉汞(HgCdTe)、铅盐化合物及固溶体和Ⅲ-Ⅴ族化合物基固溶体等材料的红外探测器。其中,碲镉汞(HgCdTe)材料是目前应用最广泛的红外光探测器材料,具有材料与器件优值大、探测波长范围大(可覆盖红外波段内任何波长)、量子效率高和响应时间短等优点。特别是在1~3微米、3~4微米、8~14微米3个大气窗口的优良性能,使其成为航天及航空领域的重要材料之一。硫化铅(PbS)、硒化铅(PbSe)等铅盐材料均为本征光电导材料,其峰值波长在1~7微米。该类材料的特点是制备工艺简单,成本低。红外光敏材料也在向低维化方向发展。在低维材料中,量子阱红外探测材料中铝镓砷(AlGaAs)/砷化镓(GaAs)材料的器件工艺最为成熟,已经制备出3~5微米、8~14微米的双色红外探测器,器件的工作模式一般为光伏型或光导型。

(3)紫外光敏材料:在紫外光敏材料中,最成熟的材料是硅(Si)和砷化镓。利用这些材料,并结合一些特殊的器件结构已制备出易于批量生产、具有良好响应效应的器件。为了提高材料的抗干扰能力,减少表面效应的影响,人们又研制出光学稳定性高的宽带隙材料。宽带隙材料主要有氮化镓(GaN)基材料、碳化硅(SiC)、金刚石等。目前,具有良好性能的光伏型氮化镓(GaN)紫外探测器已经商品化;用CVD工艺制成的光电导型金刚石紫外光探测器对200纳米波长光的响应比对可见光的高100多万倍;用碳化硅(SiC)制成的光伏型光二极管的量子效率超过60%。

半导体太阳能电池材料

随着人类社会的不断发展,人与自然的矛盾也愈来愈突出。目前全世界面临的最为突出的问题是环境恶化和能源短缺。而太阳能是人类取之不尽,用之不竭的可再生巨大能源(据粗略估计,辐射到地球表面的太阳能的功率约为 6×10^{16} 瓦。它大约为目前世界上各种能源产生的总功率的 2 万倍),也是不产生任何的环境污染的清洁能源。太阳能的利用一直是各国科学研究的热点之一。特别是太阳能发电,具有很大的潜力与实际应用价值。也许有一天,各种靠太阳能运转的彩电、冰箱丰富着我们的日常生活,不用汽油的太阳能电动汽车在高速公路上飞驰……人类对太阳能的充分利用将改变整个世界。而将太阳能变成我们可以利用的能源离不开半导体太阳能材料。

在太阳能发电系统中,最为关键的组成部分是用半导体材料制备的太阳能电池。太阳能电池的出现和发展是人类利用太阳能达到的一个新发展阶段的标志。早在 1839 年,贝克雷尔就发现,光照能使半导体材料的不同部位之间产生电位差,这种现象后来被称为"光伏效应"。采用不同的制备方法将 N 型半导体和 P 型半导体组成 P-N 结,当有光子撞击其表面时,P 型和 N 型半导体的结合面形成载流子扩散从而产生电流,在半导体上下两端安装金属电极,就可将电流引出加以利用,这就是太阳能电池的基本原理。主要的太阳能电池材料有:

(1)半导体硅:硅是应用最广泛的太阳能电池材料。近几年应用于太阳能电池的硅片面积已超过用于微电子的硅片面积。单晶硅太阳能电池技术最为成熟,转换效率最高(23.3%)。但是单晶硅太阳能电池只能在高纯硅半导体材料中才能实现。由于高纯硅材料价格昂贵,相应的工艺繁琐复杂,因此,大幅降低成本非常困难,无法实现太阳能发电的大规模普及。随着研究的深入,多晶硅薄膜电池和非晶硅薄膜电池会逐步占领市场,并有可能最终取代单晶硅的主导地位。

(2)Ⅲ-Ⅴ族化合物半导体:主要材料有砷化镓、磷化铟、镓铟磷等,此类材料与硅相比具有更高的光电转换效率、抗辐射等特点,广泛应用于航天领域,我国发射的各类卫星和飞船均是应用砷化镓太阳能电池作为电源的。

(3)硫属半导体材料:硫属半导体材料主要有硫化镉、铜铟硒等多元化合物。此类材料具有制作成本低、技术简单等优点。

(4)其他新型材料:随着新材料的不断开发和相关技术的发展,以其他材料为基础的太阳能电池也愈来愈显示出诱人的前景。近几年发展起来的有机半导体制备的太阳能电池材料,具有面积大、成本低等优点,但转换效

率和使用寿命有待于进一步提高。另一类非常有前景的材料是纳米晶。例如以纳米多孔二氧化钛为半导体电极，有机化合物染料作为吸收层，并选用适当的氧化—还原电解质制备的电池的光电转换效率达到 10％以上，制备成本仅为硅太阳能电池 10％～20％，寿命能达到 20 年以上。

半导体热敏材料

当房间失火时，报警装置就会鸣响，提醒人们注意火情；当机电设备过热时，设备会自动停机，以保障安全；不用水银的电子温度计可在 1 秒钟内准确测出体温；这一切都离不开利用半导体热敏材料制造的热敏传感器元件。人们的日常生活中处处可见半导体热敏材料的身影。

顾名思义，半导体热敏材料就是半导体材料的电学参数（如电阻、电流、电压等）随温度的变化而显著变化的材料，这种材料可以直接将温度的变化转换成电量的变化。热敏器件种类有热敏电阻、热敏二极管、热敏晶体管及集成温度传感器等。常用的半导体热敏材料有：

（1）半导体陶瓷热敏电阻材料：这类热敏电阻材料大部分是金属氧化物基半导体陶瓷。按材料电阻率与温度的关系可分为 3 种类型：正温度系数型、负温度系数型和临界温度电阻器型。半导体陶瓷材料是最早用于制备热敏电阻的材料，具有体积小、灵敏度高、成本低等优点。但这类器件的缺点是温度线性度较差、响应速度慢，不适用于精确的温度测量。

（2）硅热敏电阻材料：利用半导体硅材料的电阻率对温度变化非常敏感的特性可制成硅热敏电阻。硅热敏电阻具有体积小、使用温度范围宽（−55～175℃）、精确度高和可靠性强等优点，被大量用于温度计、电子电路的温度补偿、过热保护等方面。

（3）热敏二极管材料：热敏二极管的正向压降与温度的变化呈良好的线性关系，利用半导体 PN 结的工作特性与温度密切相关的特性，可以制成热敏二极管。热敏二极管具有线性度好、自热特性好、成本低等优点，因而被广泛应用于温度传感器、换能器、温度补偿、自动控制和报警器等方面。热敏二极管的材料一般有硅、锗、砷化镓和碳化硅等。

（4）非接触式温度传感器材料：利用半导体的光电效应，使它接受来自物体发出的与其温度相应的热辐射，可制成非接触型热敏元件。各种类型的非接触型红外温度传感器在测量高温、腐蚀、有毒及液体表面的温度等方面有着广泛的应用。锗、硅、硫化铅、碲镉汞和锑化铟等材料均是性能良好的非接触式温度传感器材料。

半导体气敏材料

大家可能听说过"电鼻子",它可以灵敏地探测多种气体,例如可检测出百万分之一浓度的氢气或者大大低于爆炸极限的泄漏煤气。实际上"电鼻子"的学名叫做气敏检漏仪。它的"鼻子"是一块"气敏陶瓷",也称气敏半导体。作为一种检测气体成分、浓度的器件——气体传感器,被广泛用于工厂、车间和矿山的各种易燃易爆或有害气体的检测、家庭可燃性气体泄漏检测等方面,从而达到防火、防爆、防中毒的目的,以保证生命与财产的安全。而作为传感器的核心,气体敏感材料决定着传感器的检测和使用性能。

气体敏感材料是怎样检测到微量气体的呢?原来这类半导体材料对环境气氛中的某些氧化性气体、还原性气体或有机溶剂蒸汽十分敏感,这些气体在材料表面的吸附和脱附会引起材料电学性质(例如电阻率)的明显改变,从而达到报警的目的。由于对气体具有敏感性,所以这类半导体材料得名为半导体气敏材料。半导体气敏材料可广泛应用于对可燃性气体和有毒性气体的检测、检漏、报警和监控等领域。由于这类材料大都是半导体陶瓷,所以我们又常常称其为气敏陶瓷。

气敏半导体材料可分为 N 型和 P 型两大类。被检测气体在气敏半导体材料表面反应供给半导体电子,从而改变半导体的电阻。遇到气体时电阻下降的材料为 N 型气敏半导体,反之则为 P 型气敏半导体。二氧化锡气敏材料是较早发现的一类气敏半导体材料,应用最广泛;氧化锌气敏材料是应用最早的一种半导体气敏材料,其特点是物理、化学性质比较稳定。通常情况下,氧化锌的工作温度比二氧化锡高,但其灵敏度低于二氧化锡。α-氧化铁和γ-氧化铁气敏材料主要用于检测可燃性气体,现在应用范围逐渐扩大。上述 3 种材料都是 N 型气敏半导体。稀土复合氧化物是一种新型气敏半导体材料,当掺入某些微量元素后,其灵敏度可达到较高水平。目前这类材料尚处于摸索探索阶段。

目前,气敏陶瓷材料的一个研究热点是寻找新的气敏材料。另一个热点是通过对现有气敏材料进行改性，以提高其灵敏度和可靠性。随着新材料、新技术、新工艺的出现，气敏元器件的探测灵敏度必然更高，相信在不远的将来，会有性能更加优异的半导体气敏器件出现，我们的生活、工作会更加安全。瓦斯爆炸伤及矿工的事件不再发生，那将是我们国家的一大幸事。

半导体热电材料

不用氟利昂和压缩机能够制冷吗？利用化工厂或炼钢厂的废热可以发电吗？利用人的体温可以为我们的便携式电器如手机、MP3 和电子手表充电吗？可以告诉你，这些都已经实现或者即将成为现实。正是半导体热电材料这一多数人还不熟悉的特殊材料创造了这些奇迹。热电效应又称为温差电效应，是两种不同导电体连接后由于接头处的温度不同而产生的温差电动势效应、吸热或放热效应的统称。具有热电效应的材料称为热电材料。绝大部分热电材料是半导体材料。

性能良好的半导体热电材料具有单位温差所产生的电动势大、热导率尽量小等特性。人们一般用热电优值 Z 来表征材料的优劣。常用的热电材料有：

（1）三碲化二铋（Bi_2Te_3）及其固溶体材料：三碲化二铋基二元、三元及四元固溶体是此类材料的代表，此外，还有三碲化二锑（Sb_2Te_3）、三硒化二铋（Bi_2Se_3）和三硒化二锑（Sb_2Se_3）及其固溶体。该系列材料在 300 开（室温附近）的温度下具有最大优值，因此，特别适用于在室温附近应用，尤其适用于制备室温条件下的制冷器件。目前，国际上商用的半导体致冷材料、热电发电材料仍以这类材料为主。

（2）碲化铅（PbTe）及其固溶体材料：碲化铅熔点较高，最大优值也较高，可在 $300\sim900$ 开温度范围内使用。碲化铅中过量的铅（Pb）或过量的碲（Te）可分别得到 N 型或 P 型材料，常用氯化铅（$PbCl_2$）、溴化铅（$PbBr_2$）、三碲化二铋（Bi_2Te_3）等作为 N 型掺杂剂，碲化钠（Na_2Te）、碲化钾（K_2Te）等作为 P 型掺杂剂。重掺杂的碲化铅是优良的热发电材料。碲化铅基固溶体材料有 PbTe-PbSe、PbTe-SnTe、PbTe-GeTe、PbTe-Ag、PbTe-AgSbTe 等，这些材料的特点是在室温下优值高于碲化铅，但在高温下优值并不比碲化铅高。

（3）锗硅（SiGe）固溶体：硅和锗本身的热电优值并不大，但有趣的是两者形成固溶体后其热导率显著下降,但其载流子迁移率下降不多,因此可得到较大的热电优值,是目前常用的热电材料之一。锗硅固溶体可在高达1 100开的情况下使用,因此在高温环境下,锗硅固溶体几乎完全取代了碲化铅。通过重掺杂和在材料中引入电活性较弱的微粒等措施,可以进一步提高锗硅固溶体的热电性能。

热电材料的应用不需要使用传动部件,工作时无噪音、无废弃物,和太阳能、风能、水能等能源一样,对环境没有污染,并且这种材料性能可靠,使用寿命长,是一种具有广泛应用前景的环境友好材料。

半导体红外光学材料

我们房屋的窗户有两个重要功能:透光和透气,窗户上的玻璃就是用来透光的。这里讲的半导体红外光学材料,就是探测和发射红外光的仪器设备的透明窗口材料。

地球大气尽管对可见光和波长在300纳米以上的紫外线是透明的,但对红外光只在三个狭窄的波段内是透明的,我们称之为大气窗口。这三个大气窗口分别是近红外(0.75～2.5微米)、中红外(3～5微米)和远红外(7.5～14微米)。室温附近的物体的红外辐射在远红外区(8～12微米)。要透射和探测这些波段的光线需要用到的材料统称为红外光学材料,用其制备的元器件如窗口、透镜和探测器等等统称为红外元件。红外光学材料包括半导体红外材料和介电材料,其中,半导体红外材料是应用非常广泛的一类材料。常用的半导体红外光学材料有:

(1)硅:硅单晶适用于中红外区波段。在小功率应用方面,P型和N型硅单晶均可使用,而在大功率激光系统中,N型材料的性能优于P型材料。在低于240℃的情况下,温度对透过率的影响不大,但随着使用温度的升高,其透过率将逐步下降。

(2)锗:锗单晶是远红外区最常用的窗口和透镜材料。在这一波段区域内,锗单晶具有色差小、折射率高等优点,因此用锗单晶制造的热像系统的设计简单,元件制造成本低。在同样电阻率的情况下,N型锗单晶的吸收系数比P型锗单晶的小。锗单晶的吸收系数随温度的升高而增大,在高温下可利用提高施主掺杂浓度的方法降低吸收系数。

（3）砷化镓：砷化镓单晶是一种重要的双波段红外透射材料，其透过波段为 3～5 微米中红外和 8～12 微米的远红外。在较高的温度（＞70℃）下一般用砷化镓替代 Ge 用于制备激光器的窗口和透镜。砷化镓可制成半导电性和高电阻两种材料，其中半导电性材料具有良好的抗电磁干扰能力。砷化镓单晶的吸收系数在 25～400℃ 的温度范围内变化不大。

（4）磷化镓：磷化镓也是一种双波段透射材料，透过波段为 3～5 微米中红外、8～12 微米远红外。磷化镓单晶具有抗热冲击性能好、吸收系数小、较高温度下的光反射较小等优点，广泛应用于制备高速飞行器中的元件。但磷化镓材料有一个缺点，它在 9 微米处有较大吸收，使用时应避开此波段。

（5）金刚石：金刚石具有波段宽（从紫外到可见光一直到 30 微米的远红外波段）、透过率高、热学和力学性能好等优点，适用于在恶劣环境下工作，是目前综合性能最好的红外光学材料。金刚石分可为 I_a 和 II_a 两类。大多数天然金刚石属于 I_a 类，在紫外波段有较强的吸收，透射波段为 0.3～100 微米。II_a 类金刚石纯度高，透射波段更宽。

半导体磁敏材料

一般人不太熟悉半导体磁敏材料这个名词，但是，我们生活中的许多方面都要用到磁敏器件。例如在汽车的新一代智能发动机中，用磁敏材料制备齿轮传感器来检测曲轴位置和活塞在汽缸中的运动速度，以提供更准确的点火时间，其作用是其他的速度传感器难以代替的。

所谓的磁敏传感器件是将磁信号转换成电信号（如电流、电压和电阻等）或以磁场为媒介将其他物理量转换成电信号的器件。具有磁敏感效应的材料称为磁敏材料。大部分磁敏材料是半导体材料。利用半导体材料的磁敏效应可制备霍尔器件、磁阻器件和磁敏晶体管等传感器件。下面分别介绍适合于制备这些器件的半导体磁敏材料。

（1）霍尔器件材料：霍尔器件是利用半导体的霍尔效应制备的。用不同材料制备的霍尔器件应用于不同的场合。例如在测量指示仪表中，一般使用内阻温度特性较好的砷化铟和锗材料；制备敏感元件时，使用霍尔系数较大的锑化铟材料。目前，随着半导体量子材料的发展，用镓铝砷/砷化镓、铟镓砷/砷化镓二维电子气制备的霍尔器件，其灵敏度比传统材料高，可检测

出弱至 10^{-11} 特斯拉的磁场,是一种新型的高灵敏度霍尔器件。半导体霍尔器件具有结构简单、无触点、频带宽、动态性能好等优点,在磁场测量、功率测量、电能测量、自动控制与保护、微位移测量和压力测量中有广泛的应用。

(2)磁阻器件材料:磁阻器件是利用半导体的磁阻效应,即电阻随磁场的变化而变化的效应制备的器件。磁阻器件的性能主要取决于材料的迁移率和器件的形状。常用的磁阻半导体材料有锑化铟、砷化铟,可利用其几何磁阻效应提高器件性能。磁阻器件具有结构简单、输出电压高和频率范围宽等优点,被广泛应用于无触点开关、无触点位移传感器及转速传感器及磁阻元件函数发生器等方面。

(3)磁敏二极管和磁敏三极管材料:磁敏晶体管是继霍尔器件、磁阻器件之后发展起来的新型磁电转换器件。主要有磁敏二极管和三极管,所用材料有硅、锗等。这类器件具有磁灵敏度高(比霍尔器件高数百倍甚至数千倍)、体积小、电路结构简单和可识别磁场的极性等优点,被广泛应用于无触点电位器、无触点开关、无刷直流电机、漏磁探测仪及地磁探测仪等方面。

目前,全世界各类磁敏传感器年总需求量约达 20 亿支,且以 10% 的年增长速度发展,是各种传感器中需求量最大的一种。各类新型的磁敏元件也层出不穷。

（黄柏标　张晓阳）

八、人工晶体

大自然的鬼斧神工——晶体

晶体,自古以来就为人们所特别关注。在人们的意识中,晶莹剔透、美丽完整、质地纯洁、类宝石的固体就是晶体。确实如此,古人就把具有规则几何多面体形状的水晶称为晶体,并将其来源归于大自然的鬼斧神工。后来,人们越来越多地发现这类天然自发形成几何多面体外形的固体,越来越希望对这类固体内在的特性和本质有更加深入的了解。

在19世纪末,德国科学家伦琴发现了X射线,为人们认识微观世界提供了有力的武器。1912年,德国物理学家劳厄首次用X射线证明了晶体内部质点在三维空间周期性排列的特性,即格子构造特性。由此,人们给晶体以严格定义,即晶体是具有格子构造的固体。由于晶体整体与其原子级的周期相比,尺度相差甚大,这种结构也称其为内部质点的长程有序。我们也可以简单地将晶体理解为质点在格子结构中排列所形成的固体。与此相反,不具有格子构造的物质称为非晶体或非晶态。近年来,由于准晶和微纳米结构的研究,晶体的定义有所扩展。但是一般仍然将晶体定义为长程有序结构的固态物质。

我们为什么如此强调晶体的长程有序构造呢?因为在现代科技和信息社会中担当重要角色的晶体,具有许多神奇的性质,而这些性质起源于这种长程有序的格子结构。

晶体有什么基本特性呢?首先,我们认识晶体是从晶体规则的外形开始的。晶体这种在适当条件下可以自发地形成封闭几何多面体外形的性质,我们称之为晶体的自限性。同时,晶体在一个方向上的不同部分质点分布是相同的,这就造就了晶体的均一性特征。而也正由于晶体在不同方向上格子质点的排列可能不同,而形成晶体各个方向上性质的不同,我们称之为晶体性质的各向异性。晶体的均一性和各向异性由于晶体内部的格子构造而完美统一,晶体的许多神奇特性也起源于此。但是,晶体具有各向异性,并不排斥晶体在某些特定方向上具有相同性质。我们从晶体外形上就可以看到某些晶面,晶棱和角顶会按一定规律重复出现,这种相同性质在晶体不同方向或位置规律性出现的特点,就是晶体的对称性。晶体的对称性是晶体极其重要的特性,可以说,晶体物理及其应用在很大程度上都建立于晶体对称性的基础上。最后,我们可以知道在相同的热力学条件下,晶体与同种物质的其他形态相比,其内能为最小,此即晶体的最小内能性,最小内能性直接导出晶体的稳定性。因此,从热力学观点上来说,世间所有非晶态物质都有自发向晶态物质转变的趋势,而晶体则永远不会自发地转变为非晶态物质。

正是由于晶体的稳定性,晶体的分布十分广泛。自然界的固态物质,绝大多数是晶体,从食盐到钻石,从土壤到矿石、建材,从蛋白质到牙齿、骨头,大部分是晶体。但是这些晶体的颗粒大小十分悬殊,大者可达几米乃至几十米,小者可为微米乃至纳米,这就构成五彩缤纷、绚丽多彩的晶体世界及其相应的晶体科学与技术。目前,在信息社会中起着重要支柱作用的微电子产业的基础,就是硅单晶。晶体在人类高技术发展中的作用,如何强调都不会过分。

1984 年,人们在电镜观察中,发现了介于晶态和非晶态之间的物质状态,人们称之为准晶态或准晶体,又为人类世界的多样性提供了实例。

宝石之王——钻石

自古以来,宝石为人们所钟爱,而最美、最贵的宝石,莫过于金刚石。英国女王王冠上所镶的有夺目之光的宝石,就是世界著名的宝石之王——钻石。

金刚石是元素碳构成的纯净单质,与石墨、无定形碳和当前风靡全球的"足球烯"及"纳米碳管"等一样,是碳元素家族中普通而又特殊的一员。由于碳（C）元素为第 4 主族元素，从其原子结构来看，既难丢失 4 个电子，又难获得 4 个电子形成外层 8 电子稳定结构，故往往与其他原子（包括 C 原子）通过共价键结合。当众多 C 原子以 sp3 杂化形成键长键角都相等的多面体结构时，就构成了目前世界上最硬的物质——金刚石；而当 C 原子以其他杂化形式结合时，就形成了碳的其他多形体（同素异形体）石墨、无定形碳（如松烟灰）等。金刚石一般呈无色，也有淡黄色、浅褐色，偶见淡绿、粉红、红、蓝、绿、紫黑色等颜色，是由于掺有其他微量元素氮、硼、铍等造成的不同色泽。

珠宝行业中习惯将未加工的原料称为金刚石，将加工好的金刚石戒面称为钻石。钻石以其光彩夺目和顶级超硬而稳居"宝石之王"的位置。钻石已作为婚嫁之信物、金婚之贺品和保值硬通货而流传于世。

世界上一些著名的金刚石都有专门的命名。如世界历史上最大的金刚石发现于 1905 年，取名库利南，出产于南非，经劈开琢磨成 9 粒大钻石和 96 粒小钻石，其中最大的一颗"库利南 1 号"重约 106 克（1 克＝5 克拉），命名为"非洲之星"；1934 年发现的重约 145.2 克的金刚石，重量居世界第 6，以其发现者琼克尔命名。我国迄今为止发现的最大金刚石是 1977 年在山东省临沭县常林发现的重约 31.8 克的淡黄色金刚石，命名为"常林钻石"。世界上所发现的超过 64.8 克的金刚石不过 35 颗；世界著名钻石约百颗，均有各自的命名。有许多著名钻石的发现、易主的经历往往都是一部传奇史，有一些光辉夺目钻石的背后经常隐藏着血泪斑斑的人生乃至家庭、国家的历史和故事，往往会引起人们无限的感慨和遐想。

金刚石为立方晶系，原石呈八面体、菱形十二面体或立方体等形状，其硬度为摩氏硬度最高值 10 的标准值，刻画硬度（绝对硬度）为刚玉的 140 倍；密度为 3.25 克/厘米^3；折射率高，约为 2.417，为少有的几种大于 2 的矿物之一。金刚石具有已知物质中最高的导热性，同时热膨胀甚小；除少数罕见的蓝色钻石为半导体外，金刚石为绝缘体，钻石越纯净绝缘性越好，少数钻石经 X 射线或 γ 射线改色后会产生自由电子而电阻降低，以此特性亦可鉴别。钻石具有极高化学稳定性，不溶于碱、酸和其他化学试剂，包括强碱和硫酸、硝酸。

钻石的评价以"4C"做标准，即洁净度（Clarity）、颜色（Color）、重量

(Carat)、切工(Cut)，"4C"标准是国际统一标准。钻石洁净度分内部和外部，内部洁净度指其固有缺陷，外部指加工残留缺陷；颜色是钻石评价的重要方面，宝石级钻石色泽优劣排序为：无色、微蓝、白、淡黄、浅黄，特殊色泽如红、粉红、绿、蓝、金黄等色则做罕见珍品单独评价；钻石大小及重量与价值关系不言而喻，大尺寸(重量)钻石十分难得；而钻石的切工与其价值关系极大，切工好坏，直接影响钻石质量，钻石只有在琢磨良好的情况下才能显示其光彩夺目的本性。

目前，市场上许多钻石仿制品以及相近宝石在外观上与钻石几乎没什么区别，钻石鉴定是技术性和实践性极强的行业。具体的鉴定有肉眼鉴定及仪器鉴定，现代科学技术在"制假"和"治假"两方面都起重要的作用，关键在于掌握技术的人员。

金刚石除钻石外，低质量的也可做划玻璃刀、热沉等。目前，人工制作金刚石已在磨料、切割行业中成为重要的产业。宝石级的人造金刚石研究也有长足进步。

宝石之冠——刚玉型宝石

宝石一方面作为珍贵的天然矿物类的总称，另一方面也作为刚玉类宝石的称呼。通常人们所称的红宝石、蓝宝石、星光宝石等，指的就是以矿物刚玉为原料的宝石。由于形成条件的不同，刚玉矿物中可能含有不同的致色微量元素，其中呈红色的称为红宝石，而呈其他颜色或无色的刚玉类宝石统称为蓝宝石。宝石级的红宝石和蓝宝石很稀少，从古到今，都十分珍贵，已被国际公认为仅次于钻石的名贵宝石。古代称其为"宝石之冠"。红宝石被人们看作是吉祥如意的象征，而蓝宝石则被赋予忠诚和坚贞的寓意。在西方，红宝石是 7 月生辰石，蓝宝石作为 9 月生辰石。

刚玉宝石的主要成分为氧化铝(Al_2O_3)，纯正时无色，含铬(Cr_2O_3)时呈红色，含铁、钛时呈现蓝色，含镍时呈黄色，含钒时呈绿色。刚玉类宝石为三方晶系，晶体呈柱状，天然刚玉类宝石表面往往发育成百叶窗或双晶纹。宝石的摩氏硬度为 9 的标准值，其密度为 3.95～4.1 克/厘米³；折射率为 1.762～1.770，为双轴晶，双折射率为 0.008。当刚玉类宝石中含钛(Ti)时，所含的金红石或其他固态包裹体呈针状时，会在光线入射时呈"星光现象"，这一类宝石亦称星光宝石。

刚玉型宝石依其颜色和光学效应分为红宝石、星光红宝石、蓝宝石和星光蓝宝石。我们可以从宝石的大小(重量)、颜色、透明度、包裹体和杂质、星光效应等诸方面予以统一评价。一般而言,高档宝石越大越珍贵。红宝石以缅甸产质量最佳。上佳 2 克以上红宝石,缅甸一年只产几颗;十几克乃至几十克红宝石巨粒,几十年至上百年才出 1~2 颗。优质大粒蓝宝石价值仅次于同质红宝石、祖母绿和钻石。优质刚玉晶体粒径大于 5 毫米,重量 0.06~0.12 克即达宝石级,重量超过 0.4 克,可视为珍品。著名的缅甸"鸽血红宝石",最大者为 11 克。

颜色是评价宝石的重要因素。鸽血红为红宝石理想色泽,视为珍品,其次为鲜红、纯红、粉红、紫红到深紫红;蓝宝石最佳色为墨水蓝,其次序列为:洋青蓝、滴水蓝、天蓝、淡蓝、灰蓝、蓝色泛灰、黑色、绿色、黄色;其他颜色,如绿、黑、黄、紫等,只要颜色纯正、鲜艳也可能是名贵品种。

刚玉宝石中除星光红宝石和蓝宝石外,透明度越高,包裹体、杂质及其他缺陷越少,质量越好。不透明、多缺陷和杂质的,视为次品或劣等品。

具有星光效应的红宝石、蓝宝石,较同质量的红宝石、蓝宝石价值高许多,评价星光宝石,除考虑宝石通性外,还应注意星光的完整、清晰、是否来自宝石内部。

目前,人工合成刚玉类宝石量十分巨大,人造刚玉类宝石在手表、轴承等行业有广泛应用。天然红宝石和人工合成红宝石从形态、颜色、生长线、缺陷、包裹体等多方面均较易鉴别。刚玉类宝石与其他仿制品和相似宝石也可用多种方法予以鉴别。

目前在世界各地都发现了红宝石,如缅甸、巴基斯坦、阿富汗、斯里兰卡等。我国山东昌乐地区盛产蓝宝石,但一般色泽较深。

从装饰品到高技术关键材料——水晶之路

二氧化硅(SiO_2)是地球上最丰富的化合物,在砂砾中闪闪发光,有时晶莹透明的石英砂,其主要成分是 SiO_2,人们从远古就发现的特殊的矿物——水晶。古代有人称水晶为水精,认为它是由冰变来的,又认为它是石头之精华,故又称其为石英。而实际上,水晶是洁净完美的 SiO_2。以 SiO_2 为主要成分的宝石很多,除水晶外,还有玉髓、玛瑙和欧泊(蛋白石)等。它们在外观、性质和珍贵程度上都有巨大差别,其差别原因就在于 SiO_2 的结晶程度不同。水晶结晶度高,晶形完美,从几毫米乃至米级的单晶体在世界各地均有发现;玉髓由几微米的 SiO_2 微晶构成;而玛瑙则是 SiO_2 隐晶质固体;欧泊是含有水的二氧化硅($SiO_2 nH_2O$)的非晶质。虽然 SiO_2 在地面是最常见矿物,数量多,产地广,但是作为宝石级的水晶,要求晶形好、质量佳,也并非随处可见。总起来说,水晶纯净、透明、高雅、易得,价格相对便宜(属低档宝石),其饰物,大到长为米级的单晶或水晶洞,小到戒指、项链等均受各层次人们的欢迎。国际上将紫色水晶列为 2 月生辰石。

水晶的成分为 SiO_2,三方晶系,常发育成晶形完好之柱状晶体。常见呈六方柱、菱面体、三方双锥等,并在晶面上有横纹,常出现双晶,摩氏硬度 7,折射率 $1.54 \sim 1.55$,晶体中常有包裹体出现。水晶中由于含有不同杂质而呈现不同颜色,可作宝石用的有无色水晶,由于其透明,易得,为最常见的水晶品种;紫水晶,包括紫色到紫红色的透明水晶,颜色分布不均匀,是水晶中较为珍贵的品种;黄水晶,有橘红色、褐黄色等,多为透明柱状晶体,与黄玉相似,可作 11 月生辰石;烟晶、茶晶及墨晶分别为烟黄色、深褐色和黑色,是较为稀罕水晶品种;发晶中有似发丝的细长包裹体,使水晶美丽诱人;含锰(Mn)和钛(Ti)的水晶呈粉红色,称为蔷薇水晶。

水晶,不但具有良好的观赏性,α-水晶(石英)晶体还是一种重要的高技术材料。利用其压电效应,在电子工业中做滤波器、谐振器等,对其质量要求高,数量要求巨大。在第二次世界大战期间,由于军事上的需要,人工合成和制备 α-SiO_2 的技术已趋完善,成为最早产业化的人工晶体之一。近几十年来,随着电子工业的发展,石英晶体成为一种长盛不衰的高技术产品,目前被广泛应用于通信、导航、广播、电视、移动电话、电子手表、时间和频率标准等方面。

人造(合成)水晶一般透明度极佳、质地好,加入微量元素后即成彩色水晶,作为中、高档宝石的仿制品和替代品。以黄色水晶替代托帕石,绿色水晶替代祖母绿,蓝色水晶替代海蓝宝石等。由于折射率、硬度等方面的差异,这些替代品和原石的检验和区分是相当容易的。天然水晶和人工合成水晶的差异也易从缺陷、包裹体以肉眼予以区分。有时,熔融石英(SiO_2 玻璃）也可能冒称水晶，则从其折射率的各向异性可清楚地将两者区分开。

从饰物到高技术关键材料，世界上含量最丰富的矿物在人类科学技术中赢得了"点石成金"的地位。

神奇能干的晶体家族——功能晶体

通常，我们将人类可以利用的材料分为结构材料和功能材料两大类。迄今为止，仍无人对于这两类材料作出公认的严格的定义。一般人们将以材料的强度、韧性、断裂等特性表征，而用于构筑体系（如房屋、机器、交通工具等）主体的称作结构材料；而将以材料的物理性质交互效应和对声（力）、光、热、电、磁、气氛等敏感特性表征，用于制作功能器件类的材料称作功能材料。对于功能材料的分类也无严格和公认的标准，一般将其按材料化学键分可分为功能金属材料、功能无机非金属材料、功能有机材料和功能复合材料等；按材料物理性质可分为磁性材料、电性材料、声学材料、力学材料等；按材料的应用领域可分为电子材料、军工材料、核材料等。由于各种分类方法均难以全面描述功能材料，因此，我们常看到许多不同分类法的功能材料可能混杂而并列地被人们介绍。

功能晶体材料是功能材料重要和特殊的组成部分。实际上，除有机及非晶态功能材料外，固态功能材料可分为功能陶瓷和功能晶体两大类。陶瓷也是晶态，不过一般是指多晶材料，除了晶体的本征特性外，还受到多晶粒度、晶界等多种因素制约；在这里，除非特指，我们所介绍的功能材料都特指功能单晶材料。功能晶体是以其物理性质交互效应为特征的，功能晶体是当前信息社会重要的一类基础材料，是声、光、热、电、磁相互转化的介质，同时也是激光产生、频率转换的重要工作物质。功能晶体以其神奇和有用的特性，在功能材料大家庭里占有重要地位，成为功勋显赫的一个家族。

一般来说，我们按照晶体的功能及其物理性质交互效应特征来命名。如激光晶体是指在晶体中包含有激活离子，在受到激发的情况下满足一定条件可能产生激光的晶体材料。光学晶体是指利用晶体透过光线，或利用折射、反射、双折射等线性光学效应的晶体材料。非线性光学晶体是指利用晶体的非线性光学效应对于入射光线产生频率转换的晶体，这种晶体可以在一定的条件下将人眼看不见的红外激光变换成可见的绿光、红光、黄光、蓝光,乃至进一步将可见的激光又变成看不见的紫外激光,从而满足人们对不同颜色和特性激光的要求。同样,热释电晶体利用晶体的热释电效应来制作各种器件,可以利用它感受温度变化,制作灵敏的测温计,也可以利用这种晶体制成夜视仪,使人们在伸手不见五指的黑夜同样能见到各种物体和路途。具有这样各种不同神奇性质的功能晶体还有压电晶体、电光晶体、闪烁晶体、光折变晶体、热电晶体等,每一种都有非凡的本领,在现代科学技术和人们生产、生活中的各个岗位上,默默地作出贡献。

功能晶体材料在功能材料乃至整个材料科学与技术上具有特殊重要性,其发展日新月异,不能不令人刮目相看。

光学系统的窗户——光学晶体

为了获得光线,造房子要用玻璃做窗户。在一些特别重要或特殊应用中,大到火箭、卫星和特殊重要的仪器,小到高级手表盘,用的材料就不是玻璃,而是比玻璃具有更优良性质的光学晶体。光学晶体是指作为光学介质应用在光学和光电子仪器设备中的晶体材料。这是人工晶体中量大面广的一个种类。按化学成分,光学晶体可分为半导体晶体和离子晶体两大类;按其光谱透过区分,可分为紫外、可见和红外光学晶体。这些晶体一般在很宽的波段范围内有高透过率,一些晶体具有各向异性,能满足偏振光学的要求。在野外、空间或宇宙空间用的光学系统的窗口需要作到耐湿、耐机械和热冲击以及其他由应用决定的特殊要求。

半导体晶体和离子晶体两者性能有显著差别。半导体晶体中单元素晶体有锗、硅和金刚石等;化合物晶体有砷化镓($GaAs$)、锑化铟($InSb$)、碲化镉($CdTe$)、硒化镉($CdSe$)、硒化锌($ZnSe$)和硫化锌(ZnS)等。重点是离子晶体,包括碱卤化合物、碱土卤族化合物、氧化物和无机盐晶体。为克服卤化碱化合物的易潮性,以金属铊(Tl)与卤素化合物结合成的 KRS-5 和 KRS-6 等具有良好的紫外和红外性能。

目前,红外光学晶体的应用十分广泛,这是指在近红外、中波红外或长波红外波段具有较好透射性能(透过率大于 50%)的光学晶体,其中大部分也同时具有紫外和可见光的透射性能。近、中红外晶体指透过波段在 1~3 微米和 3~5 微米的材料,应用较广的有氟化钙、氟化镁、铝酸镁和蓝宝石等,它们也是优异的紫外和可见光的透射晶体。长波红外晶体指主要透过波段在8～12微米的晶体,有锗、砷化镓、硫化锌、硒化锌、磷化镓和金刚石以及它们的复合材料等。

红外光学晶体作为窗口材料,不仅作为红外夜视、机载红外前视、红外侦察以及各类战术导弹的关键光学元件,被广泛地应用于坦克、超音速飞机、导弹、卫星以及各种跟踪、遥测装置和空间通讯等军事领域和科学研究领域中,也广泛应用于民用装置,如红外安全报警、红外辐射测温、红外医疗设备、资源勘探、气象预报和农业估产等红外装置和仪器中。有用于会聚红外线的红外透镜,装在密封式红外探测元件前方的红外窗口,可把不同波长的红外线分解的红外棱镜,让单一波长红外线通过的红外滤光片,以及在飞行器红外装备透红外线的头罩等。

红外制导导弹、红外热像仪、红外辐射测量仪、激光测距和激光瞄准等都离不开红外光学材料制作的关键光学元器件。红外光学材料是实现精确制导武器的关键部件,特别是随着红外成像技术的发展和应用的推广,综合性能优良的红外光学材料在国民经济和国防建设中发挥着越来越重要的作用。

神光之源——激光晶体

激光材料是激光技术发展的核心和基础,具有里程碑的意义和作用。20世纪60年代,第一台红宝石晶体激光器问世,激光诞生;20世纪70年代,掺钕钇铝石榴石(Nd∶YAG),固体激光开始大力发展;20世纪80年代,钛宝石晶体(Ti∶Al$_2$O$_3$),超短、超快和超强激光成为可能,飞秒激光科学技术蓬勃发展,并渗透到各基础和应用学科领域;20世纪90年代,钒酸钇晶体(Nd∶YVO$_4$)的产业化使固体激光的发展进入新时期——全固态激光科学技术时期;进入新世纪,激光和激光科学技术正以其强大的生命力推动着光电子技术和产业的发展,激光材料也在单晶、玻璃、光纤、陶瓷等四个方面全方位迅猛展开,如微—纳米级晶界、完整性好、制作工艺简单的微晶激光陶瓷和结构紧凑、散热好、成本低的激光光纤,正在向占据激光晶体首席达40年之久的Nd∶YAG发出强有力的挑战,激光材料也已从最初的几种基质材料发展到数十种。激光材料和激光技术的发展是受到各国政府、科学界乃至企业界高度重视的领域。

Nd：YAG 的出现使得固体激光器真正开始大力发展，并实现商业化，因其增益高、热性能和机械性能良好而成为当前科研、工业、医学和军事应用中最重要的固体激光器。特别是在高功率连续和高平均功率固态激光器方面，20 世纪 90 年代前，闪光灯泵浦的 Nd：YAG 激光晶体独占鳌头，单根棒的输出功率可达千瓦量级。随着激光二极管（LD）的迅速发展，大功率激光器的泵浦方式也有重大发展。LD 泵浦激光器的高效率、高质量、长寿命、高可靠性、小型化以及全固化等优越性是灯泵无法相比的。同时，激光光纤的发展也取得长足的进展，单根光纤很容易获得瓦级激光，千瓦级激光可以将多根光纤并合成束来获得。

通过基质晶体中阳离子置换形成的掺钕钇镓石榴石（Nd：GGG）激光晶体，具有好的激光特性和晶体质量，并具有良好热机械性能、化学稳定性、高的热导率，是新一代武器级高功率固体热容激光器的优选工作物质。因此，生产大尺寸高光学质量的 Nd：GGG，为我国的激光武器设计提供关键的材料，对我国的国家安全具有重要的意义。

会唱歌、能跳舞的晶体——压电晶体

我说晶体会唱歌，你信吗？我说晶体会跳舞，你信吗？你不相信，我也不相信，但如果没有这一类晶体，半导体收音机播不出歌曲，电视机放不出画面，你信不信？你相信，我也相信，故我们就把这一类在电子行业有重要应用的晶体叫会唱歌、能跳舞的晶体吧！

这一类晶体的大名叫压电晶体，具有压电效应的晶体称为压电晶体。压电效应是晶体物理交互效应的一种，是联系力和电两种物理量的。当某些电介质（往往指绝缘体）晶体在外应力作用下，其表面上会产生电荷积累，这一现象叫做正压电效应；反之，有电场作用而产生晶体中应变（或应力）的称为反压电效应。这种力生电、电生力的效应是在 19 世纪 80 年代在石英（水晶）晶体上首先被发现的。

从晶体内部结构来看，晶体在外力作用下发生形变。电荷重心发生相对位移，而使总电矩发生改变，使晶体一端生正电，一端生负电。实验证明，在一定的范围内，由压力产生的电偶极矩与所加应力呈正比，反之亦然，因此我们可以用两者之间的压电模量来描述晶体的压电性质。由于压电效应的存在与晶体的结构和对称性密切相关,在全面描述晶体对称性的 32 个点群中,有 20 个我们称为非中心对称的晶体点群的材料中可能存在这种压电效应,这 20 个晶体点群也被称为压电晶体点群。

压电晶体用于制作高质量的谐振器、滤波器、振荡器等。最早被发现和利用的压电晶体是天然水晶。然而天然水晶产量有限,质量不稳定。自第二次世界大战以来,对于压电器件的需求促进了压电人工水晶的工业生产。人们已广泛使用水热法生长人造水晶。在常温常压下,水晶并不溶于水。但在高温、高压和加入矿化剂(如氢氧化钠)的条件下,水晶可以溶解,借助于在生长容器(称作高压釜)中生长区和原料区之间的温差,原料石英砂不断溶解,在生长区的籽晶上生长,历时数十天,可以生长大尺寸水晶单晶,大单晶可达 30 千克以上。

水晶,又称 α-石英,其化学组成为二氧化硅,三方点群,熔点 1 750℃,密度 2.65 克/厘米^3。在 573℃ 以下为 α 相,在 573～870℃ 之间为 β 相。α 相和 β 相水晶均有压电效应,但常用的为 α-二氧化硅。水晶具有较大的压电系数,并有零温度切型,用这一切型制作的石英振荡器的频率不受温度变化影响,因此,被广泛用于制作电子钟表、计时仪器、仪表和频率标准等。另外,用其制作的谐振器等在通信装置、移动电话、广播、电视装置中也被广泛应用,已形成了一个巨大的产业,人造水晶的质量是以其机械品值因子,即按特定要求制作的谐振器的 Q 值来表示并分级的。

铌酸锂和钽酸锂晶体也是重要的压电晶体,机电耦合系数大,高频性能好,和 α-石英一起支撑着压电晶体应用巨大的需求。

让激光变幻莫测的晶体——非线性光学晶体

20 世纪 60 年代,人们首次在红宝石晶体中获得一种新型的光线——激光。激光以其高强度、高方向性、相干性等特点很快获得广泛的应用。仅仅光通信一项就将地球变成一个光纤球,使偌大的世界变成了一个"地球村"。今天,激光已经普及到千家万户。大到激光武器、激光核聚变,小到儿童游戏的玩具,处处都可以见到激光的踪迹。

我们已经知道,激光可通过半导体激光管(LD)或激光工作物质、主要是激光晶体来产生。但是一般而言，一台激光器，其频率（波长）变换也只有一定的范围。频率或者波长决定了激光是否被人们可看见，或通俗地说决定了激光的颜色。当然，人眼对光线的灵敏度是不同的，而直接看激光是十分危险的事情。

当前，人们对于激光的需求是多种多样的。有的要求长波，有的要求短波。在军事对抗上希望不断改变激光的波长而不被敌方发现，在通信上希望找到与大气窗口波段波长的激光器，在医学上希望有人眼安全波长的激光器，而癌症治疗又希望相应波长激光能透过血液又被药物所吸收。为了方便和节约，人们希望一台激光器能有几种激光，而最低的要求也是要获得各种波长的激光器。

利用非线性光学晶体在位相匹配的条件下，可以通过和频、差频或光参量过程将一种波长的激光变成其他波长的激光。

一般来讲，光线通过介质时，会发生入射、反射、折射等线性光学现象，但是激光的光强极强，其相干电磁场的功率密度可以达到 10^{12} 瓦/厘米^2，相应电场强度可以和原子的库伦场强相比较。因此，当激光通过介质时，物质的内部极化率的非线性响应会对光波产生反作用，可能产生入射光波在和频、差频处的谐波。这种与强光有关的、不同于线性光学现象的效应称为非线性效应，具有非线性光学效应的晶体称为非线性光学晶体。早在 1961 年，科学家将红宝石激光直接作用于石英晶体，观察到了位于紫外区的倍频激光辐射。

非线性光学晶体的性质主要由非线性系数来描述，在非线性系数大的前提下，还要满足可以位相匹配、化学稳定性好、可以稳定获得大尺寸晶体等条件。非线性光学效应和压电效应一样，也是一种以三阶张量描述的晶体物理性质，只有在 20 种非对称中心的晶类中，有可能存在非线性光学效应，而其中有两类所有非线性光学系数为 0，故只有 18 种晶类可能具有这一效应。

自 20 世纪 60 年代以来，在非线性光学理论发展的同时，非线性光学晶体也获得长足进展，除了石英（α-SiO$_2$）、磷酸二氢钾（KH$_2$PO$_4$、KDP）、铌酸锂（LiNbO$_3$）、铌酸钡钠（BNN）、α-碘酸锂（α-LiIO$_3$）等传统晶体外，1976 年，磷酸钛氧钾（KTiOPO$_4$、KTP）晶体的问世，标志着非线性光学晶体日趋成熟。自 20 世纪 80 年代初，我国走上了独立自主探索和制备非线性光学晶体的道路。阴离子基团等理论的出现,为探索新的非线性光学晶体提供了有利的工具;偏硼酸钡(β-BBO)、三硼酸锂(LBO)、磷酸氨酸(LAP)和氟硼铍酸钾(KBBF)等具有国际影响的"中国牌"晶体的发现,是我国晶体研究走向世界的里程碑。自 20 世纪 80 年代以来,其他重要的非线性光学晶体层出不穷。

用于频率转换的非线性晶体已趋完善,通过频率转换器件可获得各种波段、各种功率的激光,使神奇的激光更加变幻莫测。以此制备的各种波长的激光器用于强激光核聚变实验、激光通信、激光电视、光学雷达、医用器件、材料加工、光信息处理、光谱仪、激光打印、全息光存储、光盘等产业。随着高科技的发展,对激光和非线性晶体的要求可能更高,为这一类材料的发展提供了更广阔的前景和机遇。

身兼两任的晶体——激光自倍频晶体

前面我们介绍了激光晶体,也介绍了倍频晶体。因此,有的读者也许会问,如果激光晶体具有非线性光学效应,或者在非线性光学晶体中加入激活离子,我们是不是可以获得同时具有两种性质的晶体? 答案是肯定的。我们称这种一身兼二任的晶体叫做激光自倍频晶体,也可称之为复合功能晶体。在复合功能晶体中,激光自倍频晶体是研究历史最长、研究最为深入的复合晶体材料。

尽管这一要求看起来并不困难,只要在非线性光学晶体中掺入激活离子或者找到具有非对称中心结构的激光晶体就可以实现。但现实是,往往具有良好激光性能的晶体并不具有非线性性质,而优良的非线性光学(倍频)晶体又多不能为激活离子提供可产生激光运转的格位。符合这两个条件的晶体只有很少几种,加上激光晶体和倍频晶体有实现自身功能的不同要求,要两者融洽地结合更给材料的选择和自倍频的实现带来很大的困难,只有少数几种晶体能够同时满足这两种晶体的要求。迄今为止,能够实现激光自倍频运转的晶体材料更是屈指可数。为了充分研究这些晶体的特性和应用,探索新的复合晶体,人们开辟了激光自倍频晶体的研究领域。

1969 年,美国贝尔实验室在非线性光学晶体铌酸锂中掺入稀土离子铥(Tm)作为激光自倍频晶体制作了自倍频激光器,开始了这种复合晶体的研究。20 世纪 80 年代,又对掺镁掺钕铌酸锂晶体进行了研究,但最终因光折变效应和效率低等原因未能实用。自 1981 年起,前苏联科学家研制成功一种新的激光自倍频晶体四硼酸铝钇钕(NYAB),采用 LD 泵浦成功的制作了自倍频激光器,但这种晶体由于结构的原因,很难获得大尺寸高质量的晶体而实际应用。在这一体系中,我国科学家研制了掺镱的四硼酸铝钇,或称四硼酸铝钇镱晶体(Yb：YAB)。这种晶体易获得组分均匀的优质晶体,激光性质和倍频性质兼优。在 3 毫米^2×3 毫米^2×3 毫米^2 的 Yb：YAB 中获得国际上目前最大的 1.1 瓦的自倍频绿光输出,并以此制备了脉冲自倍频激光器和微片激光器等。

1992 年以来,一类新的非线性光学晶体和激光自倍频晶体得到人们重视,这一类晶体是稀土钙氧硼酸盐(RECOB)晶体,是有多名成员组成的系列晶体,这类晶体有易生长、物理化学性质稳定等特点。这一晶体首先由法国科学家发现。我国科学家坚持基础研究,提出了优良激光自倍频晶体的标准,突破传统思想,发现硼酸钙氧盐晶体最大有效非线性系数在非主平面,通过晶体生长和激光特性筛选,发现硼酸钙氧钆钕晶体非主平面最大有效非线性系数是主平面的 2.8 倍,且产生基频激光的特性优越,确认其为最佳自倍频晶体;寻求激光倍频特性适配,找到晶体的最佳长度和组分,采用专利和专有技术生长高质量晶体;提出并证实其最大有效非线性系数在空间特殊方向,提高激光效率近 10 倍,实现国际最高瓦级自倍频绿光稳定输出,实现波长可调。实现商品化,用于多种产品,满足市场需求。具有成本低、输出稳定、波长可控、温度影响小、抗冲击等特性。在国际上首次实现了激光自倍频晶体及绿光模组的商品化,开辟了激光自倍频晶体与器件应用和商品化领域,创造了具有特色和优势的小功率绿光全固态激光器新品种,发展了激光自倍频功能复合模型,丰富了功能晶体学科,是复合功能晶体研究领域的一项重大突破。

复合功能晶体材料器件是材料科研中具有创新意义的思路,也是当前材料研究的一个重要方向。我们希望有更多关于复合功能晶体新的复合思路和新的复合材料出现。

给激光装上高速开关——电光晶体

激光从激光器中发出时是连续的,人们设想能不能给其装上一个电开关,用电信号来控制激光? 通过这一开关的调节使连续激光成为断续的脉冲激光,而这一开关还可以控制脉冲的时间和能量,从而使激光器的功率更高,用途更为广泛。这一开关就是激光技术中极其重要的器件,称作电光 Q 开关。在理想情况下,电光 Q 开关的开关频率可以达到每秒 10^{10} 次,这种速度是任何机械快门所不可能达到的,而制造这种高速电光 Q 开关的关键材料就是电光晶体。

电光晶体是具有电光效应的晶体,电光效应是指在电场的作用下,晶体的介电常数,即其折射率发生改变的效应。一些具有电光效应的电光晶体尽管由电场引起的折射率数值不大,但是折射率的些微变化都可能引起光在晶体中传播特性的改变,因此,电光效应和电光晶体在实际中获得许多重要应用,受到人们广泛的重视和深入的研究。

电光效应分为一次(线性)电光效应和二次(平方)电光效应两种。前一种又称为波克斯(Pockels)效应,后者又称克尔(Kerr)效应。前一种效应存在于 20 种非对称的压电晶类中,而克尔效应则存在于所有物质之中。

电光晶体在激光技术中获得广泛应用,常用的器件包括电光调制器、电光开关、电光偏转器等,其中电光开关是最常用的。其基本思想是利用脉冲电信号来控制光信号,基本结构是将可以施加电场的电光晶体置于正交偏光器中,通过施加的电场来控制入射光在器件中的透过率来达到调制光信号的目的。

电光调制器的基本原理是在电光晶体上施加交变调制信号,由于晶体的电光效应,晶体的折射率会随调制电压即信号而交替变化,此时,通过电光晶体不带信号的光波则带有了调制信号。如果调制信号为控制强度的,则为电光强度调制器,若控制位相的,则为电光位相调制器。

利用晶体电光效应使激光实现偏转的是电光偏转器,分为数字偏转器和连续偏转器两种。

大部分非线性光学晶体同时都具有良好的电光性质,但是对电光晶体还要求有高的品质因子和光学均匀性,要有良好的折射率稳定性和易获得大尺寸晶体,并要求有高的抗激光损伤阈值和低的电导率,故实际能够满足电光 Q 开关制作要求的电光晶体并不多。

目前最常用的电光晶体有磷酸二氘钾(KD_2PO_4、DKDP)和铌酸锂

（LiNbO₃）两种。前者有很高的抗光损伤阈值,有良好的光学均匀性和适宜的半波电压,在高功率激光其中的应用十分广泛。但是 DKDP 晶体是在重水溶液中利用亚稳相生长技术制备的,晶体生长较难、周期长、成本高、易受潮,需要良好的保护。LiNbO₃ 采用提拉法生长,易获得大块晶体,周期短,成本低,使用于中低功率激光器中,相对而言,铌酸锂晶体的光学均匀性较差,抗光伤阈值较低。近几年来,山东大学将具有旋光性的电光晶体硅酸镓镧（LGS）用于制作电光 Q 开关。这种晶体有可以应用的电光效应,其抗光伤阈值是 LiNbO₃ 晶体的近 10 倍,不潮解,性质稳定,但由于旋光性干扰电光应用而长期无人问津。山东大学提出利用不同物理效应交互作用开发旋光—电光晶体新思路和光学级硅酸镓镧晶体新概念,生长出优质晶体并成功制作电光 Q 开关,与传统的铌酸锂和磷酸二氘钾 Q 开关相比,具有抗光伤阈值高、温度变化不敏感、不潮解等优点。应用中突破了高重频电光调 Q 瓶颈,已用于无水冷小体积电光调 Q 激光器、激光测距机等。更重要的是,该新型 Q 开关已用于 2 微米波段,填补了国际上长期以来该波段无实用电光 Q 开关的空白,为电光晶体的应用提供了新的种类。

黑夜中明亮的眼睛——热释电晶体

在漫漫黑夜伸手不见五指的时候,人们多么希望有一双可以透视黑夜的眼睛,可以洞察万物;特别是巡逻边疆的军人,是如何急切地需求能洞察夜幕下可能发生的一切。在现代科技条件下,人们早就发展了高超的夜视技术,在夜视技术中扮演主角的,就是一种重要的功能晶体——热释电晶体。

科学研究表明,一切发热的物体都会辐射出一种人眼看不见的波长大于 760 微米的红外线。各种物体（包括人体）由于本身温度和发射红外线的本领不一样,实际发射的红外线波长和强度不一样。在黑夜中,这样的红外线辐射已经勾画出夜幕掩盖下的生动世界。我们可以用热释电晶体成像管配以高超的电子、图像技术,在人们的眼前显现出周围的一切,为人们在夜幕中装上了明亮的眼睛。

极性晶体由于温度变化而发生电极化现象,称为热释电效应,具有热释电效应的晶体是热释电晶体。产生热释电的原因是由于在晶体中存在着自发极化,温度变化时自发极化也发生变化,当温度变化时所引起的电偶极矩不能及时得到补偿时,两端会产生符号相反的电荷,冷却时,两端的电荷符号会发生改变。同样,产生电荷的晶体也可能产生红外线。因此,有些热释电材料,如天然存在矿物电气石晶体就是最早被人们发现的热释电晶体之一,就被作为能发射红外线的材料而广泛应用,成为有利于增进人类健康的一类保健产品的原料。由电气石添加的织物能有效地促进和改善微循环,目前国内外对此的需求日增。

热释电效应与温度变化有关,温度是一个标量,热释电效应要用矢量来描述。因此,只有在非对称中心的压电晶体中某些具有极轴的晶类才可能具有热释电性质。因为在非极轴方向,正负电荷的产生会相互中和。在32个晶体点群中,只有10种极性晶体类别才是热释电晶类。所谓极性晶体是指晶体的极轴和晶向一致的晶体。

利用晶体的热释电效应可以制作各种探测器件,除夜视外,还可做体温计、辐射测量计,红外热像仪可以做医疗诊断,导弹前面安装的红外致导装置成为导弹紧盯目标的"杀手锏",热释电晶体的用途不可谓不广。

对热释电材料的要求除热释电系数大以外,还要求晶体对红外吸收快,热容量小,介电常数和介电损耗小,机械性质好,稳定性好。故迄今为止,尽管具有热释电效应的材料有上千种,真正符合实际应用要求的热释电晶体只有少数几种,其中,硫酸三甘肽(TGS)、钽酸锂($LiTaO_3$)、钛酸铅(Pb-TiO_3)、钛锆酸铅(PZT)和新发展起来的相边界材料 PMNT-PT 晶体是重要的热释电晶体。

尽管如此,目前所用的各种热释电晶体仍有不尽如人意之处,新的应用正呼唤着人们去探索和研究新的热释电晶体。

伸开双臂迎接宇宙使者——闪烁晶体

迄今为止,地球是宇宙中发现有人类的唯一星球。在浩瀚的宇宙中,孤独的人类多么渴望获得天外的信息,无论是其他高等生物发出的信号,或是宇宙中发射到达地球的射线。说到射线,要从物质的构造说起。现在人们都知道,构成物质的有质子、中子、电子等,你还知道有其他粒子吗? 实际上,科学家们除了发现有这些粒子外,还发现了一个非常大的基本粒子家族,有的非常小,有的带有不同的电荷。而这些粒子,有许多存在于天外,我们地球每天都有许多宇宙射线到访,从中我们有可能获得新的基本粒子的踪迹。怎样才能够接受宇宙赋予人类的信息? 在诺贝尔奖获得者丁肇中教授的倡导下,人们在高山等离外层空间近的地方建设了一系列的探测站,人类伸开双臂欢迎宇宙派来的使者,而能够显示外来粒子的踪迹的是用成吨闪烁晶体制作的高能射线探测器。这是人类探索外层空间和宇宙奥秘的先锋和尖兵。

闪烁晶体是指一大类在放射线或原子核粒子,包括宇宙线基本粒子作用下发光闪光(闪烁)现象的晶体材料。闪烁晶体在外来粒子作用下发出的荧光所处波段在紫外或可见区,它可与光电倍增管耦合,制成闪烁计数器,实现光—光转变的功能。今天,闪烁晶体不仅可用于探测宇宙射线,也在许多重要方面,乃至于人类健康密切相关的医疗领域也获得了广泛的应用。早在 20 世纪初,人们就用硫化锌闪烁体制作成阿尔法(α)粒子探测器,曾在证实卢瑟福所提出原子模型的实验中起了重要的作用。在百年前,闪烁体材料曾采用玻璃塑料乃至液体闪烁材料。在今天,闪烁晶体已成为闪烁材料的主体。闪烁晶体具有密度高、性质优良、稳定性高等显著特点。闪烁晶体的广泛应用起始于 20 世纪 60 年代,当时在世界范围内先后兴建了许多大型离子加速器,促进了闪烁晶体的大规模应用。到 20 世纪 70 年代,X 射线断层扫描相机(XCT)和正电子断层扫描相机(PET)的出现及其快速普及,使闪烁晶体成为当今人工晶体材料领域中少数几种具有重大经济效益的主流晶体之一。

目前,最重要的闪烁晶体有掺铊的碘化钠 NaI(T1)、掺钠的碘化铯 CsI(Na)、锗酸铋(BGO)、氟化钡(BaF_2)、钨酸铅($PbWO_4$)和钨酸锌($ZnWO_4$)等。其中,BGO 晶体的应用发展十分迅速,是当前应用最多的一种闪烁晶体。

锗酸铋($Bi_4Ge_3O_{14}$)是一种具有立方结构,无色透明的氧化物晶体,熔点 1 050℃,密度为 7.13 克/厘米^3,不溶于水,在高能粒子或射线(如 α 射线、γ 射线)作用下激发产生波产为 480 纳米的绿色荧光,BGO 晶体具有强阻止射线能力、高闪烁效率、优良的能量分辨率和不潮解等优点。一般 BGO 晶体采用坩埚下降法生长。

我国在 BGO 晶体和其他闪烁晶体的研究和开发方面取得巨大的成就,

目前,除 BGO 以外,PbWO₄ 等闪烁晶体研究和应用也获得重大进展,将为我国和欧洲的合作提供材料基础。

新型能源材料——热电晶体

人类的文明高度发展,人类的生活质量不断提高。人类物质文明的发展在很大程度上是与能源的消耗密切相关的。当今世界,飞驰的汽车、黑夜如白昼的照明、寒冬里温暖如春的家庭、酷暑中清凉的办公室,所有这些舒适的小康生活,无不和石油、煤这些不可再生资源的消耗有关。现今,人们终于感到能源危机正一步步地逼近,开始千方百计寻找新的能源或能源材料。热电晶体正是一种重要的能源材料。

广义上讲,热电材料是将热和电直接相互转化的功能材料。其工作原理是固体在不同的温度下具有不同的电子(或空穴)激发特征。当热电材料的两端存在温差时,材料两端的电子或空穴由于激发数量的差异将形成电势差(电压),在封闭回路中则可能产生电流。

人们对热电材料的认识有悠久的历史。1823 年,德国人赛贝克(Seebeck)首先发现了金属的热电效应,即由温差产生电的效应,过去也称温差电效应或称赛贝克效应。这一效应早被人们应用,制造出热电偶用以测量温度。1834 年,法国人帕耳帖(Peltier)在法国王宫演示了温差热效应的逆效应,即在热电材料中通电可以在热电材料两端一端发热、一端制冷,这一效应也称作帕耳帖效应。人们对这两种效应十分感兴趣。我们可以设想,如果我们拥有高效率的材料,我们就可能在任何两个具有温差的地点之间发电,甚至可利用太阳在热电材料两端不同的照射程度而形成的温差发电。这样,人类在其尚可生存的年代里,可以永远获得取之不尽、用之不竭的能源。这种热电材料将掀起人类能源革命的新纪元:那时,人类的能源问题彻底解决,世界上所有的煤矿和石油钻井将永远关闭,大气将不再受到污染。另外,热电材料直接通电可以发热或制冷,也开辟了空调业的新纪元。用热电材料制成的空调或温度调节器没有空压机部分、不用氟利昂之类含氟的环境不友好材料,体积小、寿命高、无污染、无噪声、无磨损、适用面广,也是一种人们所向往的材料和设备。

但是,人们对于热电材料的这种期望至今尚未实现,关键在于热电材料的热电转换效率及成本。热电材料的热电效率是用热电优值 ZT 来表征的，它是一个无量纲量。它与热电材料的赛贝克系数的平方和电导率呈正比，和材料的热导率呈反比。一般的材料，热导率和电导率是有关系的。电导率高的材料一般热导率高，所以一般热电材料的热电效率甚低。100 多年来，人们在热能—电能转换方面的迫切要求使热电材料得到了一定的发展，有一些热电材料得到了应用。以空调为例，一些半导体热电材料（如碲化铋材料）已在航天器这样对体积要求高而成本不计的领域中获得应用，但是难以推广。原因是其卡诺效率只有 10％，而一般家用冰箱可达 30％，中央空调的效率接近 90％。

近年来，有关热电材料研究的成果日新月异，在体块材料和低维材料方面都有进展。科学家认为，理想的热电材料应该是"电子晶体-声子玻璃"，即材料的导电性质应如晶体，有较高导电率，如在热导率方面如玻璃一样较小。在 20 世纪末，人们设计和制备了笼状方钴矿类热电材料，具有天然低维结构的 CsB_4iTe_6 和 $HfTe_5$、$ZfTe_5$ 等，开辟了热电材料研究的新方向。低维材料、体块材料、孔洞和非孔洞材料、掺杂材料和复合材料，人们在各个方向运用各种新技术来寻求高性能热电材料。美国一位著名的材料科学家预言：目前多姿多彩的热电材料新技术告诉我们，用不着再等 50 年，人类就能进入热电材料新纪元。

探索生命的奥秘——蛋白质晶体及其结构

蛋白质是人类生命之源，是一切形式生物体存在的基础。在历史上，人们一直迷惘着生命的奥秘，总是觉得有超自然的力，也许是上帝、也许是神灵控制着人类和万众生灵的生存和灭亡、兴旺和衰弱。而这一切的基础，无不要从最基本的单元——蛋白质说起。

有谁想过蛋白质和晶体有关系？也许蛋白质目前不能生长成像宝石一般晶莹剔透的大单晶，但是，只有通过蛋白质晶体测定其分子结构，才能确定其功能和功效，进一步做到人工的模拟和合成，从而实现人们复制活性物质、复制生命的梦想，将生命的奥秘掌握在人类之手。

事实上，有些蛋白质像纤维素或尼龙一样，既有纤维状又有晶体状，例如丝心蛋白，毛发和皮肤中的角蛋白，腱和结缔组织中的胶原蛋白等均如此。自 20 世纪初 X 射线被发现以后,人们就试图将 X 射线用于蛋白质分子结构的测定。20 世纪 30 年代,德国物理学家赫佐格证实蛋白质能衍射 X 射线;英国科学家贝尔纳发现,虽然蛋白质在机体内起作用时不以晶体状式,但是实验制备的蛋白质纯净样本却有可能生成晶体,这种蛋白质晶体则可以用来以 X 射线来测量其分子结构,贝尔纳成为将 X 射线晶体学用于研究蛋白质和分子生物的先驱。

女化学家多萝西·霍奇金随之发现胃蛋白酶具有完美的晶体,从而开启了生物结晶学研究时代,她在 1949 年测出青霉素结构,1957 年又测出维生素 B_{12} 结构,因此获得了 1964 年诺贝尔化学奖。

人类解析蛋白质结构之谜经过了起步与腾飞的过程。发展迅速的 X 射线技术和设备使人类的探索之路越来越宽阔。化学家佩鲁兹用了 23 年的时间解出了第一个蛋白质的结构,获得了 1962 年诺贝尔化学奖。在 1970 年,解出一个蛋白质结构可成为世界新闻;到 1980 年,解出一个蛋白质结构可申请获得教授职位;到 1990 年,解出一个蛋白质结构通常可获得博士学位;而到 21 世纪前 5 年,一个博士生往往可以解出几个蛋白质分子的结构,而不研究其结构与功能间的关系,也许就不能毕业。人们戏说,要获得蛋白质的分子结构,其核心技术技能,晶体生长是第一关,照衍射照片是设备的事,解析时初始位相的选择凭经验和技术的发达,使得只有第一项晶体生长尚未"贬值"。

确实,蛋白质晶体的生长,仍是当今的技术关键。蛋白质一般来说至少是具有生物活性的物质。蛋白质晶体生长的基础是必须从非常复杂的生物化学环境中至少分离和提纯足够量纯的蛋白质,而且再要在同样困难的条件下生长出蛋白质的晶体来。生长出来的蛋白质晶体也许十分娇气,是否可以获得清晰的数据,还取决于实验的条件,这一探索之路仍然不平坦。

我国科学家在蛋白质制备及其分子结构研究中做出了令人骄傲的成就。当今矗立在北京中关村科学城路口双螺旋结构蛋白质晶体的模型就是明证。1960 年代,我国科学家在十分艰苦的情况下,人工合成结晶牛胰岛素,并成功地解析了其分子结构,轰动了当时国际科学界。

今天,我国蛋白质分子结构的研究仍处于国际前沿。2003 年春季,在我国突如其来的"非典"疫情打乱了人们正常的生活,众志成城,我们在中国共产党的领导下战胜了这场灾难。目前,由于仍然没有有效防止非典的药物和疫苗,针对 SARS 冠状病毒的研究,正在世界范围内紧锣密鼓进行。2005年 7 月,我国科学家在国际上率先成功解析了 SARS 冠状病毒的主要蛋白酶(又称 3Clpro)的三维结构,并阐明了这种酶在 SARS 病毒的生活史中所起的关键调控作用。由于迄今为止在人和哺乳动物中未发现类似的蛋白酶,这种酶已成为备受瞩目的药物靶点。

人类关于蛋白质分子结构的研究将为揭穿人类本身生命的奥秘提供途径,晶体学及其结构测定的历史和现实贡献将永垂青史。

晶体工程和新晶体探索

在现代中国,似乎已经进入了一个"工程"的时代,我们经常从报章杂志、媒体和大众传播信息中听到各种各样的工程:希望工程、菜篮子工程……在这里,"工程"的本意并非特指修筑高楼大厦、三峡大坝那样的具体工程,而是指涉及各个方面,非常复杂而需精心设计的系统计划和工作。在科学界,也借助"工程"这一术语来描述这样一种复杂的科学探索。

长期以来,人们习惯于向自然界索取材料,研究天然材料的性质而加以利用。材料是一种非常特殊的物质,时代的发展往往以一种新材料的发现和发展作为基础和先导。人类的历史经历了旧石器时代、新石器时代、青铜器时代而进入铁器时代。当前随着计算机技术、激光技术等高技术的发展,已进入光电子或信息时代。光电子和计算机的发展依赖于无位错单晶生长技术,而光电子时代正在呼唤着新的"硅"材料的诞生。什么是未来时代材料的主角? 需要人们去探索和发现。

随着科学技术的发展,天然材料已经不能满足需求,人们已渐渐不再满足于遵循传统的方式,即从现有材料,或首先制备了材料再去研究其性质而加之利用。人们希望从实际需要中提出对材料的要求,根据人们对于材料组分、结构和性质之间的规律,来设计人们所期望、具有特定性质和功能的新材料。古代神话《西游记》中关于孙悟空所用如意金箍棒的想象,正是人们对于材料设计和应用的一个理想。

现代科学技术的发展,特别是材料制备技术的发展,已经使人们能够制备一些自然界所不存在的新的人造结构材料,超晶格、量子阱材料、非晶材料、准晶材料、足球烯（C60）、纳米碳管和石墨烯等的发现就是最好的例子。

在晶体材料研究中，人们在长期的实践中，已经在晶体组分、结构和性能的关系中积累了丰富的经验。我国科学家在非线性光学晶体材料的研究中取得了重要进展。我们可以以此为例来介绍晶体工程和新晶体的探索。

非线性光学晶体的发展经历了不平凡的过程。20 世纪 60 年代，激光的出现促进了非线性光学晶体的研究；20 世纪 70 年代非线性光学晶体的研究得到很大发展，发现了一批新晶体；由此总结了对非线性光学晶体的基本要求，从理论上开展了探索和研究；到 20 世纪 80 年代，逐步发展了无机晶体和半导体晶体的键电荷模型、电荷转移模型和对有机晶体的基团认识等"分子工程"方法，并在实验上发展了"粉末倍频法"对新晶体进行筛选。在这一阶段，理论和计算起了一定的指导和验证作用，而通过实验获得了更多新晶体。

1976 年，磷酸钛氧钾（KTP）晶体的出现促进了非线性光学晶体的发展。我国科学家于 20 世纪 80 年代在无机非线性光学晶体、有机、半有机非线性光学晶体和介电体超晶格新材料探索方面都得到突破，提出了"阴离子基团理论"、"双重基元模型"和"介电体超晶格"等理论和模型，制备了包括 β-BBO、LBO、LAP 和 LN、LT 聚片多畴微米超晶格材料，为晶体工程和新晶体探索提供了宝贵的经验。

晶体工程是在理论指导下，通过实际晶体生长过程来进行的。新晶体的探索一般都要从对材料的基本要求出发，根据晶体组分、结构和性质之间的规律，适当地选择阴离子基团或分子，配以适当的阳离子和其他配体组成分子或基本材料，再根据相应理论，如"阴离子基团理论"等予以计算或评估，进行初步取舍，获得目标化合物后进行合成、多晶或小单晶生长，经粉末倍频效应检验取舍，获得优良品质材料再进行单晶生长。其过程复杂且漫长，需要人们的智慧、耐心和技艺。目前，晶体的"分子工程"已初见端倪，"晶体工程"的实现尚待时日。

我国在非线性光学晶体研究方面居于国际前沿，近年又发现了 SBBO、KABO、KBBF 等一系列新晶体，在有机半有机晶体研究方面也取得很大成就。

未来时代的人工晶体——光子晶体

20 世纪初，物理学经历了从经典到现代的进程，基本粒子如电子、质子、中子的波粒二重性的发现和能带论的提出,为 20 世纪的新技术革命和信息时代奠定了基础。以半导体材料、量子阱、超晶格等材料和器件为基础的高技术产业彻底改变了人类的生活。人工晶体作为功能材料的核心,在这场新技术革命中起着举足轻重的作用。

我们可以这样说,在以半导体材料为基础的信息科学技术中,电子可以说在这幕声势浩大的活剧中充当着主角。半导体材料及技术的发展使微电子器件的特征尺寸和单位面积上器件的密度呈指数量级降低,使我们的生活和工作环境发生了巨大的变化。当前,微电子器件的特征尺寸已经接近材料的量子极限,我们的信息技术向何处去? 人类科技正面临着又一场严重的考验。

既然 20 世纪信息技术的主角是电子,人们很自然地想起了与电子类似,人们最熟悉的一个粒子,这就是光子。人们从出生开始,睁开眼睛第一道射入眼帘的就是光线,而粒子的波动性又是首先从电子发现的,光子和电子真是亲兄弟。与电子相比,光子的运行速度远高于电子运行速度,光子的频带宽可以达到几十兆赫兹,光子是中性粒子(不像电子带负电),粒子间没有相互作用,能耗低,抗干扰性能强;光子具有频率和偏振态等多重信息,因此,可以有更高的信息容量;加之光子穿透物质十分轻盈,不像电子器件那样易发热,寿命会更长。因此,用光子来代替电子作为信息载体,信息的传输速度和效率将会大大提高。人们在光纤通信方面的成就已经使光子作为光信息时代的主角闪亮登场。电子材料的基础是半导体,下一个问题自然是光子半导体材料是什么? 我们能不能找到它?

1987 年,有两位科学家,一位叫 Yablonovitch,另一位叫 John,两人不约而同地在讨论周期性电介质结构对材料中光传播行为的影响时,各自独立地提出了"光子晶体"这一新概念。

光子晶体并不是由光子构成的晶体,而是将不同介电常数的介质在空间按一定周期有规律地排列而构成的人工晶体。光子晶体完全是新概念下真正由人工制作的晶体。其实,我国科学家在上世纪 80 年代同样提出了介电体晶体周期性畴结构或者周期介电超晶格的概念了。不同的是,在光子晶体中,排列的周期为光波波长量级,强调了在光子晶体中,由于介电常数的周期性变化,也存在着类似于半导体晶体那样的周期性势场。当介电常数的变化幅度较大且变化周期与光的波长可以比较时,介质的布拉格散射也会产生带隙,即光子带隙。和电子在半导体晶体中相似,也存在着光子的导带和禁带。频率落在禁带中的光子是严格被禁止传播的。这样,和半导体晶体与微电子技术的关系相似,在光子晶体中,类似于半导体晶体和器件的所有光子器件的基本原理就可以在类似微电子器件的理论基础上建立起来,如能带、带隙、能态密度、激发态、缺陷态、束缚态(局域态)、施主态、受主态、倒格子、布里渊区、布洛赫波和色散关系等概念均可用于光子晶体。光子晶体也称电磁晶体或光子带隙材料。几乎所有的光子晶体都是真正的人造晶体。而在自然界,孔雀毛和蝴蝶翅膀的构造符合光子晶体的概念,那美丽的色彩正是天然光子晶体的杰作。此外,一种美丽的天然宝石——蛋白石也是天然的光子晶体。

光子晶体的基本特征是具有光子带隙。如果光子晶体只在一维方向有周期结构,即为一维光子晶体,同样可以定义二维和三维的光子晶体。一维光子晶体在结构和制备上都较为简单易行,一维光子晶体已在光纤和半导体激光器中获得应用。

光子晶体可采用机械加工、粒子束刻蚀技术、胶体聚合、胶体外延、自组装、激光微加工或利用双光子、三光子技术在有机聚合物中加工等方法来制备。

今天,一些光子晶体新器件,如反射率几乎为 100% 的微波天线防护罩和小型微波天线,一定波段电磁波理想的反射镜等应用探索已经进行。高效发光管、滤波器、光子晶体激光器、高效光子晶体太阳能电池和光子晶体光波导等原理已经阐明。光子晶体是未来时代光半导体人工晶体,其应用前景无限灿烂,光子晶体的新时代已露出地平线,让我们举起双手来迎接吧!

(王继扬　蒋宛莉)

九、生物医用材料

什么是生物医用材料

生物医用材料是用于诊断、治疗、修复人体器官或组织更换的一类功能材料。生物医用材料的发展有悠久历史。据史料记载,公元前约3500年,古埃及人就利用棉花纤维、马鬃做缝合线缝合伤口,墨西哥的印第安人(阿兹蒂克人)用木片修补受伤颅骨。而这些棉花纤维、马鬃、木片则可称为原始的生物医用材料。公元前2500年,中国、埃及墓葬中就发现有假牙、假鼻和假耳。生物医用材料近30多年的飞速发展,得益于组织工程学、纳米技术、材料表面改性技术的持续发展。生物医用材料最重要的是材料与人体相容性和材料本身的性能。通过组织工程、生长因子、DNA和自组装技术,可生产出人类的各种器官。在今天,我们可以这样说,除了大脑外,人体所有的组织和器官均可人工再造和再生。

生物医用材料要求与人体组织、体液及血液相接触时不会产生毒性或副作用,不凝血,不溶血,不引起人体细胞的突变、畸变和癌变,不引起免疫排异反应。它是研制各种人工器官及与人体直接相接触的各种医疗器械的物质基础。没有符合使用要求的材料就做不出合用的人工器官和器械。历史已经证明,每一种新型生物医用材料的诞生,都会引起医疗技术的新飞跃和发展,如生理惰性医用硅橡胶的问世和应用,使人工的耳、鼻、额骨、关节、乳房等人工器官及特殊用途的医用导管和组织修补技术向实用化发展;可形成假生物内膜的编织涤纶血管的研制成功,使人工血管向实用化飞跃;血液相容性较好的各向同性碳涂覆材料的开发成功,使碟片式人工心脏瓣膜得到广泛应用;血液相容性及物理机械性能较好的聚氨酯系列共聚物等的研制成功,促进人工心脏向临床应用跨越了一大步,等等。以上都说明生物医用材料是与人类健康密切相关的一类新材料,它对促进人类文明、探索生命的奥秘、保证人类的健康长寿和生活质量起着重大作用。

目前在美、日、欧洲各发达国家,生物医用材料及其制品已逐步形成一个新产业。我国在有机、无机、金属及天然生物医用材料等领域取得了一批较高水平研究成果,但总体而言,大多处于仿制阶段,独创性开发少,推广应用率低,多数停留在实验室成果阶段,尚未形成规模产业。

当前,各国对生物医用材料的研发仍处于经验和半经验阶段,基本上是应医学的急需,以现有材料为对象,经适当纯化或适当改性后便加以应用。真正建立在分子设计基础上,以材料的结构与性能之间的关系,尤其是以结构与生物相容性之间的关系为依据的新型生物医用材料的设计、研究和开发工作很少。因而目前应用的生物医用材料及制品,尤其是对生物相容性要求高的人工器官材料,仍处于"勉强可用"阶段,远不能满足实际要求,这也在相当大的程度上影响了人工器官的发展。为此,研究者正在致力于开发生物相容性更好,使用功能更能适应人体生理需要的新材料,开始重视生物医用材料分子设计学研究,并尝试应用分子设计学和仿生学方法去开发生物相容性和使用功能更好的新生物医用材料。

生物医用材料学是由工程材料学、化学、生物学、物理学、生理学以及基础与临床医学等多门学科互相渗透共同协作而建立和发展起来的新兴交叉学科。

生物医用材料分类

生物材料应用广泛、品种很多并有不同的分类方法。通常按材料属性分为:合成高分子材料(聚氨醋、聚酯、聚乳酸、聚乙醇酸、乳酸乙醇酸共聚物及其他医用合成塑料和橡胶等)、天然高分子材料(如胶原、丝蛋白、纤维素、壳聚糖等)、金属与合金材料(如钛金属及其合金等)、无机材料(如生物活性陶瓷、羟基磷灰石等)以及复合材料(碳纤维/聚合物、玻璃纤维/聚合物等)。根据材料的用途,这些材料又可以分为生物惰性、生物活性或生物降解材料。这些材料通过长期植入、短期植入、表面修饰分别用于硬组织和软组织修复和替换。生物医用材料由于直接用于人体或与人体健康密切相关,因此对其使用有严格要求。首先,生物医用材料应具有良好的血液相容性和组织相容性。其次,要求耐生物老化,即对长期植入的材料,其生物稳定性要好;对于暂时植入的材料,要求在确定时间内降解为可被人体吸收或代谢的无毒单体或片断。还要求物理和力学性质稳定、易于加工成型、价格适当。便于消毒灭菌,无毒无热源、不致癌不致畸也是必须考虑的。对于不同用途的材料,其要求各有侧重。

仿生材料的研究为材料科学技术的发展开辟了一个新天地。天然生物材料的形成及其性能有很多是目前尚未被认识的,如人的牙齿非常耐磨,研究指出,这是因为它是由具有定向生长的纳米粒子构成的;天然珍珠壳和釉瓷有相似的强度,但其韧性有明显的区别;骨的抗弯强度很高,而韧性更加突出,所有这些都与其细微结构与组成有密切联系。这些也是正在研究的课题。

组织工程和组织工程材料

组织工程是指应用生命科学与工程的原理和方法构建一个生物装置,来维护、增进人体细胞和组织的生长,以恢复受损组织或器官的功能。它的主要任务是实现受损组织或器官的修复和再建,延长寿命和提高健康水平。其方法是,将特定组织细胞"种植"于一种生物相容性良好、可被人体逐步降解吸收的生物材料(组织工程材料)上,形成细胞—生物材料复合物。生物材料为细胞的增长繁殖提供三维空间和营养代谢环境,随着材料的降解和细胞的繁殖,形成新的具有与自身功能和形态相应的组织或器官。这种具有生命力的活体组织或器官能对病损组织或器官进行结构、形态和功能的重建,并达到永久替代。

因此,组织工程是一个令人激动和充满希望的新兴领域,它同样归属于生物工程的范畴,但不同于基因工程,它是靶定疾病的源头。组织工程则着重于拯救人们濒于绝境的患病器官。目前,组织工程研究的核心内容包括:合适的种子细胞的来源;可供细胞贴附生长的生物支架或细胞外基质;用于促进组织再生的生长因子;组织的相容性等。

组织工程材料即生物支架材料或细胞外基质。它的定义是:组织工程材料是一种植入生命系统内或与生命系统相结合而设计的物质,它与生命

体不起药理作用。组织工程材料是细胞赖以生存的三维空间。

关于长在裸鼠背上的人耳朵，这是软骨组织工程研究的重大成就。1997 年，一张裸鼠背上长着人耳朵的照片被世界媒体竞相转载，使人们看到了人造活器官正在由梦想变为现实。这是我国学者曹谊林及其同事完成的实验。此实验称为人耳廓软骨支架实验，其目的是用组织工程技术，为外耳畸形或伤残的患者提供理想的可移植的耳朵。首先，将人耳廓拓印下来，做成石膏铸件，再用聚乙醇酸（PLGA）塑造成耳廓模型。然后从小牛的关节软骨上刮取软骨片，制成细胞悬液，注入人耳模型中，加上组织培养介质，体外培养 1 周。最后，将模型植入到无免疫功能、不会发生排斥反应的裸鼠背上，用固定膜将其固定在皮肤上。经过 4 周以上的培育，人耳朵已牢固地长在裸鼠背上，外形与植入时几乎完全相同。组织学观察显示，已有新的软骨基质形成，而生物材料正在被裸鼠降解吸收。

生物医用金属材料

生物运用金属材料是一类生物惰性材料，具有高机械强度和抗疲劳性能，是临床应用最广泛的承力植入材料。医用金属材料除应具有良好的力学性能及相关的物理性质外，还必须具有优良的抗生理腐蚀性和组织相容性。

目前植入体内用的不锈钢大部分是奥氏体钢，常用型号有 AIS1316、AIS316L 和 AIS317 等，主要用于骨的固定、人工关节、齿冠及齿科矫形。钴、铬、铝合金通常称为钒钢，商品牌号为 Vital-hum，是优质的骨修复医用金属材料。钛金属比重与人骨相近，但纯钛的强度低，故通常使用钛的合金，主要用作人工牙根、人工下颌骨和颅骨修复。钛镍合金在特定温度下具有"形状记忆"功能，其记忆效应基于热弹性马氏体合金的性质，用钛镍合金制成的制品，在低于马氏体转变温度时具有高度的柔韧性，此时可使之产生一定程度的形变，待温度升到转变温度以上时，制品又会恢复原来的形状。通过改变合金中钛和镍的百分含量，可把转变温度调节到人的体温附近，在临床使用时，将合金在高于人体温度下制成所需形状，再在低温下使之变形成为易于植入的形状。待植入后，温度回升到人的体温，制品会恢复到按需要所事先设计的形状。美国有专门的厂家生产钛镍合金制品，如齿科矫形弓丝及骨科用的固定件等。

植入人体的金属材料与组织间的相互作用仅发生在材料表面的几个原子层处,通过对其表面改性,可改善材料的性能。如用钛合金粉末与钴铬铝合金通过粉末冶金方法制造多孔金属材料,用于制备人工关节。因为材料呈多孔状态,骨组织可以长入孔中,实现植入材料与机体组织的结合。

金属材料的强度和韧性较高,耐腐蚀性、耐磨性、可锻性和再现性好,浇铸成型不降低强度。但将其植入人体后,仍存在许多问题。往往植入的金属材料并没有像设想的那样完全发挥作用,相反还产生或多或少的副作用,给人体带来不适。因此,进一步改善金属材料的生物相容性,增加与肌体组织的结合力,提高安全使用性能,将是今后所面临的主要问题。

已应用于临床的医用金属材料除了不锈钢、钴基合金和钛基合金、形状记忆合金外,还有贵金属以及纯金属钽、铌、锆等。医用金属材料主要用于骨和牙等硬组织修复和替换、心血管和软组织修复以及人工器官制造中的结构组件。在骨科中主要用于制造各种人工关节、人工骨及各种内、外固定器械;牙科中主要用于制造义齿、充填体、种植体、矫形丝及各种辅助治疗器件。金属还用于制作各种心瓣膜、肾瓣膜、血管扩张器、人工气管、人工皮肤、心脏起搏器、生殖避孕器材以及各种外科辅助器件等,也是制作人工器官或其辅助装置的重要材料。

医用生物活性陶瓷

医用生物陶瓷主要有羟基磷灰石(简称 HA)、磷酸三钙(简称 TCP)、生物活性玻璃(简称 BG)、生物碳等,主要用于骨和牙齿、承重关节头等硬组织的修复和替换以及药物释放载体,生物碳还可以用作血液接触材料,如人工心脏瓣膜等。

陶瓷材料和金属材料、高分子材料相比,具有优良的耐高温性能、耐腐蚀性能、抗氧化性能和很高的机械强度等,在高温下使用更显示出特有的潜力和优势。然而,由于陶瓷材料本身脆性大、韧性低而导致它的使用可靠性差和抗破坏能力差的致命缺点,使其在工程反应的应用受到了很大程度的限制。因此,增加陶瓷材料的韧性、提高陶瓷材料的使用可靠性,一直是国际材料界的研究重点。此外,生物活性陶瓷/聚合物复合材料具有单一材料或结构材料所无法比拟的性能优势。通过将不同降解特性或力学性能的材料进行复合,改变组分之间的配比,就有可能得到降解速率可调、力学性能有所改善的新材料。生物活性陶瓷/聚合物复合材料研究比较广泛,主要用作骨修复或骨固定材料,为不同部位的骨缺损的修复提供了较多的选择机会。生物活性陶瓷与人工合成可生物降解高分子材料、天然生物材料复合类材料成为复合生物材料在骨修复方面的研究热点,是此类复合材料的典型代表。

生物医用高分子材料

医用高分子材料可来自人工合成,也可来自天然产物。医用高分子按性质可分为非降解型和可生物降解型。非降解型高分子包括聚乙烯、聚丙烯、聚硅氧烷、聚甲醛等,要求在生物环境中能长期保持稳定,不发生降解、交联或物理磨损等,并具有良好的物理机械性能。要求其本身和降解产物不对机体产生明显的毒副作用,同时材料不致发生灾难性的破坏。主要用于人体软、硬组织修复、人工器官、人造血管、接触镜、黏结剂和宫腔制品等的制造。可生物降解型高分子包括胶原、线性脂肪族聚酯、甲壳素、纤维素、聚氨基酸和聚乙烯醇等,可在生物环境作用下发生结构破坏和性能蜕变,要求其降解产物能通过正常的新陈代谢或被机体吸收利用或排出体外,主要用于药物释放和送达载体及非永久性植入载体。按使用目的或用途,医用高分子材料可分为血管系统、软组织、硬组织等修复材料。用于心血管系统的医用高分子材料要求其抗凝血性好,不破坏红细胞、血小板,不改变血液中的蛋白和不干扰电解质等。

硬组织用材料

（1）硬组织修复材料:人工骨、人工关节主要以金属、陶瓷及高密度聚乙烯制备。作为硬组织修复材料除了生物相容性外,更要求高强度以满足长期使用的特点。正在探索超高分子量聚乙烯和生物相容性良好的羟基磷灰石、氧化铝陶瓷的复合以及高模量碳纤维、氧化铝纤维等材料的复合。超高强度聚乙烯复合纤维可用于硬组织的修复。而聚乙烯醇对人工关节软骨的适用性正在评价中。由聚对苯二甲酸乙二醇酯、聚丙烯和碳纤维制备的人工韧带在强度和硬组织粘连性能上仍存在问题,研究者正试图在碳纤维上包覆聚乳酸、聚乙醇酸或再生胶原以解决组织诱导问题。

外科手术中,降解聚合物由于可防止体内永久性异物存在问题,相对于其他材料更受欢迎。从材料角度考虑,降解聚合物组织相容性好,手术方便,骨整合性好,但大多数可降解聚合物强度太低,不能用作承载型植入物。解决方法之一是设计自增强复合材料,即把聚乙醇酸(PGA)圆柱状纤维埋在 PGA 基材内。此类材料已在 2 万余例患者身上进行试验,其中部分结果优于金属固定装置。但缺点是 X 射线透视的能见度差,确保骨愈合的刚性损失太快,8%的患者出现非感染性炎症反应,这可能是由聚合物的酸性降解产物引起的。另一种方法是合成较高强度的聚合物(如聚二氧杂环己酮)已被美国药品与食品管理局批准用作缝合线,但其力学性能尚不能满足长骨骨折治疗的要求。其他还有含芳香族单体(如酪氨酸)可降解主链聚合物。近年来,以可降解高聚物作为基体形成的羟基磷灰石(HA)复合材料已成为合成骨材料研究热点之一。多孔可降解高聚物的应用能使成骨细胞长入复合材料空隙,使其黏附、分化和增殖,提高 HA 的骨传导性。固态的 HA可降解高聚物材料可作为承力环境中的骨替代材料使用。国内外研究多采用 HA/胶原、HA/聚乳酸、HA/聚乙烯醇、HA/聚羟基丁酸戊酸酯,我国则用溶胶凝胶法制备 HA/壳聚糖明胶网络复合材料。结果表明,所制备复合材料的弯曲强度达到了密质骨弯曲强度的下限,断裂强度接近人体密质骨。

(2)口腔材料:口腔生物医用材料研究与开发正面临性价比的挑战,如何以相对价廉和重现性高的方法制备力学稳定性好的惰性聚合物是关键。因此,现广泛采用高交联度聚合物,此类材料由多官能度的丙烯酸酯与甲基丙烯酸酯经紫外辐射交联而成。交联聚合物(如聚二甲基丙烯酸酯)广泛用作口腔材料。修牙是交联材料的重要应用场合,要求单体无毒,在氧与水存在下迅速聚合,聚合物性质和牙质相匹配,能与组织很好黏结、不降解、长时间不发黄等。为治疗牙周炎,还将生物医用材料用于控制释放装置,常用乙烯—醋酸乙烯酯或其他聚合物包牙齿的薄柱,以释放四环素或其他药物。此时也可采用降解聚合物。

软组织用材料

人工血管现常以聚酯纤维和聚四氟乙烯(PTFE)纤维为基材。抗血栓性优异的人工血管也采用聚氨酯、聚乙烯醇（PVA）等材料，但仍不能制备小口径血管。为确保在体内的抗血栓性，需植入后释放肝素。将具有天然抗血栓性能的内皮细胞覆在人工血管内侧，可赋予其长久的抗血栓性，但由于消毒困难、易感染、操作复杂，还没有用到临床上。

人工皮肤现已由创伤敷料发展到皮肤代用品。用患者自身细胞培养的皮肤取代物发展前景广阔，这与现代医疗的个体化趋势相关。

人工心脏要求良好的血液相容性和动态耐久性，现仍以多嵌段聚氨酯为主要材料，用于辅助心脏功能。

眼科材料中，硬质隐形眼镜以聚甲基丙烯酸甲酯（PMMA）为主，软质隐形眼镜可用聚甲基丙烯酸 2-羟基乙酯（PHEMA）、聚乙烯基毗咯烷酮、聚甲基丙烯酸丁酯等制备。但在光性能、机械性能、表面亲水性、透氧性、抗污染性以及价格、人体舒适感等方面仍待改进。

人工晶体一般用 PMMA 制造。PHEMA 和硅氧烷、聚乙烯醇（PVA）等的软人工晶体在开发中。人工角膜由聚四氟乙烯和 PMMA 制备，关键是解决组织黏合性。

生物型人工器官

众所周知，胰脏内的胰岛能分泌对糖代谢起重要作用的胰岛素等激素，胰岛受损将导致胰岛素依存型糖尿病。将胰岛封入半透膜（免疫隔离膜）后再移植就是所谓的生物型人工胰。用琼脂和聚苯乙烯磺酸包埋胰岛，将形成免疫隔离膜，能通透氧、营养物（糖）等低分子物，但阻挡免疫细胞、抗体和补体等大分子物渗入囊内，同时，胰岛分泌的胰岛素向外扩散，发挥胰腺的功能。这方面的研究现已进入临床试验阶段。

生物型人工肝正在研制中。体外培养肝细胞后，种植在三维载体中，探索肝干细胞分化诱导技术。先用小动物模型进行移植试验，而后做中型动物试验，目的是能形成含血管和胆管的细胞聚集体，最终使其组织化。

甲壳素/壳聚糖

甲壳素又名为甲壳质、几丁质、壳多糖，化学名称为聚-N-乙酰-D 葡萄糖胺，属于氨基多糖，是一种天然高分子聚合物。在自然界中，它广泛存在于海洋节肢动物(如虾、蟹)的甲壳中,也存在于低等动物菌类、昆虫、藻类细胞膜和高等植物的细胞壁中,是地球上仅次于植物纤维的第二大生物资源。甲壳素脱除乙酰基后其产物是壳聚糖,又名甲壳胺或可溶性甲壳质,其化学名称为(1,4)-2-氨基-2-脱氧-p-D-葡聚糖。壳聚糖是目前自然界中迄今为止发现的膳食纤维中唯一带正电荷的动物纤维,具有一定功能性,被欧美学术界誉为继蛋白质、脂肪糖类、维生素和无机盐之后的第六生命要素。壳聚糖以其独有的特性日益成为全世界研究的热点,在医学、化工、食品、化妆品、农业、环保等领域得到广泛的应用。

一般工业品甲壳素/壳聚糖的纯度有限,而经过纯化处理的壳聚糖在食品、医药、生化等方面有着广泛的应用。

壳聚糖降解:甲壳素经脱乙酰化处理得到的壳聚糖的相对分子质量通常在几十万左右,因其水不溶性,限制了它在食品、化妆品等许多方面的应用,若采用适当的方法将其降解为均相对分子质量为 1 000 的低聚产品,则可使其水溶性质大为改观,特别是均相对分子质量低于 1 500 的低聚壳聚糖产品,可基本全溶于水。壳聚糖降解的方法大致可分为酶法降解、无机酸降解和氧化降解法三种。

在甲壳素/壳聚糖分子结构中引入了各种功能团,可以改善其物化性质,使其具有不同功能功效,制成各类凝胶、膜、聚电解质及其他水溶性材料,广泛应用于各种领域。对其进行化学修饰的研究是甲壳素/壳聚糖化学最具潜力、最有可能取得突破性进展的研究方向,也是甲壳素化学能否发展成为国民经济一大产业的关键所在。

甲壳素/壳聚糖的应用:

(1)壳聚糖微囊的药物控释:用高分子作为载体的高分子微包囊和纳米级包囊药物制剂不仅能控制药物以一定的速度释放,而且可对生物体的生理指标变化作出反馈,因而可以用于靶向药物释放体系。在医学上微包囊技术的早期研究大多集中在具有生物相容性的非生物降解型高分子,如硅橡胶、丙烯酸类聚合物等上面。20 世纪 70 年代开始了生物降解型高分子微包囊药物释放体系的研究。壳聚糖及其衍生物制成的微包囊在生物体内可降解成为小分子化合物,从而被机体代谢,同时药物的释放速度可通过控制材料的降解速度予以控制,因此成为研究最多的包囊用高分子材料。

以壳聚糖为内核材料喷涂在另一带相反电荷的高聚物上,靠静电作用制备的不同胶囊,可以有效地控制通透性,有选择地允许不同大小的物质通过微胶囊。壳聚糖微囊药物释放体系的给药途径一般分为五类:通过胃肠消化道给药、体腔内给药(包括眼内、口腔、舌下、鼻腔、直肠以及阴道、子宫内给药)、透皮给药、动脉注射及静脉点滴、植皮下及肌肉注射。

通过合适的给药途径,可使药物释放达到较为理想的效果。而壳聚糖包裹药物释放体系基本上可以满足理想药物释放体系的要求。与传统的药剂相比,高分子药物包裹可大大减少服药次数,屏蔽药物的刺激性气味,延长药物的活性,控制药物释放剂量,提高药物疗效,并且可以降低药物的成本,拓宽给药途径等,因此具有比一般药物制剂明显的优越性。

(2)在化妆品中的应用:壳聚糖在酸性条件下可以成为带正电荷的高分子聚电解质而直接用于香波、洗发精等的配方中,使乳胶稳定化,以保护胶体;壳聚糖本身的带电性,使其具有抑制静电荷的蓄积与中和负电荷的作用,这种带电防止的效能可以防止脱发;壳聚糖能在毛发表面形成一层有润滑作用的覆盖膜,壳聚糖的保湿性、带电防止性、减少摩擦性等功能互相结合,可使毛发柔软,给人以极大的舒适感。壳聚糖与其他高分子物质复合制备的面膜,对皮肤无过敏、无刺激、无毒性反应,而且在成膜过程中使得整个面膜材料与皮肤接触感明显柔和,所以对皮肤的亲和性明显增加。

壳聚糖具有免疫调节性,能有效促进伤口愈合。膏霜类化妆品中适量加入壳聚糖可增加人体对细菌、真菌引起感染的免疫力,阻碍原菌生长,对破损的皮肤不但不会引起感染,还会促使其愈合,消除面部疾患;壳聚糖也可与甲醛水溶液混合,制备含有甲醛的化妆品,具有良好的杀菌效果。

(3)在保健领域中的应用:

① 对消化系统的保护:甲壳素及其衍生物在消化系统内停留的时间相对较短,只有其低相对分子质量的衍生物才能被消化,而高相对分子质量的壳聚糖及其衍生物与胃酸作用形成凝胶,在胃壁上形成一层保护膜,这层保护膜能有效地阻止胃酸对损伤面的刺激,促进创面的修复,使胃部的溃疡得以保护和治疗。研究表明,消化系统只吸收部分低分子壳聚糖及其衍生物,未吸收的部分随大便排出。

② 减肥、去脂作用:人体内的脂质由两类物质构成,即脂肪类和胆固醇

类,壳聚糖对它们的作用均十分有效,20世纪80年代,美国已有关于壳聚糖减肥的专利问世。壳聚糖作为理想的减肥食品的添加剂,其去脂的机理可能是它能与甘油三酯、脂肪酸、胆汁酸、胆固醇等化合物生成配合物,该类配合物不易被胃酸水解,不易被消化系统消化,阻止了哺乳动物对这类物质的消化吸收,促使它排出体外。

③ 高血压的治疗与预防:过去人们一直认为原发性高血压是由钠离子引发的,而现在医学界已经确认,血液中氯离子才是导致高血压的主要因素。而带正电的壳聚糖及其部分衍生物能对体内的氯离子有效地"吸附",并生成离子型化合物,从而部分阻止了上述过程的发生,对高血压进行有效的治疗和预防。

④ 增强免疫功能:日本学者经体液免疫和细胞性免疫试验发现,壳聚糖具有增强免疫机能,用壳聚糖制成的口服散剂、颗粒剂或片剂,可作为免疫增强剂用于微生物感染及癌症的辅助治疗。青岛药物所率先研究成功并获准生产含甲壳素的用于增强人体免疫机能的保健品。

⑤ 延缓衰老:关于壳聚糖对延缓衰老性的研究表明,壳聚糖可以对抗或阻缓自由基对细胞的攻击,并有加强消除自由基的功能,以防治因内源性与外源性原因所产生的自由基,在降低机体免遭病理性损害及延缓衰老等方面具有很好的功效。

(4) 在医学上的应用:

① 抗肿瘤活性:甲壳素、壳聚糖及其某些改性的衍生物均表现出较强的抗肿瘤活性,壳聚糖能有选择地凝聚白血病L1210细胞产生致密凝块,阻止其生长,而对正常红细胞和骨髓细胞没有影响。

② 抗菌活性:甲壳素、壳聚糖具有抑制细真菌生长的活性的作用。N-羧甲基壳聚糖-3,6-二硫酸酯对体外培养的金黄色葡萄球菌、链球菌、奇异变形菌、大肠杆菌等有抑制作用。壳聚糖是抗菌谱较广的天然抗菌物质,对革兰氏阳性菌、阴性菌及匣色念珠菌均有明显的抑制效果。由于甲壳素、壳聚糖有良好的生物相容性及抗菌等特点,目前已用于制备伤口愈合促进剂、人工皮肤等。

③ 抗凝血活性:肝素是应用最广的血液抗凝剂,但价格昂贵,甲壳素及壳聚糖经硫酸脂化后,其结构与肝素相似,称为类肝素药物。不同壳聚糖衍

生物的抗凝血活性顺序是:羧甲基壳聚糖、壳聚糖、羟乙基壳聚糖、乙基壳聚糖。

④ 研制新型医用高分子材料:由甲壳素制成的膜无毒,有良好的生物相容性,可降解、韧性好,可用于分离、渗透、反渗透及超滤等医用方面,也可用于制备人工透析膜,还可制备人工皮肤。应用甲壳素制备外科手术缝合线的研究也有报道。甲壳素缝线柔软,易打结,机械度较高,还有易被机体吸收、促进伤口愈合的优点,国外已商品化。有报道称,羧甲基甲壳素可用于制取脂质体型人工红细胞,经环氧丙烷改性后得到的羟丙基化壳聚糖可用于配制人工泪液,观察该人工泪液对 36 例无泪液、干燥性角膜炎和结膜炎患者的疗效,优于以甲基纤维素为原料的原人工泪液。

纤维素及纤维素衍生物

纤维素是地球上广泛存在的可再生性资源,根据科学家的估计,地球上每年通过生物合成可再生纤维素超过 1 000 亿吨,消耗量与之大致相等甚至更多一些。木材中有 50% 为纤维素,自古以来人们就懂得用棉花织布及用木材造纸,但直到一个多世纪前,法国科学家对大量植物细胞经过详细的分析发现具有相同的物质后,才把这种物质命名为纤维素。自此以后国际上采用这一命名沿用至今。随着科学技术的发展,对纤维素的研究及开发应用已达到了前所未有的高度,除了纺织、造纸两大工业上纤维素以原有形态被利用外,其他例如纤维素磺酸酯、醋酸酯、硝酸酯、甲基醚、乙基醚、羟乙基醚、羟丙基醚以及羟甲基醚等相继实现工业化,在国民经济中起着重要作用。

新型纤维素衍生物及功能材料的合成。近年来,科学家们在提高产品质量、降低成本方面再深入研究的同时,还开辟了纤维素研究的新领域,合成了一些具有特殊基团的衍生物,这些衍生物广泛应用在医药、膜分离及日用化工等部门。例如,纤维素醋酸酞酸酯用作阿司匹林药片的肠透涂层。高取代度的羟乙基纤维素氨基碳酸酯是一种有用的医用过滤材料,纤维素氨基甲酸酯可用于酶固定化和生物活性材料。可以通过辐射引发或光引发将氰乙基-甲基丙烯酸酯或阳离子单体接枝到纤维素上。纤维素或纤维素衍生物可以通过接枝共聚改变某些物理性质,如吸湿性、柔顺性、卷曲性和介电性等。卤代脱氧纤维素可作为制备化工及医药上用的更复杂衍生物的中间体。

现代医学证明,当人体缺乏纤维素时容易患消化系统疾病,尤其是肠道病。纤维素本身没有营养价值,但它可帮助食物在肠道蠕动,因此经常吃快餐或少吃青菜的人就需要补充纤维素。由于纤维素具有乳化和增稠的功能,可掺入各种奶制品中降低其热量,使喜欢吃奶制品的人不至摄入过多的脂肪而发胖。此外,把粉状的微晶纤维素掺入面粉之中制出的面包同样具有低热量的功效。随着人民生活水平的提高,社会上要求节食、减肥的人越来越多。据报道,长期食用纤维素还可降低胆固醇含量,具有预防高血压的功效。因此,预计未来20年,纤维素保健食品将大行其道。

纤维素功能材料的另一发展趋势是制备用于生物和医药上的特殊膜材料,用于血液透析、固定酶、浓缩酶以及在交换过程中进行氧化还原反应的具有电势传动的不对称电动膜等。还有作为微胶囊材料,用于包裹药物或农药,达到延迟释放药力的目的。

(1)高吸水材料:纤维素高吸水材料是人类模仿天然聚合物成功例子之一。因为天然吸附剂存在强亲水基团,基于这一启发,人们便开始设计和合成高吸附特征的工程高聚物。至今,高吸水材料主要是纤维素与一氯乙酸反应即可得羧甲基纤维素,再与交联剂作用,便得高级吸水交联型羧甲基纤维素,基于这一原理,采用特殊的交联剂,把上述的衍生物和交联反应结合起来,一步完成,制得高吸水的交联羧甲基纤维素。因为这一交联剂不但含有可交联纤维素链的活性功能团,而且含有大体积的亲水羧基,某些低交联度的羧甲基纤维素的吸水量可高达 8 000%。其他可作为吸水材料的有羟丙基纤维素、羟丙基羧甲基纤维素和含磷的纤维素衍生物。

将某些亲水单体如丙烯酸、甲基丙烯酸等,直接接枝于纤维素,进一步改善其吸水量。若将接枝物进行后消晶处理,则吸水量可以达原来的30倍。高吸水纤维素材料作为一种新型功能高聚物,已在生理卫生用品、医药等领域得到广泛应用。其中,作为尿布、失禁病人床垫等一次性高级保健卫生用品方面的发展尤为迅速。

(2)生物活性材料:纤维素及其衍生物具有生物可降解、生物相容性和无毒性的特点,因而满足作为医药材料的要求。早在 20 世纪 60 年代,纤维素磷酸酯便在欧洲大陆作为吸附钙离子的药物,以防止肾结石患者吸附过量的钙。而纤维素醚类、酯类也早已用作药品的崩解剂、成片助剂或药用薄

膜包衣材料。而以往的药物传递控制方法,则是建立在酸性纤维素苯二甲酸酯作为药物胶囊的基础上,以控制药物的局部传递和维持相当的浓度。

利用偶合反应,以纤维素衍生物,如纤维素碳酸酯、羧甲基纤维素和氧化纤维素为载体,合成一系列生物活性纤维素。例如,氯代羧甲基纤维素、羧苯基羧甲基纤维素、4-氨基苄基纤维素、N-羧苯基羧甲基纤维素,由于与目标组织有强的亲和性,是药物的理想载体,从而提高药物的专一性。显然,载体与药物以共价键结合,而不是物理混合,药物的持久性也便相应延长了,这样以纤维素为载体的生物活性医药材料,便可以达到既专一又长效的目的。基于以上原理,研究者把酶、蛋白质、抗生素、维生素偶合于纤维素膜、纤维素珠和微晶纤维素上。新近研究表明,纤维素的接枝、交联物同样可以作为活性医药材料。

(3)生物相容性材料:生物活性药品在机体的组织停留相当长时间,以发挥其功效,最后才被新陈代谢消耗或排出体外,因此,在作用期间,生物活性药物体系的生物相容性是相当重要的。由相反电荷组成的多电解配合物,便是生物相容性的好材料。其中,纤维素类多电解质配合物颇受青睐。例如,羧甲基纤维素-甲壳糖、羧甲基纤维素与纤维素硫酸酯、磷酸酯和马来酸共聚物,便是常用的生物相容性材料。

在纤维素多电解质材料中,一个共识的物理活性作用是阻止血液凝固,即提高生物相容性以防止血栓的生成。以季胺纤维素衍生物、羟乙基纤维素、氨乙基纤维素和二乙酰胺乙基纤维素为阳离子,以羧基纤维素、纤维素硫酸酯等为阴离子,制备血液相容性的高功能材料,这些材料与合成高分子材料比较,更具有高的血液相容性。

多年来的肽类研究表明,肠内的肽类输送障碍可引入纤维素衍生物,例如用含有聚谷氨酸苄基酯和N-2-羟基-L-谷酰胺为侧键的纤维素接枝物加以克服。这些接枝物或其他的改性纤维素材料是伤口愈合的极好缝合材料。这些材料具有血液和身体组织的优良相容性,而且兼其可降解和可吸收性等特性,在伤口愈合时无需拆线,减轻患者疾痛,因而深受欢迎。

医用碳素材料

医用碳素材料有低温热解同性碳、玻璃碳、气相沉积碳、碳/碳复合材料、碳纤维增强树脂、碳纤维和多孔碳等。

医用碳素材料的生物相容性：假体被植入人体后，机体将排斥外来假体，在研制人工机械心脏瓣膜时发现，阻碍机械心瓣发展的主要障碍是人工心瓣表面产生血凝。20世纪60年代，人们十分偶然地发现某些碳材料的表现具有罕见的抗血凝性能，它们具有不被机体识别的特性，能与血液长期接触而不出现血凝。低温热解同性碳就是其中的一种。当这种碳与血液接触时，其表面会被很快改性，具有良好的抗血凝性能，碳材料的血液相容性与其表面状况和血液流动状态有密切关系，当碳材料表面粗糙或血流状态为涡流时，就会出现血凝。

软组织和骨骼对假体的排斥表现在除对假体侵蚀外，还在假体周围形成一层隔膜，这层隔膜使软组织或骨骼与假体分开，使用金属和陶瓷假体时，假体因被腐蚀或磨损出现的碎屑会产生对机体有害的离子，引起过敏、炎症等反应。对各种碳材料进行研究后发现，它们都不会产生对机体有害的离子，植入体的表面未发现有纤维包膜形成，而在植入的金属材料表面则有包膜生成，对于需要承载的假体往往会因磨损出现碎屑，所以有人将这些碳材料的细粉移入动物体内进行研究，发现碳粉会逐渐转移到最邻近的淋巴结中，但不会随淋巴系统大范围转移，也没有发现有害的反应。当碳纤维作为腱的取代物移入动物体内后逐渐在碳纤维周围形成新的腱，而碳纤维则逐渐断裂，碳纤维碎屑也进入了最邻近的淋巴结中，两年后在动物的肺、脾及肝脏中没有发现碳纤维。在这里碳纤维相当于支架，提供适宜的条件使新的腱在其周围生成。这一方面，临床应用已比较普遍。国内已有用碳纤维修补韧带与肌腱，内固定治疗膑骨骨折和治疗肾下垂的尝试。

碳素材料虽然成分单一，但结构却可千变万化，医用碳素材料从结构上看属于乱层结构，它们可容高强度、低模量于一身。强度普遍高于骨骼，弹性模量与骨骼的弹性模量十分接近，而常用的不锈钢的弹性模量远大于骨骼的弹性模量。

乱层结构碳素材料还有一个特点是结构中没有容易移动的缺陷，承受周期性的载荷不会出现退化，因而碳质人工髋关节就具有很好的抗疲劳性能。

医用碳素材料的临床应用：

（1）心血管系统中的应用：人工心脏瓣膜是人工假体中需要量最大的种

类之一,自 1969 年临床应用成功后,不到 10 年时间就有 20 多万人植入了人工心瓣,其中,大约 75% 是用掺硅低温热解同性碳制成的,早期的心瓣是采用金属钛作固定框架的单叶瓣,低温热解同性碳层的厚度约为 300 微米,通过取出因非心脏原因死亡的患者体内的人工心瓣进行分析,发现低温热解同性碳层每年被磨损约 2.6 微米,这是磨痕最深处的数据,按最悲观的计算,其使用寿命约为 120 年,现在已用碳素材料框架取代了钛框架,形状多为二叶瓣和倾斜蝶形瓣,国内最近已有双叶翼型瓣的开发研究。

(2) 牙科中的应用:齿受损伤脱落后,如果植入人工牙根,在人工牙根和牙槽骨之间将难以形成新的牙周膜,不仅植入的牙根容易松动,而且咀嚼时产生的应力直接作用到牙槽骨上会引起不适的感觉。

用碳素材料制成的牙根生物相容性好,弹性模量与骨质相近,植入后不易松动。在碳质牙根表面形成一层坚固的细密网架结构薄层,即所谓 FRS层,将具有 FRS 层的牙根植入猴下颌骨中,发现活组织进入了 FRS 层并钙化,分析发现钙化层与牙槽骨有类似的成分,胶原纤维同时生长到牙槽骨和牙根的 FRS 层中,形成理想的“骨-胶原纤维-钙化的 FRS 层”固定体系,非常类似于天然牙齿中的“骨—牙周膜—牙骨质”体系。

(3) 骨外科中的应用:下肢不等长畸形可通过肢体延长手术进行矫正,手术中一般采用不锈钢圆骨针经皮插入被锯断的患肢胫骨中,钢针周围的组织往往会出现萎缩现象,这就增加了感染的几率,用碳/碳复合材料制成圆骨针取代不锈钢针可解决这一问题,没有发现组织反应和感染现象。

处理骨折时经常要用内骨板固定,现在临床用内骨板一般由不锈钢制成,会使骨骼上承受的应力消失,引起骨质疏松和变形。这是因为骨骼与不锈钢内骨板弹性模量相差太大造成的。采用碳/碳复合材料或碳纤维增强树脂内骨板可解决这一问题,碳纤维增强树脂的弹性模量更接近于骨骼,现也已出现固定骨头用的碳质螺钉。

对于难以愈合的髋关节损伤,有时必须考虑人工股骨头或人工全髋关节置换术,目前常用的人工股骨头是用陶瓷做成的,并且带有合金柄,人工前臼杯则常用陶瓷或超高相对分子质量聚乙烯做成,采用这种类型的假体的主要问题是陶瓷股骨头与金属柄的接合部位容易松动而将金属柄的上端磨损,磨损产生的大量金属碎屑会引起组织反应,另外,插入到股骨髓腔的金属柄是用骨水泥固定的,由于金属与骨骼的弹性模量相差很大,容易出现松动,有时还会发生疲劳断裂,为了解决这些问题,国内曾临床应用碳—钛组合式股骨头和碳质髋臼杯,取得一定的效果,现在的发展方向是制造全碳人工股骨头,这就对制造碳材料的工艺有更高的要求,在德国已经提出了用多种碳/碳复合材料的组合体设计股骨头的方法,基本思想是用一维碳/碳复合材料制造股骨颈,代替骨松质承受最高的挠曲应力,用二维碳/碳复合材料代替骨密质承受横向和纵向的应力,用一维碳/碳复合材料制造股骨头的柄,承受高的挠曲应力,用三维碳/碳复合材料套在股骨头的柄上,外面加工出螺纹与人体股骨髓腔配合,这样可以避免使用骨水泥固定,股骨头和髋臼杯则用各向同性碳、碳化硅/碳制造。

生物医用材料发展状况

(1) 生物医用材料应用广泛,增长迅速:生物医用材料的研发对国民经济和社会发展有极重要意义,生物医用材料有很高附加值,每千克达 0.75 万～96 万元,而建筑材料仅为 0.65～7.68 元,宇航材料也仅为 650～7 680 元。生物医用材料及制品有巨大市场,随着人民生活水平提高,对生物医用材料和制品的需求急速增高。据国家科技部资料,近年来,我国生物医用材料的生物医学工程产业的市场增长率高达两位数,居全球之首。外商已大量涌入和占领我国生物医用材料市场,我们已面临丧失国民经济一个支柱性产业的危机。因此,采取有效措施发展生物医用材料已是我国经济和社会发展的一个十分迫切的任务。

生物医学材料应用广泛,仅高分子材料,全世界在医学上应用的就有90 多个品种、1 800 余种制品,西方国家在医学上消耗的高分子材料每年以10%～20%的速度增长。随着现代科学技术的发展,尤其是生物技术的重大突破,生物材料的应用将更加广泛。20 世纪 90 年代,世界生物医用材料市场以每年大于 20%的速度增长,中国增长较快,但由于起点低,其市场份额仅约占世界市场的 2%。近年来,生物材料市场发展势头迅猛,其发展态势已可以与信息、汽车产业在世界经济中的地位相比。当代生物医学材料产业仍是常规材料居主导地位。在今后 15～20 年间,生物医学材料产业可达到相当于药物市场份额的规模。

（2）生物医学材料发展的主要动力：生物医学材料得以迅猛发展的主要动力来自人口老龄化、中青年创伤的增多、疑难疾病患者的增加和高新技术的发展。人口老龄化进程的加速和人类对健康与长寿的追求，激发了对生物材料的需求。与此相应，人工心瓣膜、心脏起搏器等心血管系统材料和器械大量需求。作为世界人口最多的国家，中国已进入老龄化国家行列，生物材料市场潜力将更加巨大。

（3）生物医用材料发展趋势：当代生物材料发展强调材料自身理化性能和生物安全性、可靠性的改善，更强调赋予其生物结构和生物功能，以使其在体内调动并发挥机体自我修复和完善的能力，重建或康复受损的人体组织或器官。

① 组织工程材料面临重大突破：近年来组织工程学发展成为集生物工程、细胞生物学、分子生物学、生物材料、生物技术、生物化学、生物力学及临床医学于一体的交叉学科。生物材料在组织工程中占据非常重要的地位，同时组织工程也为生物材料提出问题和指明发展方向。由于传统的人工器官（如人工肾、肝）不具备生物功能（代谢、合成），只能作为辅助治疗装置使用，研究具有生物功能的组织工程人工器官已在全世界范围内引起广泛重视。构建组织工程人工器官需要三个要素，即"种子"细胞、支架材料、细胞生长因子。最近，由于干细胞具有分化能力强的特点，将其用作"种子"细胞进行构建人工器官成为热点。组织工程学已经在人工皮肤、人工软骨、人工神经、人工肝等方面取得了一些突破性成果，展现出美好的应用前景。

② 生物医用纳米材料初见端倪：纳米技术在 20 世纪 90 年代获得突破性进展，在生物医学领域的应用研究也不断扩展。研究热点主要是药物控释材料及基因治疗载体材料。药物控释是指药物通过生物材料以恒定速度、靶向定位或智能释放的过程。具有上述性能的生物材料是实现药物控释的关键，可以提高药物的治疗效果和减少用量及毒副作用。由于人类基因组计划的完成及基因诊断与治疗不断取得进展，科学家对使用基因疗法治疗肿瘤充满信心。基因治疗是导入正常基因于特定的细胞（癌细胞）中，对缺损的或致病的基因进行修复；或者导入能够表达出具有治疗癌症功能的蛋白质基因，或导入能阻止体内致病基因合成蛋白质的基因片断来阻止致病基因发生作用，从而达到治疗的目的。这是治疗学的一个巨大进步。

基因疗法的关键是导入基因的载体，只有借助于载体，正常基因才能进入细胞核内。目前，高分子纳米材料和脂质体是基因治疗的理想载体，它具有承载容量大、安全性高的特点。近来新合成的一种树枝状高分子材料作为基因导入的载体值得关注。此外，生物医用纳米材料在分析与检测技术、纳米复合医用材料、与生物大分子进行组装、用于输送抗原或疫苗等方面也有良好的应用前景。

③ 血液净化材料重在应用：采用滤过沉淀或吸附原理，将体内内源或外源性毒物（致病物质）专一性或高选择性去除，达到治病目的，是治疗各种疑难病症有效疗法。尿毒症、各种药物中毒、免疫性疾病（系统性红斑狼疮、类风湿性关节炎）、高脂血症等，可用血液净化疗法治疗，核心是滤膜、吸附剂等生物材料。血液净化材料的研究和临床应用是生物材料发展的热点。我国研究水平居于世界前列，但临床应用不够。

④ 复合生物材料仍是开发重点：作为硬组织修复材料的主体，复合生物材料受到广泛重视。它具有强度高、韧性好的特点，目前已广泛应用于临床。通过具有不同性能材料的复合，可以达到"取长补短"的效果。可以有效解决材料的强度、韧性及生物相容性问题，是生物材料新品种开发的有效手段。提高复合材料界面之间结合程度（相容性）是复合生物材料研究的主要课题。根据使用方式的不同，研究较多的是合金、碳纤维/高分子材料、无机材料（生物陶瓷、生物活性玻璃）/高分子材料的复合研究。

⑤ 材料表面改性是永久性课题：生物相容性包括血液相容性和组织相容性，是生物材料应用的基本要求。除了设计、制备性能优异的新材料外，通过对传统材料进行表面化学处理（表面接枝大分子或基团）、表面物理改性（等离子体、离子注入或离子束）和生物改性是有效途径。材料表面改性的新方法和新技术是生物材料研究的永久性课题。

（王继扬）

十、纳米材料

纳米科学与技术

近几年来,"纳米"等词语频繁出现在杂志、报纸等传播媒体上,可以说到了家喻户晓的程度,但是大家可能会问:"纳米到底是什么呢?"其实,纳米是一个长度单位,1纳米表示十亿分之一米,相当于45个原子排列起来的长度,人的1根头发就有6万纳米那么粗。纳米大小的东西用肉眼是看不到的,1米和1纳米的比例正好相当于地球和乒乓球之比。

早在1959年,诺贝尔奖获得者理查德·费曼就提出:"当人类有朝一日能够按照自己的主观意愿排列原子的话,世界将会发生什么呢?";"就物理学家而言,一个一个原子的构造物质并不违背物理学规律";"对大尺度的表观物质而言,微小原子的行为无足轻重,但它们都服从量子力学定律。因此,当我们下到微观世界把原子胡乱拨弄一通时,我们将在不同的规律下工作,而且可以期望做出不同的事情";"在原子水平上,我们面对着新的力和新的效应,材料的制造和生产问题将十分不同。"这正是对纳米科技的预言,也就是人们常说的小尺寸、大世界。

纳米科学技术是20世纪80年代末期诞生并正在崛起的新科技。纳米科技的诞生是以扫描隧道电子显微镜的发明为先导的,利用扫描隧道电子显微镜不仅可以直接观察原子、分子,而且可以利用它直接操纵和安排原子和分子,这在人类科学史上是一个巨大的进步。

纳米科学是研究纳米尺度(1~100纳米之间)范畴内原子、分子和其他类型物质运动和变化的科学,而在同样尺度范围内对原子、分子等进行操纵和加工的技术则为纳米技术。纳米是介于宏观和微观之间的物质世界的一个介观层次，由于其量子效应、小尺寸效应及巨大的表面及界面效应，表现出许多既不同于宏观物体，也不同于单个孤立原子的奇异现象。纳米科技实际上是同一小堆原子打交道，利用物质在纳米尺度表现出来的新颖的物理、化学和生物特性，以原子分子为起点，制造出具有特定功能的新产品。因此，纳米科技并不只是向小型化迈进了一步，而是迈入了一个物质运动受量子原理主宰的崭新的微观世界。

纳米科技涉及学科领域十分广泛，几乎覆盖了所有的学科领域，如材料、信息、医疗卫生、航空航天、环保、能源、生物技术和农业等。纳米科技主要包括 7 个部分，即纳米物理学、纳米化学、纳米生物学、纳米材料学、纳米电子学、纳米加工学和纳米测量学。

什么是纳米材料

在 1991 年的海湾战争中，美国的战斗机就能够成功躲过伊拉克严密的雷达监视，对伊拉克的军事设施进行了多次轰炸。为什么美国的战斗机能躲开雷达的监视呢？一个重要的原因就是美国的战斗机机身上包覆了能吸收红外和微波的纳米材料，这种纳米材料就使飞机起到了隐身的作用。什么是纳米材料？为什么纳米材料会具有隐身性能等这些特殊的性能？

纳米材料是指材料的几何尺寸达到纳米尺度，并且具有特殊性能的材料，它是纳米科技发展的基础。广义地说，纳米材料是指在三维空间中至少有一维处于纳米尺度范围或由它们作为基本单元构成的材料。纳米材料按维数可以分为三类：

（1）零维：指在空间三维尺度均在纳米尺度，如纳米颗粒和原子团簇等。

（2）一维：指在空间中有两维处于纳米尺度，如纳米丝、纳米棒和纳米管等。

（3）二维：指在空间中有一维在纳米尺度，如超薄膜、多层膜和超晶格等。

纳米材料的研究主要包括纳米材料的制备、纳米材料的特性及其应用等 3 个方面。由于纳米材料的尺寸小、比表面大及量子尺寸效应，使之具有常规材料不具备的特殊性能。纳米材料的性能研究包括硬度、强度、韧性、电性、磁性、微结构和谱学特征,通过与常规材料对比,可找出纳米材料的特殊规律,建立描述和表征纳米材料的新概念和新理论。纳米材料的应用研究更是涉及各行各业,最具有代表性的如纳米陶瓷、纳米塑料、纳米润滑材料、纳米吸波材料、纳米磁性液体和巨磁材料等。当然微电子行业用的量子器件、纳米生物工程和微型机械也都属于纳米材料的应用范围。

纳米材料在自然界中久已存在,例如尘埃、烟等,但直到 20 世纪 70 年代才作为一门科学出现,20 世纪 80 年代中期在实验室合成了纳米块体材料,至今已有 20 多年的历史。从研究的内涵和特点大致可划分为 3 个阶段:

第一阶段,主要是在实验室探索用各种手段制备各种材料的纳米颗粒粉体,合成块体(包括薄膜)材料,研究评估表征的方法,探索纳米材料不同于常规材料的特殊性能。对纳米颗粒和纳米块体材料结构的研究在 20 世纪 80 年代末期一度形成热潮。研究的对象一般局限在单一材料和单相材料,国际上通常把这类纳米材料称纳米晶或纳米相材料。

第二阶段,人们关注的热点是如何利用纳米材料已挖掘出来的奇特物理、化学和力学性能,设计纳米复合材料。通常采用纳米微粒与纳米微粒复合,纳米微粒与常规块体复合,发展复合材料的合成及物性的探索一度成为纳米材料研究的主导方向。

在第三阶段,纳米组装体系、人工组装合成的纳米结构的材料体系越来越受到人们的关注,正在成为纳米材料研究的新热点。国际上,把这类材料称为纳米组装材料体系或者称为纳米尺度的图案材料。它的基本内涵是以纳米颗粒以及它们组成的纳米丝和管为基本单元,在一维、二维和三维空间组装排列成具有纳米结构的体系,包括纳米阵列体系、介孔组装体系和薄膜嵌镶体系。纳米颗粒、丝、管可以有序或无序地排列。

如果说第一阶段和第二阶段的研究在某种程度上带有一定的随机性,那么第三阶段研究的特点更强调人们的意愿设计、组装、创造新的体系,更有目的地使研究体系具有人们所希望的特性。

纳米材料的基本效应

当粒径小于 100 纳米以后,粒子表面的原子数与其体内数目可比,例如 5 纳米微粒,表面原子比例占 40%,比表面积达 180 克/米^2,导致纳米材料出现不同于传统固体材料的许多特殊基本效应,如量子尺寸效应、小尺寸效应、表面效应和库仑阻塞与宏观量子隧道效应等,产生了许多独特的光、电、磁、力学等物理化学特能。

(1)量子尺寸效应:当粒子尺寸下降到某一值时,金属费米能级附近的电子能级由准连续变为离散能级的现象和纳米半导体颗粒存在不连续的最高被占据分子轨道和最低未被占据分子轨道能级,能隙变宽的现象称为量子尺寸效应。当能级间距大于热能、磁能、静磁能、静电能、光子能量或超导态的凝聚能时,必须要考虑量子尺寸效应,这会导致纳米颗粒的磁、光、声、热、电以及超导电性与常规材料性质有着显著的不同。

(2)小尺寸效应:当超细颗粒的尺寸与光波波长、德布罗意波长以及超导态的相干长度或透射深度等物理特征尺寸相当或更小时,晶体周期性的边界条件将被破坏;非晶态纳米颗粒的颗粒表面层附近原子密度减小,导致声、光、电、磁、热、力学等特性呈现新的小尺寸效应。

(3)表面效应:纳米颗粒中位于表面上的原子占相当大的比例,即具有非常高的比表面积和表面能。颗粒表面上的原子通常配位不足,具有非常高的表面能,极不稳定,很容易与其他原子结合,因此,具有非常高的表面活性。例如,金属纳米粒子在空气中会燃烧,无机纳米粒子暴露在空气中会吸附气体,甚至与气体发生反应。

(4)库仑阻塞与量子隧穿:当纳米颗粒的尺度非常小时(金属粒子为几个纳米,半导体粒子为几十纳米),其充放电过程是不连续的。充入一个电子所需的能量为 $Ec=e^2/2C$,其中 C 为体系的电容。体系越小,C 也越小,充电能越大,该能量称为库仑阻塞能。实际上,库仑阻塞能是前一个电子对后一个电子的库仑排斥能,这就导致了对一个小体系的充放电过程,电子不能集体运输,而是一个一个单电子的传输,通常把小体系这种单电子运输行为称为库仑阻塞效应。如果两个量子点通过一个"结"连接起来,一个量子点上的单个电子穿过能垒到另一个量子点上的行为称为量子隧穿。为了使单电子从一个量子点隧穿到另一个量子点,所加的电压必须克服 Ec。库仑阻塞与宏观量子隧穿效应可以用来设计下一代纳米结构器件,是单电子器件的物理基础。

纳米材料的特殊性质

由于纳米材料具有以上的基本效应,这就导致纳米材料的光、热、磁和力学特性不同于常规材料,使得它具有较广阔的应用前景。

(1)特殊的光学性质:黄金具有极好看的黄色的金属光泽,但是当黄金被细分到小于光波波长的尺寸时,即失去了原有的光泽而呈黑色。事实上,所有的金属在纳米颗粒状态都呈现为黑色。尺寸越小,颜色愈深,银白色的铂(白金)变成铂黑,金属铬变成铬黑。由此可见,金属纳米颗粒对光的反射率很低。利用这个特性可以作为高效率的光热、光电等转换材料,可以高效率地将太阳能转变为热能、电能。此外,又有可能应用于红外敏感元件、红外隐身技术等。

(2)特殊的热学性质:俗话说"真金不怕火炼",说明金的熔点非常高(熔点为1 064℃),但是对于纳米状态的金,真金却怕火炼了,例如2纳米金颗粒的熔点仅为327℃左右。银的正常熔点为670℃,而银纳米颗粒的熔点可低于100℃,用开水就可以将其熔化。为什么会有这么奇特现象呢?这是因为固态物质在其形态为大尺寸时,其熔点是固定的,而成为纳米材料以后,其熔点将显著降低,当颗粒小于10纳米量级时尤为显著。纳米颗粒熔点下降的性质对粉末冶金工业具有一定的吸引力。例如,在钨颗粒中附加0.1%~0.5%重量比的纳米镍颗粒后,可使烧结温度从3 000℃降低到1 200~1 300℃。

(3)特殊的磁学性质:为什么鸽子、海豚、蝴蝶、蜜蜂以及生活在水中的一些细菌等生物体都具有回归的本领?这是因为在这些生物体中存在纳米磁性颗粒,使这类生物在地磁场导航下,能够辨别方向,具有回归的本领。磁性纳米颗粒实质上是一个生物磁罗盘,生活在水中的趋磁细菌依靠它游向营养丰富的水底。通过电子显微镜的研究表明,在趋磁细菌体内通常含有磁性氧化物纳米颗粒。小尺寸的颗粒磁性与大块材料显著的不同,当颗粒尺寸减小到纳米尺寸时,其矫顽力比大块材料可增加上千倍,若进一步减小其尺寸,其矫顽力反而降低到零,呈现出超顺磁性。利用磁性纳米颗粒具有高矫顽力的特性,已做成高贮存密度的磁记录磁粉,大量应用于磁带、磁盘、磁卡以及磁性钥匙等。利用超顺磁性,人们已将磁性纳米颗粒制成用途

广泛的磁性液体。

（4）特殊的力学性质：日常生活中，我们一般都有打碎盘子或碗的经历，要是有摔不碎的陶瓷该多好啊！现在纳米陶瓷可以帮我们实现这一点。陶瓷材料在通常情况下呈脆性，然而由纳米颗粒压制成的纳米陶瓷材料却具有良好的韧性。因为纳米材料具有大的界面，界面的原子排列是相当混乱的，原子在外力变形的条件下很容易迁移，因此，表现出甚佳的韧性与一定的延展性，使陶瓷材料具有新奇的力学性质。美国学者报道，氟化钙纳米材料在室温下可以大幅度弯曲而不断裂。研究表明，人的牙齿之所以具有很高的强度，是因为它是由磷酸钙等纳米材料构成的。呈纳米晶粒的金属要比传统的粗晶粒金属硬 3～5 倍。至于金属、陶瓷等复合纳米材料则可在更大的范围内改变材料的力学性质，其应用前景十分宽广。

此外，有些纳米材料在介电性能、声学特性以及化学性能等方面表现出特殊的性质。

纳米线与纳米带

纳米线和纳米带等准一维纳米材料因其具有新颖特异的物理和化学性质，在纳米器件研究中有潜在的应用前景。一维、准一维纳米材料种类繁多，从金属、陶瓷、半导体到高分子，几乎所有的材料都可以合成出一维纳米结构。

纳米线与纳米带和同种成分的块体材料相比，不仅原子结构上有差异，而且在电子结构上也有其显著特点。纳米线的特殊性质使其在很多场合得到应用。金属纳米线在超大规模集成电路、气敏传感器等领域得到了应用；半导体纳米线在探测器、激光器、集成电路等方面有重要的用途，可望成为未来电子和光子器件的重要组成部分；陶瓷纳米线在陶瓷增韧、固体氧化物燃料电池等领域均有应用。纳米线在制造小型快速的电子电路领域具有广阔的应用前景。

人们已经可以用很多方法诸如模板法、台阶边缘缀饰法、激光溅射及粒子注入等方法制备出各种类型的纳米线，但是有些方法的成本还是很高的，这样就给工业上的应用带来了成本障碍，所以，针对各种不同的纳米线开发出相应的制备工艺以降低生产成本应该是科学工作者在纳米线领域的努力方向之一。尽管制造纳米线已经是可能的事情,但把它们组装成有用的器件却常常是非常困难的。因为标准的加工程序会引起纳米线的破坏,因而更重要的事情是如何对纳米线进行合理的排列和搭接以将其应用在具体的器件上,这方面的研究应该是今后纳米线研究的方向。

纳米带的显著特点是具有特定的完整的结晶晶面,其任意垂直截面是矩形。由于晶体在结构上的各向异性,不同的晶体表面具有不同的表面能,其物理属性也有很大的差异。因此,控制晶体某些特定晶面的生长,可以实现晶体的功能设计。人们利用高温固体气相法,成功合成了氧化锌、氧化锡、氧化铟、氧化镉和氧化镓等宽禁带半导体体系的带状结构。这些带状结构纯度高、产量大、结构完美、表面干净,并且内部无位错类缺陷,形成了理想的单晶薄片结构。在纳米尺度上提出的晶体表面可控生长理论,可以控制不同晶面的生长速度,从而得到特定晶体表面以及预期功能的完整纳米带状单晶体。人们利用纳米带在纳米尺度上的自发极化现象,通过控制纳米带的生长习性,发明了具有压电效应的纳米带。这种具有压电效应的纳米带在微/纳米机电系统中有重要的应用价值。利用这种纳米带的压电效应,可以设计研制各种纳米传感器、执行器,以及共振耦合器,甚至纳米压电马达。"纳米带"是迄今唯一被发现具有结构可控且无缺陷的宽禁带半导体准一维带状结构,而且具有比碳纳米管更独特和优越的物理性能。"纳米带"虽然缺少柱形纳米管所具有的高结构力,但其生产过程简单而可控,大量生产时能够保证材料结构统一,基本没有缺陷,并且合成的半导体氧化物纳米带不存在碳纳米管的稳定性问题。可以使科学家用单根氧化物纳米带做成纳米级的气相和液相传感器,或纳米级的光电元件。

纳米薄膜

纳米薄膜是指由尺寸在纳米量级的晶粒构成的薄膜,或将纳米晶粒镶嵌于某种薄膜中构成的复合膜(如 Ge/SiO_2,将 Ge 镶嵌于 SiO_2 薄膜中),以及每层厚度在纳米量级的单层或多层膜。其性能强烈依赖于晶粒(颗粒)尺寸、膜的厚度、表面粗糙度及多层膜的结构,这就是目前纳米薄膜研究的主要内容。与普通薄膜相比,纳米薄膜具有许多独特的功能,如巨磁电阻效应、巨霍尔效应和可见光发射等。

纳米薄膜是一类已获得广泛应用的新材料。按用途可以分为两大类，即纳米功能薄膜和纳米结构薄膜。前者主要是利用纳米粒子所具有的光、电、磁方面的特性，通过复合使新材料具有基体所不具备的特殊功能。后者主要是通过纳米粒子复合，提高材料的机械和力学性能。由于纳米粒子的组成、性能、工艺条件等参量的变化都对复合薄膜的特性有显著影响，因此可以在较多自由度的情况下人为地控制纳米复合薄膜的特性，获得满足需要的材料。

由于薄膜材料的不同，各种薄膜有各自不同的性质，因此有各种不同的应用：

（1）纳米磁性薄膜：由于三维块材晶体结构的有序性和磁性体的形状记忆效应，会造成磁各向异性。而薄膜材料存在单轴磁各向异性，只有在薄膜内的某个特定方向易于磁化，加上其具有的巨磁电阻效应，因此，磁性薄膜可广泛用于制作磁记录介质、磁敏传感器和磁敏开关元件等。

（2）纳米光学膜：随着构成光学膜的晶粒尺寸的减小，晶界密度将增加，膜表面的粗糙度也将发生变化，表面光散射及光吸收必然不同，因此，当尺寸减小到纳米量级时，薄膜的光学性能必将发生变化。例如，在 II-VI 族半导体 CdS_xSe_{1-x} 以及 III-V 族半导体 GaAs 薄膜，都观察到光吸收带边的蓝移和宽化现象。

（3）纳米气敏膜：由于气敏膜在吸附某种气体后会产生物理参数的变化，因此用作探测气体的传感器。纳米气敏膜由于具有颗粒小，表面原子比例大的特点，因此可以吸附更多的气体，灵敏度高。而且纳米气敏膜中充满了极细微的通道，界面密度又很大，就产生了密集的界面网络通道，具有扩散系数高和准各向异性的特点。因此，纳米气敏膜比普通膜具有更好的气敏性、选择性和稳定性。

（4）纳滤膜：纳滤膜是 20 世纪 80 年代末期问世的新型分离膜，可分离仅在分子结构上有微小差别的多组分混合物，介于超滤膜和反渗透膜之间。由于膜在渗透过程中截留率大于 95% 的最小分子大小约为 1 纳米，因此称为"纳滤"。纳滤膜技术具有粒子选择性高和操作压力低的特点，故有时也称"选择性反渗透"和"低压反渗透"。

（5）纳米润滑膜：经超细加工的微机械（或称纳米机械），其摩擦面之间的间隙常处于纳米范围,为改善摩擦性能,必须采用纳米薄膜进行润滑。这种纳米膜的润滑状态介于弹流润滑与边界润滑之间,兼具流体膜和吸附膜的特点。

纳米薄膜的制备方法主要有真空蒸发法、溅射法、微波法、电化学法、从胶状悬浮物制取法、自组装和表面修饰法等。

富勒烯

大家知道,金刚石、石墨和无定形碳是碳的同素异形体。但是碳的家族中还有没有其他新成员呢? 有,这就是我们要介绍的富勒烯和碳纳米管。

在 20 世纪 60~70 年代,已有科学家根据量子化学原理,提出碳多面体的设想,但因囿于传统观念和缺乏实验依据,并未引起人们的重视。1983年,一位美国物理学家和一位德国物理学家合作,采用在氦气氛中使石墨电极间放电产生原子簇的方法,测量不同形式的炭烟的紫外光谱和拉曼光谱,发现了炭灰样品在近紫外区出现了强烈的吸收带,产生了形似驼峰的独特双峰。他们形象地称为“骆驼样品”,但并不知道这双峰意味着什么。直到1985 年 9 月 4 日,一位英国科学家和两位美国科学家在美国 Rice 大学的实验室里用质谱法检测激光束照射石墨的产物时,发现质谱图显示 C_{60} 和 C_{70} 的含量特别高。他们根据著名设计师富勒(Fuller)的短程线圆球形建筑原理,提出 C_{60} 是一个由 60 个碳原子组成的含有 12 个五边形和 20 个六边形与足球类似的笼状多面体,于是他们决定以这位伟大的建筑师的姓名命名这个 C_{60} 分子笼,即“富勒(Fuller)烯”。这样全碳分子笼由此诞生并直接导致了一门新的学科——富勒烯(Fullerene)化学的诞生。

自从 C_{60} 的发现至今 20 多年间,C_{60} 及其富勒烯家族一直是活跃在科学舞台上的耀眼的明星。在富勒烯家族中含量最多的分子是 C_{60},其次为 C_{70}、C_{76}、C_{78}、C_{82}、C_{84} 等。碳数在 70 以下的分子称为富勒烯,碳数介于 70~100 的分子称为大富勒烯,碳数大于 100 的称为巨富勒烯。它们几乎都是具有纳米量级独特的笼形结构的三维芳香化合物,其独特的三维空间结构的分子立体构型的特殊对称性、众多的双键及纳米效应,都赋予了它们一些非常特殊的物理及化学性质,隐含了许多有待发现的新性质、新功能,为富勒烯科学的发展提供了广阔的空间。目前,富勒烯及其衍生物已经涉及科学技术研究的众多领域，在材料、能源、环境、生命科学和医学等方面都有显著的应用潜力。如用作超导材料、发光材料、非线性光学器件、放射性同位素载体、控制释放剂、催化剂、吸收剂、火箭推进剂、传感器、半透膜、高性能纤维、新型聚合物、电子探针和高密度储氢材料等。例如掺杂碱金属的 C_{60} 具有超导性能，与氧化物超导体比较，具有完美的三维超导性、电流密度大、稳定性高和易于展成线材等优点，是一类极具价值的新型超导材料；C_{60} 具有长的三重激发态寿命，成为研究激发态化学和物理特性的理想平台；C_{60} 具有优良的光导电性能，在光电子器件领域具有潜在的应用价值；包裹金属的 C_{60} 具有与 C_{60} 不同的物理性能，引起物理学家和材料学家的浓厚兴趣；包裹放射性元素的 C_{60} 可以减少金属对生物体的毒副作用而引起药学家的关注。

由于富勒烯潜在的广阔应用前景，出现了世界性的富勒烯研究热潮，全世界许多著名大学及研究所的科学家都进行了与富勒烯有关的研究和探索。富勒烯及其衍生物必将对科技的发展产生重要影响。

碳纳米管

碳原子不仅能结合成有趣的足球状分子——富勒烯，而且在一定条件下还可以合成出管状大分子——碳纳米管。

碳纳米管是一种奇异分子，它是使用一种特殊的化学气相方法，使碳原子形成长链来"生长"出的"超细管子"，细到5万根来并排起来才有一根头发丝宽。这种又长又细的分子，称之为碳纳米管。尽管碳纳米管在理论上可长到几公里而不断，但目前人们制备的碳纳米管，长度一般为几十纳米至微米级，也有超长碳纳米管，长度达3毫米。理想的碳纳米管可以看作是由碳原子形成的石墨片层卷成的无缝、中空的管子。卷曲石墨片层的数量可以从一层到上百层，含有一层石墨烯片层的称为单壁碳纳米管（SWNT），多于一层的则称为多壁碳纳米管（MWNT）。通俗地讲，多壁碳纳米管是由六边形排列的碳原子构成数层到数十层的同轴圆管，层与层之间保持固定的距离，约0.34纳米。

碳纳米管的发现是伴随着富勒烯（C_{60}、C_{70}……）研究的不断深入而实现的。1991年，理论预计碳纳米管具有许多的奇特电学性能，几乎同时日本NEC公司饭岛澄男（S. Iijima）在高分辨电子显微镜下观察采用电弧法制备的富勒烯时,在其中发现了一种管状结构,经过研究表明,它们是同轴多层富勒烯管,被称为多壁碳纳米管。虽然在 20 世纪 70 年代,研究气相热解碳的过程中,已经观察到这种纳米结构的碳,但是没有引起足够的重视。1993年饭岛澄男和 IBM 公司的研究小组同时报道了观察到单壁碳纳米管。在早期实验中,制备的单壁碳纳米管产率很低,单壁碳纳米管的物理性质的研究开始于 1995 年,Rice 大学的 Richard Smalley 研究小组发现激光蒸发方法可以得到极高产率的单壁碳纳米管。此后,法国 Montpellier 大学的 Bernier研究小组采用电弧法也可以得到高产率的单壁碳纳米管。1998 年,中国科学院金属研究所成会明研究小组采用催化热解碳氢化合物的方法也得到较高产率的单壁碳纳米管。目前,碳纳米管的生产工艺日趋成熟,年产量以吨计,在许多高新技术领域获得了应用。

自电弧法制备碳纳米管技术诞生以来,科学家们研究发明了多种制备工艺方法。主要包括激光蒸发合成法、电弧法、化学气相沉积法、低温固态热解法和原位催化法等生产工艺。其中激光蒸发合成法、电弧法和化学气相沉积法为主导工艺,并已在碳纳米管的工业化生产中使用。激光法和电弧法主要用于单壁碳纳米管的生产,而化学气相沉积法主要用于多壁碳纳米管的生产。

碳纳米管因具有尺寸小、机械强度高、比表面大、电导率高和界面效应强等特点,从而具有特殊的机械、物理、化学性能,其优良特性包括各向异性、高的机械强度和弹性、优良的导热导电性等。

碳纳米管独特的分子结构使它具有显著的电学特性,是构建下一代电子器件和网络颇具吸引力的材料,基于碳纳米管的器件包括单电子晶体管、分子二极管、存储元件和逻辑门等;碳纳米管非凡的抗张强度使其可用于制造碳纳米管加强纤维和用作聚合物添加剂;在分析化学领域的应用包括制作各种特定用途的生物/化学传感器及纳米探针;高的比表面积和极强的吸附性可使碳纳米管作为储氢、储能材料等。这一新型材料许多潜在的应用还有待于人们继续发掘。

石墨烯

石墨烯(Graphene)是一种由碳原子以 sp2 杂化轨道组成六角型呈蜂巢

晶格的平面薄膜,只有一个碳原子厚度的二维材料。石墨烯一直被认为是假设性的结构,无法单独稳定存在,直至 2004 年,英国曼彻斯特大学物理学家安德烈·海姆和康斯坦丁·诺沃肖洛夫,成功地从石墨中分离出石墨烯,而证实它可以单独存在,两人也因此获得 2010 年诺贝尔物理学奖。

石墨烯是构成碳同素异形体的基本单元,完美的石墨烯是二维的,它只包括六边形(等角六边形);如果有五边形和七边形存在,则会构成石墨烯的缺陷。12 个五角形石墨烯会共同形成富勒烯,石墨烯卷成圆桶形可以用为碳纳米管。

石墨烯具有优异的性能:第一,石墨烯是迄今为止世界上强度最大的材料。据测算,如果用石墨烯制成厚度相当于普通食品塑料包装袋厚度的薄膜(厚度约 100 纳米),那么它将能承受大约 2 吨重物品的压力而不至于断裂。第二,石墨烯是世界上导电性最好的材料。电子在其中的运动速度达到了光速的 1/300,远远超过了电子在一般导体中的运动速度,而电阻率比铜或银更低,为世上电阻率最小的材料。第三,它几乎是完全透明的,只吸收 2.3% 的光;导热系数高达 5300 瓦/(米·开),高于碳纳米管和金刚石。

石墨烯的应用范围广阔。根据石墨烯超薄、强度超大的特性,石墨烯可被广泛应用于各领域,比如超轻防弹衣、超薄超轻型飞机材料等。根据其优异的导电性,使它在微电子领域也具有巨大的应用潜力,石墨烯有可能会成为硅的替代品,制造超微型晶体管,用来生产未来的超级计算机,更高的电子迁移率可以使未来的计算机获得更高的速度。由于石墨烯实质上是一种透明、良好的导体,也适合用来制造透明触控屏幕、显示屏,甚至是太阳能电池。另外,石墨烯材料还是一种优良的改性剂,在新能源领域如超级电容器、锂离子电池方面,由于其高传导性、高比表面积,可适用于作为电极材料助剂。

石墨烯的合成方法主要有两种:机械方法和化学方法。机械方法包括微机械分离法、取向附生法和加热碳化硅(SiC)的方法;化学方法是化学还原法与化学解理法。

纳米加工

纳米技术是当今高科技发展的重要领域之一,纳米技术依赖于纳米尺度的功能结构与器件。实现功能结构与器件纳米化的基础是先进的纳米加工技术,纳米加工技术就是在纳米量级的加工精度上实现微型功能结构与器件的技术。纳米加工技术为介观尺度上物理基本问题的研究和相关的应用基础研究提供了一种重要手段。

从加工技术发展过程中所具有的特点而言,纳米加工技术途径有"自上而下"(Top Down)和"自下而上"(Bottom Up)两大类。自上而下是指由宏观向微观,即用宏观的方法将机器制造得越来越小,一般通过将传统的超精密微加工或固态技术,如机械加工(单点金刚石和CBN刀具切削、磨削、抛光等)、电化学加工、电火花加工、离子和等离子体刻蚀、分子束外延、物理和化学气相沉积和激光束加工等向其极限精度逼近从而使其具有纳米级的加工能力,不断在尺寸上将人类创造的功能产品微型化的加工技术,它为纳米技术的实现和应用提供了必要的基础。据预测到2010年,通过目前微加工方式在硅集成电路上的线条宽度和CMOS电路的设计原理将达到极限,要超越量子效应障碍,必须考虑采用其他的方式使工业生产适应新的设计原理和纳米尺度的精度标准。因此,自下而上的制作方式伴随着纳米科技的迅猛发展将愈来愈受到重视。而自下而上是指由微观向宏观,即直接操纵单个原子或分子,对它们进行不同的排列组合,以形成新的物质,或制造出具有新功能的机器,这是实现纳米加工技术的根本途径。在这种制作方式中,最为重要的研究方向是实现分子器件自我组装。分子自组装就是在平衡条件下,分子自发组合而成为一种稳定的、结构确定的、以共价键和非共价键联结的聚集体。分子自组装在生命系统中普遍存在,而且是各种复杂生物结构形成的基础。生物分子马达就是典型的分子机器,它能将生物能或化学能直接转化为动能做功。现在科学家借助计算机模拟,或利用化学和生物技术,已成功地设计和制造出一些具有特定形状和性质的分子装置。利用扫描隧道显微镜(STM)和原子力显微镜(AFM)对表面的显微加工技术亦称为原子级加工技术,原理是通过探针来操纵表面的单个原子和分子的搬迁、去除、增添和原子排列重组,并对表面进行刻饰和微加工,这是当前该领域所达到的最高水平。因此,纳米加工技术并不仅仅是传统微加工技术的扩展和延伸。

生物芯片

在 20 世纪科技史上有两件事影响深远：一是微电子芯片的出现,它是计算机和许多家电的"心脏",改变了我们的经济文化和社会生活方式;另一件就是生物芯片的出现,它改变了生命科学的研究方式,革新了医学诊断和治疗,极大地提高人口素质和健康水平。那么,究竟何谓"生物芯片"呢? 生物芯片技术是随着世纪之交人类基因组计划的研究发展应运而生的一种主要由生命科学与微电子等学科相互交叉发展起来的高新技术。生物芯片是指采用光导原位合成或微量点样等方法,将大量生物大分子比如核酸片段、多肽分子甚至组织切片、细胞等生物样品有序地固化于支持物(如玻片、硅片、聚丙烯酰胺凝胶、尼龙膜等载体)的表面,组成密集二维分子排列,然后与已标记的待测生物样品中靶分子杂交,通过特定的仪器如激光共聚焦扫描或电荷偶联摄影相机对杂交信号的强度进行快速、并行、高效的检测分析,从而判断样品中靶分子的有关定性或定量方面的信息。常用玻片或硅片作为固相支持物,且制备过程模拟计算机芯片的制备技术,所以称为生物芯片技术。

生物芯片把生化分析系统中的样品制备、生化反应和结果检测三个部分有机地结合起来连续完成。与传统的检测方法相比,具有高通量、高信息量、快速、微型化、自动化、成本低、污染少、用途广等特点。目前常用的生物芯片,根据芯片上的固定的探针不同,分为基因芯片、蛋白质芯片、细胞芯片、组织芯片和芯片实验室;根据原理还可分为元件型微阵列芯片、通道型微阵列芯片、生物传感芯片等新型生物芯片。生物芯片的制作方法有原位合成法和点样法两类。原位合成法是目前制备高密芯片最为成功的方法,即按预先设计的序列顺序有规律地在固相支持物上直接合成多种不同的生物分子片段(如 DNA 片段),该法适于制造寡核苷酸和寡肽微点阵芯片,具有合成速度快、相对成本低、便于规模化生产等优点;点样法就是合成后微量点样技术,也称为交联制备法,即利用由电脑控制的点样装置将预先合成或制备的核酸探针、多肽、蛋白质等按一定的排列顺序点在经特殊处理的载体上,通过共价交联或非共价交联吸附固定生物大分子,该法主要用于中低密度的芯片制备,适用于多种长度的生物分子样品。基因芯片是生物芯片技术中发展最成熟和最先实现商品化的产品,它是基于核酸探针互补杂交技术原理而研制的。所谓核酸探针,只是一段人工合成的碱基序列,在探针上连接上一些可检测的物质,根据碱基互补的原理,利用基因探针到基因混合物中识别特定基因。基因芯片又称 DNA 芯片、DNA 微阵列,和我们日常所说的计算机芯片非常相似,只不过高度集成的不是半导体管,而是成千上万的网格状密集排列的基因探针,通过已知碱基顺序的 DNA 片段,来结合碱基互补序列的单链 DNA,从而确定相应的序列,通过这种方式来识别异常基因或其产物等。目前,比较成熟的产品有检测基因突变的基因芯片和检测细胞基因表达水平的基因表达谱芯片。

目前,生物芯片技术已经广泛应用于寻找新基因、基因测序及基因表达分析、疾病基因水平诊断和个性治疗、药物筛选与毒理学研究、植物的优选和优育、环境检测、疾病防治、食品卫生监督以及生物信息学研究等诸多领域。随着科技的发展和技术的提高,这项以多门学科、多项技术融合而诞生的高新技术也必然会越来越完善,它进一步的广泛使用将给 21 世纪的整个人类生活带来一场崭新的"革命"。

纳米抗菌材料

今天,当我们走进熙熙攘攘的大商场,常常会遇到热情的促销员向人们介绍纳米冰箱、纳米饮水机、纳米背心、纳米袜子……似乎,纳米是一个时髦的标签,贴在形形色色的商品上,便可以博得消费者的宠爱,其实这都是商家的一种促销手段。所谓的"纳米冰箱""纳米饮水机"只是采用了纳米抗菌技术,如用纳米抗菌塑料制成的冰箱门封不产生霉斑;用纳米抗菌塑料制成的贮水池不产生细菌。而"纳米背心""纳米袜子"则是在制作背心和袜子的纤维中复合进了抗菌材料,使其具有防汗、防臭、杀菌等功效。那么,到底什么是纳米抗菌材料呢?

纳米抗菌材料是在纳米技术出现后,将抗菌剂通过一定的方法和技术制备成纳米级抗菌剂,再与抗菌载体通过一定的方法和技术制备而成的具有抗菌功能的材料。随着近几年对纳米抗菌剂、载体及制备方法的广泛研究,纳米抗菌材料的种类愈来愈丰富多彩,制备方法趋于成熟,应用领域也愈来愈广。

目前,纳米抗菌材料按照抗菌机制的不同主要分为纳米载银系无机抗菌材料和纳米二氧化钛（TiO_2）光触媒系抗菌材料。纳米载银系无机抗菌材料的抗菌剂有 Ag^+、Zn^{2+}、Cu^{2+} 和 Hg^{2+} 等许多重金属离子,载体主要有沸石、膨润土和硅胶。其中,抗菌效果好且对人体毒性最小的是 Ag^+。纳米 TiO_2 光触媒系抗菌材料的抗菌剂主要就是纳米 TiO_2 粉体和薄膜等。另外,氧化锌（ZnO）、二氧化二铁（Fe_2O_3）、硫化镉（CdS）和三氧化钨（WO_3）等半导体材料也有一定的抗菌或抑菌作用,也属于光触媒系抗菌材料。

银离子能强烈杀菌,在所有金属中其杀菌活性名列第二（汞名列第一,但因有毒现已不用）。近年来的研究表明,银离子对 12 种革兰氏阴性菌、8种革兰氏阳性菌和 6 种真菌均有强烈的杀灭作用。美国科学家纽曼的研究表明,银离子具有破坏细菌和病毒的呼吸功能和分裂细菌细胞膜的功能,并可与细菌细胞的 DNA 键合,从而具有分裂细胞的功能。人们研究了载银系纳米抗菌材料的抗菌机制。酶是大分子蛋白质,存在于细胞膜内,它上面带有巯基、氨基和微量金属离子等。对病原菌来说,酶的催化作用是其呼吸和新陈代谢的基础,当其活性降低到一定程度,细胞就会坏死。纳米载银抗菌材料中的银离子能保持很高的活性,并可以从载体中缓释到载体表面,吸附病菌并与酶蛋白的活性部分巯基（－SH）、氨基（－NH_2）等发生作用。当微量银离子接触微生物细胞膜时,因为细胞膜带负电,银离子带正电,依靠库仑力可以使银离子牢固吸附于细胞壁表面,此时,细菌的有些生理功能被破坏,但仍有一定的活性。等银离子聚集量达到一定限度后,就会穿透细胞壁进入细胞内,滞留在细胞膜上,抑制了细胞膜内酶蛋白的活性,当酶蛋白沉淀或失去活性,细胞的呼吸和新陈代谢被迫终止或中断时,病菌的生长和繁殖便得到抑制。当菌体被杀灭后,银离子又会从细菌尸体中游离出来,再与其他细菌接触,周而复始地进行上述过程。

根据载体的耐候性不同,载银纳米抗菌材料的适用领域也不同。载银硅酸盐系抗菌材料主要用于低温加工的纤维、塑料等产品,载银磷酸盐系抗菌材料主要用于高温加工的陶瓷产品等。

纳米 TiO_2 抗菌材料属于光触媒系列,纳米 TiO_2 具有价廉无毒、催化活性高、氧化能力强、稳定性好和易制备成透明的薄膜等特点。TiO_2 禁带宽度为 3.2 电子伏,在太阳光和紫外光照射下,价带上的电子被激发,越过禁带进入导带,同时在价带上产生相应的空穴,产生电子—空穴对。在有氧气分子和水分子存在的前提下,就能在其表面产生具有强氧化作用的活性羟基、超氧离子、过羟基和双氧水,这些活性基团能够对有机物大分子(包括微生物)进行氧化分解,生成二氧化碳和水等无害物质,同时也可以把细菌、病毒等杀灭。从而起到杀菌、防霉、除臭作用,其杀菌效能高于传统的杀菌剂(如氯、次氯酸盐和过氧化氢等)。TiO_2 纳米环保和抗菌材料已在我们的生活中得到了广泛的应用。

显微探测技术

先进材料的研究与开发是支持新兴科学技术的基础,而先进材料研究与开发的最基本和最重要的问题是弄清其结构。但是人类仅仅用眼睛和双手认识和改造世界是有限的。例如,人眼能够直接分辨的最小间隔大约为 0.07 毫米,人的双手虽然灵巧,但不能对微小物体进行精确地控制和操纵。但是人类的思想及其创造性是无限的,当历史发展到 20 世纪 80 年代,一种以物理学为基础、集多种现代技术为一体的新型表面分析仪器——扫描隧道显微镜(STM)诞生了。STM 是一种基于量子隧道效应的新型高分辨率显微镜,它的工作原理是将极细的针尖和被研究物质表面作为两个电极,当施一电压于两电极之间,并使两极间距离足够接近,达到数埃(Å)时,由于量子效应,将有隧道电流产生于两极之间。当探针在样品表面扫描移动时,由于表面电子形态的变化,其隧道电流值将发生改变。如将其信号收集并加以处理,则可得到样品表面的三维空间结构及电子形态的信息。STM 的分辨率极高,纵向不低于 0.01 纳米,水平不低于 0.1 纳米,实现了人们"看"原子或分子的梦想。最初的 STM 工作主要集中于超高真空之中,用此技术第一次观察到了硅(111)表面的重构组织,从而轰动了整个科学界。STM 不仅具有很高的空间分辨率,能直接观察到物质表面的原子结构,而且还能对原子和分子进行操纵,从而将人类的主观意愿施加于自然。可以说 STM 是人类眼睛和双手的延伸,是人类智慧的结晶。基于 STM 的基本原理,随后又发展起来一系列扫描探针显微镜(SPM),如场离子显微镜(FIM)、原子力显微镜(AFM)、扫描力显微镜(SFM)、弹道电子发射显微镜(BEEM)和扫描近场光学显微镜(SNOM)等。这些新型显微技术都是利用探针与样品的不同相互作用来探测表面或界面在纳米尺度上表现出的物理性质和化学性质。

通过上述显微分析技术可以研究各种材料的微观组织形态,各个组成相之间的取相关系和界面状态以及晶体缺陷等的科学,它的应用面涉及各个研究领域,如生物医学、物理、化学、半导体材料、材料科学、陶瓷和矿物等各类固体样品。众所周知,任何一种材料的宏观性能或行为,都是由其微观组织结构所决定的。从近代发展的观点来看,为了比较透彻地描述或鉴定材料的组织结构,必须对它的化学成分、元素分布和组成相的形貌(包括形状、大小和分布)等有一个正确和全面的了解,因为所有这些方面的特征,都对材料的宏观性能有着十分敏感的影响。采用显微分析技术,特点就是将具有一定能量的电磁波(X射线、电子波或离子)入射到样品上,通过与样品的物质相互作用,激发表征材料微观组织结构特征的各种信息,检测并处理这些信息,从而给出纳米材料的形貌、成分和结构的丰富资料。

(郝霄鹏　吴拥中)

十一、建筑材料

建筑材料

　　建筑材料是土木工程中所用材料的总称，是土木建筑不可缺少的物质基础。从古代人类最初的穴居巢处、凿石成洞和伐木为棚，发展到秦砖汉瓦，以及近代钢材、水泥和混凝土的相继问世，建筑材料表征了社会的进步与时代的发展。一些宏伟壮观的宫阙、气势磅礴的万里长城以及三峡大坝等，都离不开建筑材料。建筑材料有多种分类方法：按其组成可分为金属、无机非金属、有机高分子和复合材料等；按用途分可为结构材料、功能材料、装饰材料和某些专用材料。建筑结构材料的范围非常广泛，包括木材、石材、水泥、混凝土、砖瓦、金属、陶瓷、玻璃、新型墙体材料、工程塑料和复合材料等。功能建筑材料包括了调温、调湿和调光材料，导电和导热材料，杀菌和除味材料，防辐射和抗静电材料，电磁屏蔽材料以及智能建筑材料等。建筑装饰材料的品种也越来越多，且更新较快，包括涂料、镀层、贴面、特殊陶瓷与玻璃等。专用建筑材料主要用于防水、防潮、防腐、防火、黏结、阻燃、隔音、隔热、保温和密封等。建筑材料长期受到各种外力和环境的作用，如风吹、日晒、雨淋、磨损和腐蚀等，性能会逐渐变化。在建筑工程中应当优先选择具有安全、耐久、无污染的材料，其次考虑功能和美观等因素。

　　传统意义上的建筑材料包括金属材料和无机非金属材料类的水泥、陶瓷和玻璃。金属材料包括金属及其合金，其主要特性是具有较高的强度和硬度，兼有一定的塑性和韧性，可以焊接或铆接，便于装配，广泛用于建筑工程。金属材料的主要缺点是耐腐蚀、耐磨和耐高温性能差。工业上将金属材料分为黑色和有色金属，黑色金属是指以铁为基本成分的金属及合金，如建筑钢材、铸铁等；有色金属是除黑色金属以外的所有金属及其合金，如建筑铝材等。水泥、陶瓷和玻璃是用量最大的典型无机非金属类建筑材料，其化学组成主要是氧化物、碳化物、氮化物、卤素化合物、硼化物以及硅酸盐、铝酸盐、磷酸盐和非氧化物等物质，其基本属性为高抗压强度、高熔点、高硬度、耐腐蚀、耐磨损及良好的抗氧化性和隔热性等，主要缺点为抗拉强度低和韧性差。它们是由天然矿物原料和化学原料经高温煅烧后制备的。

另外，绿色建材在国内外得到了快速发展。绿色建材又称为生态建材和环保建材，是指在原料采掘、产品制造和使用过程中以及在废弃物处理等环节中，对环境污染最小和有利于人类健康的建筑材料。绿色建材有以下几类：一是基本型，即满足使用性能和对人体无害的材料；二是节能型，即采用低能耗工艺获得的高性能建筑材料；三是循环型，即在制造与使用过程中，大量使用尾矿、废弃物，产品可循环或可回收利用；四是健康型，即产品的设计是以改善生活环境，提高生活质量为宗旨，有利于人体健康。

建筑材料用量直接影响到工程造价，一般约占建筑工程总造价的一半以上。因此，在考虑其制备技术与应用性能时，必须兼顾经济性。目前，建筑材料已成为一个庞大的产业，其品种和数量日益增多，质量和档次不断提高，以满足不断增长的社会需求。

特种水泥

在 1824 年，英国人阿斯普丁（J. A Spdin）取得了硅酸盐水泥的专利权。20 世纪初，许多不同用途的硅酸盐水泥相继出现，如快硬硅酸盐水泥、抗硫酸盐硅酸盐水泥、低热硅酸盐水泥以及油井水泥等。1907～1909 年，人们发明了以低碱性铝酸盐为主要成分的高铝水泥，具有早强快硬的特性。20 世纪 70 年代又出现了快硬硫铝酸盐水泥、氟铝酸盐水泥和铁铝酸盐水泥等品种。近年来，一些具有特殊性能的先进水泥基材料不断出现，如具有一定韧性和变形能力的 MDF 水泥，其抗压强度达 300 兆帕以上。

在建造像三峡大坝这类的大体积混凝土工程时，为了减少和防止坝体产生裂纹，需要专用的大坝水泥；建造海港码头这类的工程，为了抵抗海水的侵蚀，需用抗硫酸盐水泥来配制混凝土。通常我们把这些具有特殊性能或特殊用途的水泥统称为特种水泥，而把用于常规建筑工程的硅酸盐水泥、普通硅酸盐水泥、矿渣硅酸盐水泥、火山灰硅酸盐水泥、粉煤灰硅酸盐水泥和复合硅酸盐水泥等称为通用水泥。特种水泥，按其具有的特殊用途，可分为油井水泥、大坝水泥、道路水泥、海工水泥和生物水泥等；按其具有的特殊性能，可分为快硬早强水泥、膨胀和自应力水泥、抗硫酸盐水泥、白色和彩色水泥、耐高温水泥、耐酸水泥、低水化热水泥和防辐射水泥等；按其主要矿物组成体系，可分为硅酸盐水泥、铝酸盐水泥、硫铝酸盐水泥、铁铝酸盐水泥和氟铝酸盐水泥等系列。

特种水泥的生产工艺与常见的通用水泥的生产工艺基本相同，只是所用的原料、燃料以及工艺设备等依据所生产的水泥不同略有差异。特种水泥都具有某方面特殊的性能，以满足特殊工程的要求。如快硬早强水泥能在几分钟到十几分钟内硬化，适用于抢修工程、国防工程和低温负温施工工程；膨胀水泥适用于补偿收缩混凝土结构工程、防水抗渗混凝土工程以及接缝、梁柱和管道接头、固结机器底座和地脚螺栓等工程；自应力水泥主要用于减小或防止混凝土的干缩裂缝；抗硫酸盐水泥可用于易受硫酸盐侵蚀的海工和地下工程；道路水泥主要用于修建高等级路面工程和地面工程。高铝水泥具有快硬早强特性，不仅适用于军事工程，而且还广泛用于各类抢修工程、冬季施工和要求早强的特殊工程。另外，高铝水泥还有良好的耐高温特性，可用于配制耐热混凝土，做窑炉内衬材料，这种水泥还是配制膨胀水泥和自应力水泥的主要组分。在对一些复杂的工程地质条件进行整治处理时可以采用灌浆水泥，例如，利用灌浆材料填充大坝等坝基的裂隙、坝体收缩缝、修补混凝土的裂缝以及堵塞蓄水构筑物的渗漏等。油井水泥是在开采和勘探石油、天然气时，对油、气井固井处理的专用水泥品种，灌入的水泥浆硬化后使套管与井壁紧密固结为一体，将地层内不同的油、气、水层封隔起来，形成通畅的油流通道。为了解决能源紧缺，人们加大了对核能的利用，同时也产生了更多的核工业废料需要处理，采用防辐射水泥配制的防辐射混凝土是解决这一问题比较安全和有效的方法。另外，还有一些特种水泥，可以用于固化沙漠，同时还可以种植植物；有的可以做成人造牙齿和人造骨骼。

发达国家很早就开始了特种水泥的研究和开发。特别是 20 世纪 30 年代以后，为了满足不同工程建设的需要，在特种水泥的研制和开发方面的投入逐年增加,大大促进了特种水泥的发展。迄今为止,世界上特种水泥的产量已占水泥总产量的 5%～10%,品种达百余种。我国在特种水泥方面的研究进步很快。解放初期,仅有白色硅酸盐水泥一种专用水泥。20 世纪 50 年代开始对特种水泥的研制和开发,历经仿造、自主开发和创新 3 个阶段的发展,我国的特种水泥在品种和数量方面都跨入世界先进行列。迄今为止,我国已研究开发了 60 余种特种水泥。可以预见,随着国民经济和科学技术的发展,越来越多的具有各种新奇性能的特种水泥将不断涌现。

建筑钢材与铝合金

钢材是最重要和最主要的建筑材料之一,据估计,建筑材料用钢占钢材产量的一半左右。不仅可以用其提高建筑材料的韧性,还可以直接用于搭建建筑,如巴黎埃菲尔铁塔就是最著名的用钢材建成的建筑作品的代表。

钢材主要指用于钢结构的各种型材(如角钢、槽钢、工字钢和圆钢等)、钢板、钢管和用于钢筋混凝土结构的各种钢筋、钢丝等。钢材具有强度高、塑性和韧性好、能承受冲击和振动荷载、可焊可铆以及易于加工、装配等优点。在建筑工程中,钢材用来制作钢结构构件及做混凝土结构中的增强、增韧材料,尤其在大跨度、大荷载、高层的建筑中,钢材是不可或缺的材料。其用于混凝土结构中可显著改变混凝土结构韧性差的缺陷,是混凝土技术发展过程中的一次革命。

钢是由生铁冶炼而成。在理论上含碳量在 2% 以下,含有害杂质较少的铁碳(Fe-C)合金可称为钢。钢材的性质主要包括力学性能(抗拉性能、冲击韧性、耐疲劳和硬度等)和工艺性能(冷弯和焊接)两个方面。钢材按化学成分分为碳素钢和合金钢;按质量分为普通钢、优质钢和高级优质钢;按用途分为结构钢、工具钢和特殊钢。目前,在建筑工程中常用的是普通碳素结构钢和普通低合金结构钢。碳素结构钢的主要技术要求包括化学成分、力学性能、冶炼方法、交货状态和表面质量五个方面。建筑工程中常用的碳素结构钢牌号为 Q235,它既具有较高的强度,又具有较好的塑性和韧性,可焊性也好,故能较好地满足一般钢结构和钢筋混凝土结构的用钢要求。低合金高强度结构钢是在碳素结构钢的基础上添加少量的一种或多种合金元素(总含量<5%)而制成,目的是提高钢的屈服强度、抗拉强度、耐磨性、耐蚀

性与耐低温性等。主要用于轧制各种型钢(角钢、槽钢、工字钢)、钢板、钢管及钢筋,广泛用于钢结构和钢筋混凝土结构中,特别适用于各种重型结构、大跨度结构、高层结构及桥梁工程等。

钢筋混凝土结构用钢分为热轧钢筋、冷轧带肋钢筋、预应力混凝土用热处理钢筋、预应力混凝土用优质钢筋及钢绞线。热轧钢筋分为热轧光圆钢筋、热轧带肋钢筋与热轧热处理钢筋,广泛用于普通钢筋混凝土构件的受力筋、各种钢筋混凝土结构的构造筋、大中型钢筋混凝土结构的受力钢筋和预应力钢筋。冷轧带肋钢筋具有强度高、塑性好、与混凝土黏结牢固、用量少、质量稳定等优点。预应力混凝土用热处理钢筋是用热轧带肋钢筋经淬火和回火调质处理后的钢筋,主要用作预应力钢筋混凝土轨枕,也可用于预应力梁、板结构及吊车梁等。预应力混凝土用优质钢筋主要用于大跨度屋架及薄腹梁、大跨度吊车梁、桥梁、电杆和轨枕等的预应力钢筋。预应力混凝土用钢绞线是由高强度钢丝绞捻后经一定热处理清除内应力而制成,主要用于大跨度、大负荷的后张法预应力屋架、桥梁和薄腹梁等结构的预应力筋。

需要看到,虽然钢材显著提高建筑结构的韧性,但锈蚀是其面临的主要问题,每年因钢铁锈蚀造成的经济损失数以万亿计。另外,钢材用于建筑中时易因受火灾影响而性能劣化,主要是力学性能劣化,这是其用于钢结构构件主要令人担心的问题。

铝是一种轻金属,在金属中用量仅次于钢铁,为第二大类金属。铝的导电性、延展性良好,应用范围十分广泛,是国民经济发展的重要基础原材料。在建筑业上,由于铝在空气中的稳定性和阳极处理后的极佳外观而得到了广泛的应用。铝合金是纯铝加入一些合金元素(锰、铜、镁、锌)等制成的。铝合金仍然保持了质轻的特点,但比纯铝具有更好的物理力学性能:易加工,耐久性高,机械性能明显提高,适用范围广,装饰效果好及花色丰富。铝合金分为防锈铝、硬铝和超硬铝等种类。铝合金板材、型材表面可以进行防腐、轧花、涂装和印刷等二次加工,制成各种装饰板材、型材,作为装饰材料。铝合金材料在建筑业的应用主要有门窗、龙骨和装饰板材三个方面。铝合金门窗具有轻质、高强、密闭性能好、变形小、美观、耐腐蚀、易于施工和便于工业化生产等特点。龙骨是一种用来支撑造型、固定结构的材料,铝合金龙骨具有重量轻、刚度大、防火与抗震性能好、加工和安装方便等特点。铝塑板是由内外两面铝合金板、低密度聚乙烯芯层与黏合剂复合为一体的轻型墙面装饰材料,广泛用于建筑物的外墙装饰、建筑隔板、内墙用装饰板、招牌、展板和广告宣传牌等。

土工合成材料

土工材料在远古时期即已得到应用,先人使用稻草来改善土砖性能,用棍棒和树枝加固他们的泥房;著名的都江堰水利工程大量采用竹笼加石块围护江堤;在国外,17世纪和18世纪,法国移民沿加拿大的Fundy湾用棍棒加固泥堤,在英国等国家,采用木桩来控制滑坡。现代土工材料一般都是以人工合成的聚合物,即塑料、化学纤维、合成橡胶为原料制成各种类型的产品,故称之为土工合成材料。土工合成材料是一种新型岩土工程材料,一般置于土体内部、表面。土工合成材料具有质量轻、柔性大、强度高、耐腐蚀、生产工厂化、成本低、运输和施工方便等众多优点,目前已广泛用于水利、电力、公路、铁路、建筑、海港、采矿、机场、军工和环保等各领域的工程。

目前,对土工合成材料还没有统一的分类原则。总体来讲,可分为四大类:土工织物、土工膜、复合土工合成材料和特种土工合成材料等。具体包括:土工织物、土工膜、土工网、土工格栅、土工垫、土工格室、条带、拉杆、土工泡沫塑料、输水管道、塑料排水带(板)等,以及由两种以上的材料组合而成的复合型材料。

土工合成材料具有以下多种功能:

(1)过滤作用或反过滤作用:水和气可自由地通过土工织物,但土颗粒却被有效截留或控制,典型的用途为代替沙砾料做反滤材料。土工织物起反滤层的作用,并不是说土工织物成了反滤层,而是因为有了土工织物的"媒介"作用,在被保护的土体内部形成了一道由粗颗粒到细颗粒的"天然"反滤层,保证土体不致发生管涌。

(2)排水作用:用土工织物汇集土体中的渗水,并将渗水沿垂直于织物平面或沿平行于织物平面所在方向排出土体外。例如用于地下或坝内排水。

(3)隔离作用:利用土工织物或土工薄膜将两层性质不同或粒径不等的石料分开,以免相互掺杂产生不均匀沉陷。例如,用作铁路地基和道砟的隔层。

（4）加筋作用：使土中应力和应变重新分布，增加其强度和稳定性。例如用于软基加固、修筑轻型挡土墙等。

（5）防护作用：防止坡面在渗流力或波浪力作用下的坍塌、淘刷和失稳。例如用于河道和海岸的防冲护坡。

（6）封闭和防渗作用：阻止水、气或有害物质的渗流。例如用于水池或渠道防渗、弃料坑的封闭等。

（7）减载作用：利用泡沫塑料取代常规回填土，以减轻下部结构或土体所承受的荷载。对于各个具体工程来说，土工合成材料常常同时发挥上述几种功能，起着多方面的综合作用。

20世纪50年代末期，开始将合成纤维材料应用于土建工程；至20世纪70年代，由于纺粘法无纺布的大量生产，使土工织物的应用有了新的发展，其应用范围日益广泛；20世纪80年代以后，土工合成材料的应用又有了新的飞跃，产品形式不断革新，各种复合型、组合型土工合成材料不断涌现。土工合成材料在我国的应用开始于20世纪60年代中期，首先是土工膜在渠道防渗方面的应用，以后推广到水库、水闸和蓄水池等工程。20世纪80年代以后，土工织物的应用日渐增多，土工排水板、土工网、土工格栅和土工模袋等土工合成材料在我国也得到长足发展。至20世纪90年代末期，土工合成材料开始在一些大型重点工程中得以应用，如三峡工程、秦山核电工程、长江口整治工程、治黄工程和治淮工程等。

保温隔热材料

能源与人民的生活密切相关，采暖、照明、炊事和交通等都离不开它。随着各国工业化进程的发展，地球上可供人类利用的能源已日益枯竭，而建筑能耗在人类整个能源消耗中所占比例很高。因此，发展和应用建筑保温隔热材料，对于缓解能源危机以及提高人民的居住水平具有极其重要意义。

建筑保温隔热材料是建筑节能的物质基础。热的传递是通过对流、传导及辐射3种途径来实现的。保温隔热材料是指对热流具有显著阻抗性的材料或材料复合体，它能防止住宅、生产车间、公共建筑及各种暖气设备（如锅炉、暖气管道等）中热量的散失。其导热系数小于0.14瓦/（米·开）。保温隔热材料通常是多孔材料，结构上的基本特点是具有高的孔隙率，材料的气孔尺寸一般在3～5毫米范围内。其结构可分为纤维状结构、多孔结构、粒状结构和层状结构。在建筑工程中保温隔热材料主要用于墙体和屋顶保温隔热,热工设备、热力管道的保温,有时也用于冬季施工的保温,同时,在冷藏室和冷藏设备上也大量地使用。

建筑保温隔热材料按材质可分为无机保温材料和有机保温材料。按材料的物理形态可分为纤维状保温材料、散粒状保温材料和多孔保温材料。按材料使用温度可分为低温保温材料(使用温度低于250℃)、中温保温材料(使用温度为250～700℃)和高温保温材料(使用温度在700℃以上)。按机械强度可分为硬质、半硬质和软质制品。按应用方式可分为填充物、包覆物、衬砌物及预制品等。

常用的保温隔热材料主要是无机保温隔热材料和有机保温隔热材料。无机保温隔热材料一般是用矿物质原料制成,呈散粒状、纤维状或多孔状构造,可制成板、片、卷材或套管等形式的制品,主要包括石棉、岩棉、矿渣棉、玻璃棉、膨胀珍珠岩、膨胀蛭石和多孔混凝土等。石棉为常见的保温材料,是一类纤维状无机结晶材料。膨胀蛭石是一种复杂的镁、铁含水硅酸盐矿物,成因复杂,一般认为是由金云母或黑云母变质而成,具有层状结构,层间有结晶水。将天然蛭石经晾干、破碎、筛选和煅烧后即可得到膨胀蛭石。膨胀后的蛭石薄片间形成空气夹层,其中充满无数细小孔隙,是一种良好的无机保温材料,既可直接作为松散填料用于建筑,也可用水泥、水玻璃、沥青和树脂等做胶结材,制成膨胀蛭石制品。珍珠岩是一种火山玻璃质岩,由地下喷出的熔岩在地表水中急冷而成。将珍珠岩原矿破碎、筛分后快速通过煅烧带,可使其体积膨胀20倍,是一种表观密度很小的白色颗粒物质,具有轻质、绝热、吸音、无毒、无味、不燃和熔点高于1 050℃等特点。在建筑保温隔热工程中得到广泛应用,主要用来制造各种轻质制品,常见的有膨胀珍珠岩保温混凝土、水玻璃膨胀珍珠岩制品、磷酸盐膨胀珍珠岩制品和沥青膨胀珍珠岩制品等。有机保温隔热材料是由有机原料制成的保温隔热材料,主要包括软木、纤维板、刨花板、聚苯乙烯泡沫塑料、脲醛泡沫塑料、聚氨酯泡沫塑料和聚氯乙烯泡沫塑料等。泡沫塑料是高分子化合物或聚合物的一种,它是以各种树脂为基料,加入各种辅助料,经加热发泡制得的轻质保温材料,其表观密度小,隔热、隔音性能好,加工、使用方便。纤维板是用植物纤

维、无机纤维制成的,或是用水泥、石膏将植物纤维凝固而成的人造板。

今后,随着我国国民经济的进一步发展,建筑保温隔热材料将呈现蓬勃发展的局面。

墙体材料

无论是巍峨壮观的长城,还是我们家庭日常居住的房屋,都离不开墙。构成墙的材料称为墙体材料,是指用来砌筑、拼装或其他方法构成建筑物的承重墙、非承重墙等围护结构的材料,也是建筑中用量最大的一种建筑材料。传统的墙体材料主要是指黏土砖(又称红砖),已有上千年的使用历史了。现在将凡是用黏土为主要原料,以不同工艺制成的、在建筑中用于砌筑的砖统称黏土砖。黏土砖又分普通砖和空心砖两大类。传统的黏土砖生产工艺简单、成本低,所以用量大,但黏土是优良的农田资源,开采过度会严重浪费农业资源,并且生产过程耗能高,效率低。所以目前我国开始限制黏土砖的使用,转而大力推广新型墙体材料。

新型墙体材料泛指传统黏土砖以外的各种墙体材料,是指采用先进的加工方法,制成具有轻质、高强和多功能等适用于现代建筑要求的材料。目前新型墙体材料分六类:

(1)非黏土砖:包括大孔洞率的非黏土烧结多孔砖和空心砖、混凝土空心砖和空心砌块以及烧结页岩砖等。

(2)建筑砌块:一种比砌墙砖尺寸大的墙体材料,具有适用性强、原料来源广、制作和使用方便等特点,常见的有粉煤灰砌块、混凝土砌块和蒸压加气混凝土砌块等,是目前使用广泛的替代黏土砖的材料。例如粉煤灰砌块是以粉煤灰、石灰、石膏和骨料等为原料,加水搅拌、振动成型、蒸汽养护而成的密实砌块,适用于砌筑民用和工业建筑的墙体和基础。蒸压加气混凝土砌块是由含钙材科(水泥或生石灰)和含硅材料(砂、粉煤灰、矿渣等)经搅拌、发气、切割、蒸压处理而成,具有质轻、绝热性能好、吸声、加工方便、施工效率高等优点。还有以石膏为主要原材料的石膏砌块等。建筑砌块按照成型工艺还可分为空心砌块和实心砌块等。

(3)建筑墙体板材:按照所起作用不同,可分为外墙板和内墙板。外墙板因其外表面要受外界气温变化的影响及风吹、雨淋、冰雪和大气的侵蚀作用,除应满足承重要求外,还要考虑保温、隔热、坚固、耐久、防水以及抗冻等方面的要求。对于内墙板则应考虑防潮、隔声、质轻等的要求。外墙板按其构造和特点分为单一材料板,如加气混凝土板等;多层复合板,如石棉水泥板、矿棉板和石膏板组成的复合板、钢丝网水泥板和加气混凝土组成的复合板以及陶粒混凝土矿棉夹心板等。内墙板大体可划分为3种类型:一是利用各种轻质材料制成的内墙板;二是用各种轻质材料制成的空心板,如石膏膨胀蛭石空心板、石膏膨胀珍珠岩空心板和碳化石灰空心板等;三是用轻质薄板制成的多层复合板,如纸面石膏复合墙板等。另外还有金属面夹芯板等各种新式墙板。

（4）原料中掺有不少于30％的工业废渣、农作物秸秆、垃圾和江河淤泥等的墙体材料产品,能够充分利用废渣资源,保护环境。

（5）预制及现浇混凝土墙体:指用水泥混凝土制成的厚重墙体,主要用于军事工程、防护工程等。

（6）钢结构和玻璃幕墙:具有美观大方的特点,充满现代气息的城市建筑经常采用。

这些新型墙体材料具有节约能源、保护环境、综合利用废弃物资源和节约土地等优势,并且性能优于传统墙体材料。

防水材料

"屋漏偏逢连阴雨",是描述人处境艰难时常用的一句话。人们居住的房屋本来是遮风挡雨的庇护所,但如果屋顶漏水,的确是很大的麻烦。所以人们发明了防水材料。它是指防止水对建筑物和构筑物的渗透、渗漏和侵蚀,保证内部空间不受水危害的材料。防水材料可分为四大类:防水卷材、防水涂料、密封材料和刚性防水及堵漏止水材料。

防水卷材由于出厂时像纸张一样卷起来,使用时才铺开,所以形象地称为卷材,广泛用于地下、屋面、水工和工业等各种建筑工程,主要分为沥青基防水卷材和高分子防水卷材。沥青基防水卷材主要包括沥青纸胎油毡（因形似毛毡,又俗称油毛毡）和改性沥青油毡。沥青纸胎油毡成本低,但遇热不稳定,延伸率低且污染环境,已面临淘汰。改性沥青油毡是采用高分子材料改性后的沥青做涂盖层,以聚氨酯胎或玻璃纤维胎为主的卷材,是目前发展较快的新型防水材料,具有耐高温、耐寒性好、低温不开裂、弹性好和高延伸率等特点。沥青基防水卷材按生产方法可分为浸渍法和辊压法。高分子防水卷材是以合成橡胶、合成树脂或二者共混体为基料,再加入适量的助剂和填料制成的薄片状防水卷材。根据原料的不同,主要分为三元乙丙卷材、聚氯乙烯卷材、氯化聚乙烯卷材、聚烯烃卷材、橡塑共混卷材和聚乙烯丙纶卷材等。具有抗拉强度高、弹性好、耐高温、低温柔性好、稳定性好、使用寿命长及施工方便等优点。成型方法有压延法和挤出压片法两种。

防水涂料可以使用刷子、喷枪等工具涂抹到工程上,主要用于涂膜防水施工。可适用大面积、复杂结构工程,具有整体性和黏合性好、操作简单等优点。防水涂料按分散介质分为溶剂型和水乳型两大类。溶剂型防水涂料成本高、易燃、污染大,水乳型防水涂料具有成本低、无味、不燃的特点,已被广泛使用。防水涂料按主体组分可分为改性沥青防水涂料和高分子防水涂料。聚氨酯防水涂料属于高分子防水涂料,是目前我国使用最多的防水涂料。

密封材料又称嵌缝材料,用以填充施工缝、连接缝、变形缝等。具有黏结性能好、弹性好、高气密性和水密性的特点。密封材料可分为定型材料(压条和密封条)和不定型材料(密封胶、密封膏和腻子等)两大类。例如聚氯乙烯(PVC)塑料油膏具有较高的黏结力和延伸性,且价格低廉;聚氨酯密封膏具有常温固化、适用范围广和耐久性好等优点;硅酮密封膏可用于玻璃、幕墙、结构、石材、金属屋面及陶瓷面砖等的密封,具有高抗拉能力、耐候性好、良好的伸长和压缩恢复能力等优点。

刚性防水材料是指以水泥、砂石为原料,掺入少量防水剂配制成的具有一定抗渗透能力的水泥砂浆混凝土类的防水材料。主要用于刚性防水层,具有防水承重的双效功能,且便于施工、造价低廉及耐久性好。与普通的水泥混凝土相比,具有密实度高、孔隙率低等特点。堵漏止水材料是指凝结时间快,早期硬化强度高的防水材料,主要用于堵住涌水、堤坝抢险等紧急工程。主要包括无机粉状防水堵漏材料、水溶性及油溶性材料等。

建筑装饰材料

现代建筑不仅要满足人们物质生活的需要,还应作为艺术品给人们创造舒适的环境。建筑装饰是依据一定的方法对建筑物进行美的设计和美的包装。艺术家们很久以前就把设计美观、造型独特和色彩适宜的建筑称之为"凝固的音乐"。建筑装饰材料是集材料、工艺、造型设计及美学于一体的材料,多用在建筑物表面,就好像是建筑物的"外衣",不仅美化建筑物与环境,也起着保护建筑物的作用。

建筑装饰材料按化学成分可分为无机装饰材料、有机装饰材料和复合型装饰材料;按用途可分为外墙装饰材料、内墙装饰材料、地面装饰材料和吊顶装饰材料等。外墙装饰材料包括天然石材(大理石、花岗岩)、人造石材(人造大理石、人造花岗岩)、瓷砖(陶瓷面砖和马赛克)、玻璃制品(玻璃马赛克、特种玻璃)、白水泥、彩色水泥、装饰混凝土、铝合金、外墙涂料和碎屑饰面(水磨石、干粘石)等。内墙装饰材料包括内墙涂料、墙纸与墙布、织物类、微薄木贴面装饰板、金属浮雕艺术装饰板、玻璃制品和人造石材等。地面装饰材料包括地毯类、塑料地面、地面涂料、陶瓷地砖、人造石材、天然石材和木地板等。吊顶装饰材料包括塑料吊顶材料(钙塑板等)、铝合金吊顶、石膏板、墙纸装饰天花板、玻璃钢吊顶装饰板、矿棉吊顶吸音板和膨胀珍珠岩装饰吸音板等。建筑装饰材料是建筑装饰工程的物质基础,装饰工程的总体效果、功能的实现,都是通过运用装饰材料及其配套产品的质感、色彩、图案及功能等体现出来。正是由于大量的新型建筑装饰材料的出现,推动了建筑装饰行业的发展。同样,人们要求现代建筑设计新颖、造型美观、功能合理、装饰雅观,这就要求品种多样、性能优良、造型美观的装饰装修材料。

建筑装饰材料很早就应用在建筑物中。如北京的故宫、天坛和颐和园,曲阜的孔庙等古建筑以金碧辉煌、色彩瑰丽著称于世,这归功于各种色彩的琉璃瓦、熠熠闪光的金箔、富有玻璃光泽的孔雀石、青石和汉白玉大理石等古代建筑装饰材料的点缀。随着建筑业的快速发展,特别是大量高级宾馆、饭店、大型商场、体育馆和艺术娱乐建筑的兴建,以及人们对物质和精神需求的不断增长,现代建筑装饰材料得到迅猛发展,新材料层出不穷。建筑装饰材料应朝着功能化、复合化、系列化和规范化的方向发展。

建筑玻璃

玻璃的品种和用途有很多,我们日常多见的是明净光亮、晶莹剔透的窗玻璃。玻璃是由石英砂、纯碱、长石和石灰石等为原料,经熔融、成型、冷却及固化而成的无机非晶材料。按成分可分为硅酸盐玻璃、磷酸盐玻璃、硼酸盐玻璃和铝酸盐玻璃等,最常用的是硅酸盐玻璃。使用在建筑物上的玻璃即为建筑玻璃,它传统的功能主要是遮风、避雨和采光,而现代建筑玻璃还具有反光、隔热、隔声、防火和电磁波屏蔽等功能。

建筑平板玻璃的生产工艺分垂直引上法和浮法两种,目前主要采用浮法。浮法玻璃是将混合原料高温熔融成玻璃液,进入锡槽内熔融的锡液上铺展摊平而制成的玻璃,其表面平整光洁无波纹,光学性能好,透视性佳,机械强度好,化学稳定性好。平板玻璃还是各种建筑玻璃深加工产品的原片。

根据深加工工艺和主要性能,建筑玻璃还有以下主要品种:

(1)钢化玻璃:是经过化学(离子交换)法或物理(淬冷)法强化处理,具有良好的机械性能和抗热震性能的玻璃。它具有强度高(抗弯强度是普通玻璃的3~5倍,抗冲击强度是5~10倍)、使用安全(破坏后呈无锐角的小碎片,对人体的伤害很小)和耐急冷急热性能好(比普通玻璃高2~3倍,可有效防止热炸裂)等特点。

(2)中空玻璃:采用灌有高效干燥剂的铝框固定玻璃原片,再将惰性气体充入玻璃之间,密封而成的。它具有隔热节能、隔音降噪、防结霜和结露等优点。

(3)压花玻璃:采用压延方法制造,即熔融的玻璃液通过表面有凹凸花纹的水冷轧辊而制成的表面有图案的玻璃。它具有透光不透视的突出特点。

(4)夹层玻璃(防弹防盗玻璃):是在加热和压力的作用下,用聚乙烯醇缩丁醛(PVB)胶片将2片或多片玻璃黏结起来的复合结构玻璃,破碎时碎片仍黏附在中间层胶片上,可防止碎片飞溅伤人,还具有防弹功能。

(5)镭射玻璃:是普通玻璃经特种工艺处理构成全息光栅或几何光栅而制成的玻璃,在光源照射下,会产生物理衍射的七彩光,使人感受到光谱分光的颜色变化,给人以华贵、高雅、美妙和神奇的感觉。

(6)吸热玻璃:是在熔制过程中加入氧化铁或氧化钴等着色氧化物制成的染色玻璃,或者在普通玻璃表面喷涂氧化锡、氧化锑、氧化铁或氧化钴等着色氧化物薄膜而制成的玻璃,能够吸收大量红外线辐射而又保持良好的可见光透过性。

（7）热反射玻璃：是采用涂层方法在玻璃表面涂上一层极薄的金属和非金属氧化物薄膜，或采用电浮法向玻璃表层渗入金属离子以置换其原有离子而形成热反射膜后制成的玻璃。它具有较高的热反射性，又保持了良好的透光性，而且具有单向透视功能。

此外，还有智能调光（电致变色）玻璃、电磁屏蔽玻璃、防火玻璃和自洁净玻璃等功能性建筑玻璃。

建筑卫生陶瓷

我国是最早拥有陶瓷制作技术的文明古国。早在新石器时代晚期，我国劳动人民就能制作陶瓷，到魏晋南北朝时期，陶瓷制作技术已达到了相当成熟的程度。

陶瓷是把黏土等各种原料经过适当的配比、粉碎、成型并在高温下焙烧而成的制品。陶瓷有有釉与无釉之分。釉是性质极像玻璃的物质，它不仅起装饰作用，而且可以提高陶瓷的机械强度、表面硬度和抗化学侵蚀等性能。由于釉是光滑的玻璃物质，气孔极少，便于清洗污垢，给使用带来方便。陶瓷坯体由经过高温焙烧后生成的晶相、玻璃相、原料中未参加反应的石英和气孔组成。晶相物质能够提高陶瓷制品的物理及化学性能，如机械强度、耐磨性和热稳定性等，但它透光性差、断面粗糙。玻璃相填充在晶相物质周围使之成为一个连贯的整体，提高陶瓷的整体性能。玻璃相能够提高陶瓷的透光性，使断面细腻。含有一定量的没有参加反应的游离石英能使坯体和它表面的釉层之间性能更接近，结合性更好。存在于陶瓷中的气孔使之折光射降低、强度降低和吸水率增大。

建筑卫生陶瓷是指主要用于建筑物饰面、建筑构件和卫生设施的陶瓷制品，包括建筑陶瓷和卫生陶瓷两大类。

建筑陶瓷按品种可分为四类：陶瓷墙地砖是指由黏土和其他无机原料生产的薄板，用于覆盖墙面和地面。通常在室温下通过挤、压或其他成型方法成型，然后干燥，再在满足性能需要的一定温度下烧成。饰面瓦是指以黏土为主要原料，经混炼、成型、烧制而制得的陶瓷瓦，用来装饰建筑物的屋面或作为建筑物的构件。建筑琉璃制品是指用于建筑物构建及艺术装饰的具有强光泽色釉的陶器。陶管是指用来排输污水、废水、雨水、灌溉用水或排

输酸性、碱性废水及其他腐蚀性介质所用的承插式陶瓷管及配件。

卫生陶瓷按其功能可分为以下几类：① 洗面器：又分为壁挂式、托架式、立柱式和台式。② 大便器：又分为坐便器和蹲便器，从外形上分为水箱与便器合在一起的连体式和水箱与便器分开的分离式两种；从结构上可分为冲落式和虹吸式两种，蹲便器分有档和无档两种。③ 小便器：分为壁挂式、落地式和斗式。④ 洗涤器（净身器、妇洗器）：是带有喷水系统，洗涤人体排泄器官的有釉陶瓷质卫生设备，可分为斜喷式和真喷式两种。⑤ 水槽：分为洗涤槽（厨房用）和化验槽（化验室用）。⑥ 水箱：分为低位水箱（与坐便器配套、带盖）和高位水箱（与蹲便器配套使用）。⑦ 存水弯：是内管壁施釉，安装在排污管道上，用于排污和存水防臭的陶瓷管道。⑧ 配件卫生陶瓷：包括肥皂盒、手纸盒、化妆板、衣帽钩及毛巾托架等。⑨ 淋浴盆：即淋浴间底部用的带有排水孔的陶瓷盆。

沥青及其制品

沥青这种黑色（或褐色）物质早已为大家所熟悉，在我们常见的路面铺设和屋面防水工程中，已经得到广泛的应用。沥青按产源可分为地沥青和焦油沥青两大类。地沥青又分为天然沥青和石油沥青。天然沥青是指存在于自然界中的沥青矿，经提炼加工后得到的沥青产品；石油沥青是石油原油经分馏提出各种石油产品后的残留物，再经加工制得的产品。焦油沥青又分为煤沥青和页岩沥青。煤沥青是煤焦油经分馏提出油品后的残留物，再经加工制得的产品；页岩沥青是油页岩炼油工业的副产品。

建筑工程中常用的沥青材料，绝大多数是石油沥青和少量的煤沥青。石油沥青属于一种有机胶凝材料，在常温下呈固体、半固体或黏性液体状态，它是由许多高分子碳氢化合物及其非金属（如氧、硫、氮等）衍生物组成的复杂混合物。沥青的化学成分很复杂，为了便于分析研究和实用，常将其物理、化学性质相近的成分归类为若干组，称为组分。通常将沥青分为油分、树脂（沥青脂胶）和地沥青质（沥青质）三种组分。不同的组分对沥青性质的影响不同。

沥青的技术性质主要包括黏滞性（又称黏性）、塑性、温度敏感性（又称温度稳定性）和大气稳定性。黏滞性反映了沥青材料内部阻碍其相对流动的一种特性,常用针入度(对于黏稠的沥青)和标准黏度(对于液体沥青或较稀沥青)来表示;塑性是指沥青在外力作用时产生变形而不破坏,除去外力后仍保持变形后的形状的性质,用延度(伸长度)表示;温度敏感性是指沥青的黏滞性和塑性随温度升降而变化的性能,土木工程宜选用温度敏感性较小的沥青;大气稳定性是指沥青在热、阳光、氧气和潮湿等因素长期综合作用下抵抗老化的性能。总的说来,石油沥青的性能优于煤沥青,煤沥青由于含有蒽、酚等而有毒性和臭味,防腐能力较好,适用于木材的防腐处理。

此外,为了评定沥青的品质和保证施工安全,还需了解沥青的溶解度、闪点和燃点。闪点(也称闪火点)是指加热沥青至挥发出的可燃气体和空气的混合物,在规定条件下与火焰接触,初次闪火时的沥青温度;燃点(也称着火点)是指加热沥青产生的可燃气体和空气的混合物,与火焰接触能持续燃烧 5 秒以上时的沥青温度;燃点比闪点约高 10℃。闪点和燃点的高低表明沥青引起火灾或爆炸的可能性的大小,它关系到沥青运输、储存和加热使用等方面的安全。

普通石油沥青的性能有时不能完全满足工程的要求,为此,常采取掺加橡胶、树脂和矿物填充剂等措施对其进行改性,改性后的新沥青称为改性沥青。沥青除了用作胶凝材料拌制沥青混凝土外,还加工成不同的沥青制品以满足不同用途的要求。建筑上常用的沥青制品有沥青防水卷材(如各种油毡)、改性沥青防水卷材(如 SBS 卷材、APP 卷材)、沥青防水涂料(如冷底子油、沥青胶、水乳型沥青涂料)、高聚物改性沥青防水涂料等。

建筑塑料

塑料是大家非常熟悉的一种材料,我们的日常生活几乎已离不开塑料制品,各种工程中也都广泛应用塑料制品。塑料具有加工性能好、质轻、比强度大、导热系数小、化学稳定性好、电绝缘性好和富有装饰性等优点。同时,具有易老化、易燃、耐热性差和刚度小等缺点。建筑塑料是指用于建筑工程的各种塑料及其制品。

塑料按使用性能和用途可分为通用塑料、工程塑料和特种塑料。通用塑料是指产量大、价格低和应用范围广的塑料,是建筑中应用较多的塑料。包括六大品种,即聚乙烯、聚氯乙烯、聚丙烯、聚苯乙烯、酚醛和氨基塑料。

通用塑料占全部塑料产量的 3/4 以上。工程塑料是指具有机械强度高、刚性较大、可以代替钢铁和有色金属制造机械零件和工程结构的塑料,例如ABS、聚碳酸酯塑料等。特种塑料是指耐热或具有特殊功能、特殊用途的塑料,产量小、价格高。塑料按其热性能可分为热塑性塑料和热固性塑料。热塑性塑料受热时软化或熔化,冷却后又硬化,这一过程可反复多次进行,冷热过程中不发生化学变化。热固性塑料在加工过程中,受热先软化,然后固化成型,变硬后不能再软化,其加工过程中发生化学变化。塑料按组成成分的多少可分为单组分塑料和多组分塑料。单组分塑料仅含有合成树脂,如"有机玻璃"就是由一种被称为聚甲基丙烯酸甲酯的合成树脂组成。多组分塑料除含有合成树脂外,还含有填充料、增塑剂、固化剂、着色剂、稳定剂及其他添加剂。建筑上常用的塑料制品一般都属于多组分塑料。树脂在塑料中主要起胶结作用,是决定塑料性质的最主要因素。填充料又称填充剂或填料,是为了改善塑料制品某些性质如提高塑料制品的强度、硬度和耐久性以及降低成本等而在塑料中加入的一些材料。增塑剂是为了提高塑料在加工时的可塑性和制品的柔韧性、弹性等,在生产和加工过程中加入的少量添加材料。固化剂又称硬化剂或熟化剂,其主要作用是使某些合成树脂的线型结构交联成体型结构,从而使树脂具有热固性。稳定剂是为了提高塑料制品的耐热、耐光和耐氧化等作用,稳定塑料制品的质量,延长塑料制品的使用寿命,在塑料制品的生产加工过程中加入的各种添加材料。着色剂是为了使塑料制品具有特定的色彩和光泽,在塑料制品的生产加工过程中加入的添加材料。

建筑塑料按制品的形态可分为薄膜制品、薄板、管材、泡沫塑料、复合板材和盒子结构等。常用的建筑塑料制品主要有塑料地板、塑料地毯、塑料壁纸、塑料装饰板、塑料门窗、建筑用塑料管道和玻璃钢建筑制品等。

建筑涂料

涂料是指涂敷于物体表面,能与物体表面黏结在一起,并能形成连续性涂膜,从而对物体起到装饰和保护作用,或使物体具有某种特殊功能的材料。建筑涂料是涂料中的一个重要类别,是涂敷于建筑构件的表面,并能与建筑构件表面材料很好地黏结,形成完整保护膜的材料。在我国,一般将用于建筑物内墙、外墙、顶棚、地面和卫生间的涂料称为建筑涂料。

建筑涂料一般由基料(也称成膜物质、胶粘剂)、颜料、填料、溶剂及各种助剂所组成。基料是涂料中最重要的组分,对涂料的性能起着决定性的作用。颜料的主要作用是使涂膜具有所需要的各种色彩和一定的遮盖力,对涂膜的性能也有一定影响。填料的主要作用是增大涂膜厚度,提高涂膜的耐久性及硬度,降低涂膜的收缩率和降低涂料成本等。助剂的主要作用是改善涂料及涂膜的某些性能,虽然用量很少,但对涂料性能有显著影响。溶剂的主要作用是调节涂料的黏度及固体含量。

(1)建筑涂料的功能:

① 装饰功能:涂装后的建筑物不但具有色彩,而且具有一定的光泽度和平滑性,还可增加其立体感和显示其标志。

② 保护功能:即保护建筑物不受环境影响的功能。建筑物暴露在大气中,受到阳光、雨水、冷热和各种介质的作用,表面会产生风化和腐蚀等破坏现象。若在表面涂刷涂料,就能够阻止或延迟这些破坏现象的发生和发展,起到保护建筑物的功能,延长其使用寿命。

③ 特种功能:如防水、防火、防霉、杀虫、吸音、隔声、保温、隔热、防辐射、防结露及伪装等功能,能改善被涂饰部位的性能,进一步适应各种特殊使用的需要。

(2)建筑涂料的分类:

① 按基料的类别可分为有机涂料、无机涂料及有机无机复合涂料。有机涂料根据溶剂不同又分为溶剂型、水乳型及水溶型有机涂料;无机涂料主要是无机高分子涂料,也包括传统的水泥、石灰等,但后者已很少使用;有机无机复合涂料有有机材料与无机材料通过物理混合和有机材料与无机材料通过化学反应进行接枝或镶嵌两种复合方式。

② 按涂膜厚度及质感可分为表面平整光滑的平面涂料、表面呈砂粒状装饰效果的砂壁状涂料以及表面形成凹凸花纹立体装饰效果的复层涂料等。

③ 按在建筑物上的使用部位可分为内墙涂料、外墙涂料、地面涂料和顶棚涂料等。

④ 按使用功能可分为装饰性涂料与特种功能性涂料(如防火涂料、防霉

涂料、防水涂料和弹性涂料等）。

随着科学技术的不断发展，建筑涂料正向水性化、功能化、高性能和高档次的方向快速发展，以不断满足各种工业、民用和特殊建筑设施的日益增加的需求。例如纳米杀菌涂料，涂覆于卫生洁具、室内空间、用具以及医院手术间和病房的墙面、地面等，均起到杀菌、保洁作用。

建筑用助剂

建筑用助剂是指为了改善材料本身某些性能或赋予建筑结构某些特定功能，在材料生产或施工过程中加入的一些物质。近年来，伴随人类文明的高度发展，高层建筑物、大桥和港口等现代化大型建设项目不断增多，人们对生产、生活条件要求越来越高，人类的生态环境意识越来越强。这都要求建筑材料和结构必须向高新技术方向发展，使建筑材料高性能化、多功能化，甚至智能化或材料/结构-功能-智能一体化，而这一切单靠传统材料本身很难满足要求，一般都要靠建筑用助剂来实现。

建筑用助剂种类繁多，按其使用功能可分为减水、防冻、防水（抗渗）、引气、膨胀（抗收缩）、调凝、吸波、生态环境、加气、泵送、脱模、养护、塑化、阻锈及纤维等外加剂。减水剂可以减少混凝土的拌合用水量，改善混凝土的和易性，提高混凝土的强度和耐久性，还能节约水泥。防冻剂可使混凝土在低温下正常凝结硬化，并在规定的时间内达到足够的防冻强度。防水抗渗外加剂掺入建筑材料中或涂刷于建筑材料表面，通过减少孔隙和填塞毛细通道，提高密实性和憎水性，从而达到防水、抗渗的目的。引气剂通过在混凝土中引入许多均匀分布的微小气泡，阻断毛细管通道，从而提高混凝土的抗渗和抗冻性能，并可改善其工作性能。膨胀剂通过与水泥水化产物反应产生适度的体积膨胀来抵消混凝土产生的体积收缩。调凝剂分为缓凝剂和速凝剂，是根据实际工程中的气候条件、运输距离、施工进度以及工程特点来调节混凝土凝结时间的外加剂。吸波外加剂是为了应对日趋严重的电磁污染，而赋予建筑材料吸收电磁波的功能，从而净化人类居住和工作空间的电磁环境。生态环境功能外加剂能赋予建筑材料或结构特定的生态环境功能，如抗菌、空气净化和调温调湿等功能，使其更有利于人类的生存与健康。早强剂能加速混凝土早期强度的发展。泵送剂由不同作用的外加剂复合而成,赋予混凝土拌和物一定的可泵送性,并能保证混凝土硬化后的质量。阻锈剂是为了抑制或减轻混凝土中钢筋或其他预埋金属的锈蚀。纤维可以提高混凝土的抗拉、抗裂与韧性等性能,有些纤维甚至可以赋予建筑材料或构筑物某些智能性功能,如交通导航、损伤自诊断和温度自监控等智能化功能。

早在 20 世纪 40 年代,人们就开始使用建筑用助剂,使人类首次能够通过掺加外加剂的方法,改变建筑材料的施工性能,并从微观和亚微观层次控制材料的内部结构,获得满足使用性能要求的高质量建材,成为建筑业和建材业一次最重要的革命。因此,建筑用助剂的应用对改善或赋予建筑材料和结构各种特定的功能,延长建筑物的使用寿命,确保人们生活、工作环境的舒适、安全、环保及耐久具有重要意义,并将得到长足的发展。

化学建材

化学建材是指以合成高分子材料为主要成分,配以各种改性成分,经加工制成的适合于建筑工程使用的各类材料,主要包括塑料管道、塑料门窗、建筑防水材料、建筑涂料、建筑壁纸、塑料地板、塑料装饰板、泡沫保温材料和建筑胶粘剂等各类产品。近年来,我国化学建材产品发展迅速,年产值达千亿元,正成为继钢材、水泥和木材之后的我国第四大类的建筑材料。

化学建材是一种环保节能型建筑材料,一方面它可以替代木材、黏土等宝贵的天然资源;另一方面,其产品的生产能耗也远远低于传统建材,通常生产化学材料的能耗,与钢材、铝材的能耗比例为 1:4 和 5:8。化学建材隔热保温性能优于传统建材,在防腐、装饰效果以及使用寿命方面也具有无可比拟的优越特性(塑料管可使用 50 年,而铸件管只能使用 10～20 年)。

三类主要化学建材产品——塑料管道、塑料门窗和新型防水材料的推广应用均取得了很好的效果,同时带动了建筑涂料、建筑胶粘剂、保温隔热材料和装饰装修材料等产品的快速发展。目前,化学建材产品在建筑工程、市政工程、村镇建设以及工业建设中的应用日益广泛,许多化学建材品种已成为投资的热点。发展化学建材可以推动石油化工、塑料加工、建材、机电以及住宅、市政建设等相关产业的技术进步,优化产业结构,对促进国民经济的持续发展具有十分重要的意义。今后,随着住宅产业、城市基础设施建设、小城镇建设和西部建设的发展和需要,化学建材将会有一个巨大的市场，将会产生显著的经济效益、社会效益和环境效益。

建筑防火材料

火给人类送来了温暖和光明，但当火在时间和空间上失去控制时，它又将为祸于人类，使人们的财富化为乌有，甚至会夺取人们的生命。而在众多火灾中，建筑火灾所占比例最大，因此，建筑防火材料的开发与利用对保护人们的生命财产具有重要意义。所谓建筑防火材料是指使建筑物成为不燃性或难燃性的，以防止火灾的发生和蔓延的材料。建筑材料的防火性能包括建筑材料的燃烧性能、耐火极限、燃烧时的毒性和发烟性等。建筑防火材料种类繁多，常用的有以下三大类：

（1）建筑防火涂料：是指施用于可燃性基材表面，用以降低材料表面燃烧特性、阻滞火灾迅速蔓延，或是施用于建筑构件上，用以提高构件的耐火极限的特种涂料。除具有阻燃作用外，建筑防火涂料还具有防锈、防水、防腐、耐磨、耐热以及涂层坚韧性、易着色、易黏附、易干和一定的光泽等性能。防火涂料本身是不燃的或难燃的，不起助燃作用，其防火原理是涂层能使底材与火（热）隔离，从而延长了热侵入底材和到达底材另一侧所需的时间，即延迟和抑制火焰的蔓延。热侵入底材所需的时间越长，涂层的防火性能越好。因此，防火涂料的主要作用应是阻燃，在起火的情况下，防火涂料就能起防火作用。防火涂料的组成除一般涂料所需的成膜物质、颜料、溶剂以及催干剂、增塑剂、固化剂、悬浮剂和稳定剂等以外，还需添加一些特殊阻燃、隔热材料。

（2）建筑防火板材：通常是以无机质材料为主体的复合材料，包括石膏板材、纤维增强水泥平板、泰柏墙板、纤维增强硅酸钙板和石棉水泥平板等。石膏板材在轻质墙板使用中占有很大比重，品种包括纸面石膏板、石膏空心条板和纤维石膏板等。它具有质轻、强度高、抗震、防火、隔热、隔音、可加工性好及装饰美观等特点。其防火原理是硬化后的二水石膏含有21%的结晶水，当遇到火灾时，会脱出结晶水并吸收大量热能，其蒸发出来的水在石膏制品表面形成水蒸气幕，能阻止火势的蔓延。而脱水后的无水石膏仍是热的不良导体和阻燃物。

（3）建筑阻燃材料：包括阻燃墙纸及阻燃织物和阻燃剂等。阻燃墙纸的生产方法很多,目前我国大多采用浸渍处理法和涂布处理法来生产。浸渍处理法是将已成型的纸和纸制品浸渍在一定浓度的阻燃剂溶液中,经过一定时间后取出、干燥,即可获得阻燃制品。涂布处理法是将不溶性或难溶性阻燃剂分散在一定溶剂中,借助于胶粘剂(树脂),采用涂布或喷涂的方法,将该阻燃体系涂布到纸及纸制品表面上,经加热干燥后即可得阻燃制品。阻燃墙纸具有防火、防潮、不导燃、不蔓延、吸音、隔热、粘贴方便和质轻物美等优点,主要用于高级宾馆、饭店、酒吧、机场、剧院、住宅以及其他具有防火要求的建筑的顶棚和墙面等。阻燃剂是用以提高材料抑制、减缓或终止火焰传播特性的物质。为了预防火灾的发生,往往用阻燃剂对易燃、可燃材料进行阻燃处理,易燃、可燃材料经过阻燃处理后,其燃烧性能等级得以提高,变成难燃和不燃材料。阻燃剂主要是元素周期表中第三、五、七主族中的元素,或是它们的单质,或是它们的化合物。其中最常用的是磷、氮、氯、溴、锑和铝的化合物。

防火材料作为一种常规而新型的建筑功能材料,承担着建筑物防火减灾的功能和阻燃的基本使命,必将在人们的生活中发挥重要作用。

吸声与隔声材料

当前,噪声已成为一种主要的环境污染,直接影响着我们的生活、学习和工作,建筑物的声环境问题越来越受到人们的关注和重视。选用适当的材料对建筑物进行吸声和隔声处理是建筑物噪声控制工程中最常用最基本的技术措施之一。

声音起源于物体的振动,产生振动的物体称为声源。声源发声后迫使邻近的空气跟着振动而形成声波,并在空气介质中向四周传播。声音在传播过程中,一部分由于声能随着距离的增大而扩散,另一部则因空气分子的吸收而减弱。当声波遇到材料表面时,入射声能的一部分从材料表面反射,另一部分则被材料吸收。被吸收声能(E)和入射的声能(E_0)之比,称为吸声系数 α。材料的吸声特性除与声波的方向有关外,还与声波的频率有关,同一材料,对于高、中、低不同频率的吸声系数不同。为了全面反映材料的吸声特性,通常取 125 Hz、250 Hz、500 Hz、1 000 Hz、2 000 Hz 和 4 000 Hz 等六个频率的吸声系数来表示材料吸声的频率特性。凡 6 个频率的平均吸声系数大于 0.2 的材料,可称为吸声材料。吸声系数越高,吸声效果越好。

吸声材料按吸声机理的不同可分为两类:一类是多孔性吸声材料,主要是纤维和开孔型结构材料;另一类是吸声的柔性材料、膜状材料、板状材料和穿孔板。多孔性吸声材料从表面至内部存在许多细小的敞开孔道,当声波入射到材料表面时,声波很快地顺着微孔进入材料内部,引起空隙内的空气振动,由于摩擦、空气黏滞阻力和材料内部的热传导作用,使相当一部分声能转化为热能而被吸收。而柔性材料、膜状材料、板状材料和穿孔板,在声波作用下发生共振作用使声能转变为机械能被吸收。它们对于不同频率有择优倾向,柔性材料和穿孔板以吸收中频声波为主,膜材料以吸收低中频声波为主,而板材料以吸收低频声波为主。

用材料或构件隔绝或阻挡声音的传播,以获得安静的环境称为隔声。当声音入射至材料表面,透过材料进入另一侧的透射声能很少,表示材料的隔声能力强。入射声能与另一侧的透射声能相差的分贝数,就是材料的隔声量。材料的吸声的目标是反射声能要小,材料隔声的目标是透射声能要小。吸声材料对入射声能的反射很小,这意味着声能容易进入和透过这种材料;可以想象,这种材料的材质应该是多孔、疏松和透气的,这就是典型的多孔性吸声材料。它的结构特征是:材料中具有大量的、互相贯通的、从表到里的微孔,也即具有一定的透气性。对于隔声材料,要减弱透射声能,阻挡声音的传播,就不能如同吸声材料那样多孔、疏松、透气,相反,它的材质应该是重而密实的,如钢板、铅板和砖墙等类材料。隔声材料材质的具体要求是:密实无孔隙,有较大的重量。

吸声和隔声有着本质上的区别,但在具体的工程应用中,它们却常常结合在一起。吸声材料与隔声材料的合理结合,可以发挥两种材料材质机理上的各自优势,从而提高降噪效果。例如,隔声房间为避免相邻房间较高声级噪声的干扰,一般需加大分隔墙的隔声能力,此时如果在室内顶棚上再加吸声处理,可以提高降噪效果。隔声罩常常是隔声材料和吸声材料的组合装置,一般采用金属板,在罩内敷设吸声材料,使罩的实际隔声量大大提高并接近金属板的隔声量。复合墙板在墙板中间填入吸声材料,减弱了声音在两板间的反复反射,提高了复合墙全为整体结构的隔声量;交通干道的隔声屏障及车间内的隔声屏等也常常是隔声和吸声材料的组合。

随着人们对声环境关注程度的提高,对吸声和隔声材料也将不断提出新的和更高的要求,必将促进对这类材料性能的不断改进和新品种的开发。

智能建筑材料

随着科学技术的迅速发展,人们对建筑物的高效化、多功能化的要求也愈来愈高。不仅要求建筑物要有高的强度,而且还应像生物体一样,具有自感知、自诊断、自适应和自修复等功能,以减轻或避免灾难性事故的发生,而这些功能的实现在很大程度上要靠智能建筑材料来实现。

智能材料是一种能感知外部刺激,能够判断并适当处理且本身可执行的新型功能材料。智能建筑材料主要是指模仿生物系统的功能,将驱动件和传感件紧密融合在建筑结构中,使其不仅具有承受载荷的能力,还具有传感功能、反馈功能、信息识别与积累功能、响应功能、自诊断能力、自修复和自适应能力,并能进行数据的传输和多种参数的检测的材料。也就是将仿生功能的材料融合于基体材料中,使制成的建筑结构具有人们期望的智能功能。

目前,智能建筑材料主要有自感应混凝土、自调节混凝土、自修复混凝土和智能玻璃等。

众所周知,混凝土材料本身并不具备自感应功能,但在混凝土基材中掺入部分导电相后,可使混凝土具备本征自感应功能。目前常用的导电组分可分为三类:聚合物类、碳类和金属类,其中最常用的是碳类和金属类。由于自感应混凝土的电阻率变化与其内部结构变化是相对应的,如电阻率的可逆变化对应于可逆的弹性变形,而电阻率的不可逆变化对应于非弹性变形和断裂,因此,应用这种材料可以敏感有效地监测拉、弯、压等工况及静态和动态荷载作用下材料的内部情况。

有些建筑物对室内的温度和湿度有严格的要求,如各类展览馆、博物馆及美术馆等。为实现稳定的温度和湿度控制,往往需要许多温度和湿度传感器、控制系统及复杂的布线等,成本和使用维修的费用都较高。而自动调节环境湿度的混凝土材料,自身即可探测室内环境温度,并根据需求进行调控,基本上具有传感、反馈和控制等功能。使混凝土材料具有自动调节环境湿度功能的关键组分是沸石粉。其作用机理是:沸石中的硅酸钙盐有 $0.3\sim0.9$ 纳米的孔隙,这些孔隙能对水分、NO_x 和 SO_x 气体可进行选择性吸附。

通过选择沸石种类(天然的沸石有 40 多种)可以制备符合实际需要的自动调节环境湿度混凝土材料。它具有以下特点:优先吸附水分;水蒸气压力低的地方,其吸湿容量大;吸放湿与温度有关,温度上升时放湿,温度下降时吸湿。这种材料已成功用于多家美术馆的室内墙壁,效果非常好。

自修复混凝土是模仿动物的骨组织结构和受创伤后的再生、恢复机理,采用修复黏结材料和混凝土相复合的方法,对材料损伤破坏具有自行愈合和再生功能,能恢复甚至提高材料性能的一种新型复合材料。将内含有黏结剂的空心玻璃纤维或胶囊掺入混凝土材料中,一旦混凝土材料在外力作用下发生开裂,空心玻璃纤维或胶囊就会破裂而释放黏结剂,黏结剂流向开裂处,使之重新黏结起来,起到愈伤作用。

智能玻璃分为光致变色玻璃和电致变色玻璃。光致变色玻璃是一种在两层无色透明的玻璃中间夹入一层可逆热致变材料得到的能根据光照强度自动改变颜色的智能玻璃。可逆热致变材料是一类当温度达到某一特定的范围时,材料的颜色会发生变化,而当温度恢复到初温后,颜色也会随之复原的智能材料。应用该材料制得的玻璃,其颜色能随着阳光的强弱改变,从而实现对阳光的调控,使室内保持光线柔和,舒适宜人。电致变色玻璃则是通过控制玻璃夹层中电致变色材料的电流大小(有的用电场方向)来控制玻璃变色,可在较大范围内调节玻璃的透光率和入室阳光的强度。由于具有可调性,智能电致变色玻璃还用于需要保密或隐私防护的建筑场所,由其制成的玻璃相当于有电控装置的窗帘一样方便自如。

智能建筑材料的发展和应用,大大改善了建筑物的使用功能,使之具备更加优异的技术经济效果和更适合于人们的生活和工作要求。随着科学技术的迅速发展,多功能的智能建筑材料必将得到越来越广泛的应用。

(程新　芦令超　周宗辉　常均)

十二、生态环境材料

与自然相和谐的材料——生态环境材料

生态环境材料又名环境材料、生态材料、环境友好材料、环境协调性材料或环境相容性材料等。为什么有这么多名字呢？一来是各国语言习惯不同，如果直译，难免会产生表述上的差别；二来也说明这个新概念还不十分成熟，需要继续发展。

其实，生态环境材料不是一个具体的材料名称，其具体定义目前还没有完全统一。一般认为，凡是既具有满意的使用性能和经济性能，又具有良好环境协调性的材料，都可归类为生态环境材料。所谓的环境协调性，就是在材料的生产、使用及废弃过程中，消耗资源少、耗能低、环境污染小、循环利用率高、不增加环境负担甚至能够改善环境。按照该定义，现有的各种材料，无论在生产阶段还是在使用阶段，以至在报废以后，只要考虑了与环境协调的因素，即可称为生态环境材料。

为什么要提出这一概念呢？原因是人们往往具有急功近利的倾向，起初人们在设计和制造材料时，往往将重点放在产品性能是否先进、价格是否便宜，而很少考虑其是否与自然环境相协调。如在设计和制造塑料产品时，总是尽量使其结实耐用、价廉物美。但当产品废弃后，恰恰由于结实耐用和廉价易得，从而形成了今天这种废塑料漫天飞的"白色污染"；又如在制造涂料和油漆时，加入甲醛、苯等有机溶剂，虽然可以大大改善产品的使用性能，而且价格也很便宜，但在使用过程中，这些物质一旦挥发出来，将危害人体健康。这就是与环境不协调的表现。

那么,为什么非要与环境相协调呢? 原因是随着生产规模的不断扩大,传统的"资源→材料→产品→应用→垃圾"模式,已使得世界资源面临枯竭、环境日益恶化,人类的生存与发展已面临着严重危机。为了给子孙后代留下继续生存与发展的空间,人类必须从现在起就要理智、有节制地对待我们赖以生存的资源与环境。现在,用再生纸代替塑料做包装袋,用水代替有机溶剂等,就是体现了与环境相协调的思想。

据专家分析,生态环境材料将成为今后材料领域的重点研究主题之一。这就要求材料工作者必须改变过去那种重性能、轻环境的传统思维。在研究、设计及制备材料时,不仅要考虑用户对产品性能和价格方面的要求,而且要考虑尽可能少地消耗资源和能源,尽量减少环境污染,尽量重复利用和循环利用。同时,也需要提醒广大消费者,应优先选择和使用生态环境材料,这样不仅有利于自己的身体健康,而且关系到整个人类的长期繁衍与持久幸福。

生产与使用环境生态材料,既是时代需要、大势所趋,也是每一个人应尽的义务。

生态环境材料的"3R"生产与"5R"消费

生命周期评价方法虽然可以较准确地判断材料的环境协调程度,但比较深奥。对于普通的材料生产者,不妨参照循环经济的三条基本原则,制订自己的产品导向与管理措施,使自己的产品归属于环境生态材料。消费者可以按照绿色消费的五条基本准则,依靠自己的消费行为,推动生态环境材料的发展。

循环经济的三原则是"减量化"(Reduce)、"再使用"(Reuse)和"再循环"(Recycle),简称"3R"。减量化原则属于源头控制,即要求生产企业用较少的原料和能源投入来达到既定的生产目的或消费目的,以便从源头上节约资源和减少污染物的排放。例如,产品的小型化和轻型化、包装物的简朴化等。再使用原则属于过程控制,要求企业制造的产品和包装容器,能够以初始的形式反复使用,坚决反对一次性产品的泛滥。例如,可将包装物当作日常生活用品来设计,以便延长产品的使用链条,避免不必要的更新换代。再循环原则属于排放控制,要求企业生产的物品在完成使用功能后,可以重新变成可利用的资源。例如,当物品废弃后可以重新回到原来的制造工艺加工成同一类型的物品,或者作为生产其他物品的原材料。

绿色消费五准则是"节约资源、减少污染"(Reduce)、"绿色评价、环保选购"(Reevaluate)、"重复使用、多次利用"(Reuse)、"垃圾分类、循环回收"(Recycle)和"保护自然、关爱生命"(Rescue),简称"5R"。要求消费者在购买、使用及废弃物品时,自始至终具有生态环境意识。购买前需慎重考虑该商品是否真的需要,如不急需尽量不要购买;决定购买后,要根据是否对环境产生负担,尽量选择对生态无害的商品;使用时要细心维护,防止损坏,尽量延长使用寿命;实在不能使用后,要适当分类,支持回收,反对随意丢弃;要自觉培养爱护环境、保护自然、与其他生命和谐相处的意识与氛围。

"3R"原则是时代对材料生产者提出的基本要求,也是新时期材料生产者的一种道德规范。过去那种以牺牲资源和环境为代价获取经济利益的模式,事实上是一种剥夺他人与子孙后代生存权和幸福权的行为。对于材料科技工作者而言,如果所研制的材料与生态环境冲突,即使水平再高、性能再优越,也与现代的道德伦理相违背。今后的材料科学家,首先应当是出色的生态环境材料专家。"5R"准则是新时代对每个人良知的一种呼唤。一段时间以来,那种追求奢华、铺张浪费的消费模式,从生态环境观点看,即使你花了钱,也是一种对他人和子孙权利的侵害。崇尚节约、绿色消费,既是传统美德,也应该是现代人的美德。

材料的设计新思路——生态设计

制造材料首先从材料的设计开始。传统的材料设计主要是通过合理地选择成分、结构、工艺、性能及造型等,使制造出来的材料或产品具有先进性、实用性和经济性。而生态设计是在追求先进性、实用性和经济性的基础上,再加上环境协调性方面的考虑,甚至是一种优先保证环境协调性的设计理念。

在材料的生态设计中,无论是总体设计方案,还是每一个设计步骤,均要求考虑材料在整个生命周期内尽可能地节约资源和能源,尽量减少对环境的污染。常用的生态设计方法有系统设计、模块化设计、长寿命设计和再生设计等。

其中，系统设计就是在设计中自始至终贯彻使得材料在整个生命周期内资源利用率最大化和环境负担最小化的思想。例如，在设计建筑结构材料时，可以在钢材、混凝土、木材、石材、黏土砖和废渣砖六种材料中选择。如果按传统设计思想，一般人往往按照黏土砖→混凝土→钢材→废渣砖→石材→木材的优先顺序选择。而从生态观点看，应当是废渣砖→木材→石材→钢材→混凝土→黏土砖。因为黏土砖和混凝土需要消耗土地、矿产和大量能源，而且不易回收再利用；钢材虽然也消耗铁矿石，且加工能耗高、维护费用高，但可以循环利用；石材与环境的兼容性最好，且寿命长；使用木材虽然不利于保护生态环境，但只要经过人工培植，可以实现受控条件下的低环境负荷运行；废渣砖本身就是生态环境材料。同理，使用铝合金门窗不如使用塑料门窗合理，因为铝合金门窗不仅生产能耗高，而且导热性强，在使用过程中会损失大量的建筑采暖与空调能耗。不过需要说明的是，在这里推荐使用木材，并不意味着鼓励滥采滥伐，只是提倡在保证森林覆盖率、植大于伐的前提下，合理、有效地开发与使用木材。

模块化设计就是运用一系列通用的功能模块，通过合理组合来装配成不同的产品，如计算机中的集成电路板、存储器、键盘和显示器等。这样的好处是，当一种产品损坏后，只需要更换被损坏的模块即可恢复其使用功能，而不需要整体报废。而且采用模块化设计方案后，还便于分类回收、循环利用或再生利用。

长寿命设计可以通过延长产品的生命周期来减少环境的负担性。

再生设计就是在产品设计时，即将材料废弃后的再生利用问题考虑进去。即使不能做到零排放，也不能增加环境负担。例如，为了提高金属材料的强度，可以采用合金化和热处理两种途径，从技术和经济角度看，似乎合金化更合理，但从再生设计思想出发，却更倾向于热处理方式。因为合金不便于回收再生。

材料的绿色生产——生态加工

按照生态思想设计的材料，必须通过生态化的加工才能变成真正的生态环境材料。所谓的材料生态加工，主要是指在材料的生产和加工过程中所采取的一些降低环境负担的技术措施。

对于材料产业而言,生态加工主要包括如下四条技术路线:

(1)为防止向环境排放废物而采取的再循环利用技术。即将各个环节产生的副产物和废弃物作为资源重新利用。再循环利用可在不同层次上进行:第一个层次为工艺流程内部的循环,如化工厂的溶剂回收利用、炼钢厂的钢屑重熔和玻璃厂的余热循环等;第二个层次为不同生产部门之间的循环,如钢铁厂的矿渣作为水泥原料、发电厂的煤灰制建筑材料等;第三个层次为整个社会范围内的循环,如废报纸再生卫生纸、废易拉罐炼铝、废啤酒瓶制玻璃以及从旧电池中回收金属汞、镍、锂、铅等。

(2)为减轻环境污染而采取的趋利避害技术。在材料生产过程中,为了配方或工艺的需要,往往不可避免地使用一些有害物质。这些物质或者在生产过程中污染工作环境,或者转化为产品后对人体健康和自然环境产生危害。生态加工要求尽量用低毒材料代替高毒材料,用无害材料代替有害材料,用环境友好的生产工艺代替产生污染的生产工艺。譬如,在电镀工艺中用焦磷酸钾代替氰化钾、涂料工业中用水代替溶剂、交通业中用无铅汽油代替含铅汽油、机械制造中采用喷砂工艺代替酸洗工艺等。

(3)为使排放物不对环境产生危害的污染控制技术。对于不得不排放污染物的材料加工工艺,在排放前进行适当处理,该回收的回收,实在不能回收的,也要进行无害化、减量化处理,然后才能将完全无害或基本无害的废弃物排放到环境里。如常见的烟尘收集技术、废水处理技术和垃圾焚烧发电技术等。

(4)为使已经造成污染或正在造成污染的环境恢复原有状态的环境修复技术。如用农作物秸秆经炭化处理制成草炭,可以修复被重金属污染的土地;用过滤、吸附、氧化、还原、催化转化及生物处理等工艺,可以净化受污染的水体;用吸水性树脂涵养水分,可以在沙漠中植树造林等。

除上述生态加工技术外,材料的生态加工还包括材料的生态加工设备与生态加工管理。生态加工设备不仅包含通常意义上的节能设备、回收再利用设备及废物处理设备,还包括加工过程中避免跑、冒、滴、漏污染环境的密封、防尘、抗噪及防辐射等材料或设施。生态加工管理则要求整个材料生产过程中,严格按照生态环境意识与环境质量指标进行管理与考核。

不死的材料——材料的循环再生

材料的循环再生是指当一种材料由于自然损害、事故、技术更新,乃至从纯粹的经济考虑而完成其应用使命后,再重新回到生命周期的始端,作为原材料进入下一个生命周期继续利用。变"材料→应用→废弃"的单向利用模式为"材料→应用→废弃→再生材料"的循环利用模式。

材料的循环再生可分为以下几种方式:

(1)直接再生:对于损害不大、仍保持原有使用性能的材料,可以通过简单地清洗,直接加入到再循环流程。如空啤酒瓶、液化气罐和杯碟碗筷等。

(2)零件再生:对于整体损坏而零件完好的材料,可以将完好的零件重新回到原流程,组装成新的材料;对于个别部件损害、其他部件仍完好的材料,可以通过更换已损害的零部件,重新成为可使用的材料。

(3)修整再生:通常称为翻新。就是将损害不严重的材料,通过一定的修复工艺,恢复到原有的状态重新使用。如表面脱漆的材料经打磨后重新喷漆、褪色的材料重新印染、爆裂的轮胎经修补后重新使用等。

(4)物理再生:对于损害严重或成分复杂的报废材料,可以通过收集、破碎、分选及精制等再生加工后重新使用。如废钢铁回炼、废纸造纸浆、废玻璃重熔重铸和废塑料重新注塑等。

(5)化学再生:通过化学方法将报废材料分解为初始的原料,再重新制成下一代材料。如在 $600 \sim 800 \, ℃$ 下热解聚乙烯废塑料可得到乙烯,$450 \, ℃$ 下热解聚苯乙烯废塑料可得到苯、乙烯等,再经聚合便可以重新制成聚乙烯、聚苯乙烯。

(6)介质再生:材料生产过程中的产物水、冷却水和清洗水等,通过适当净化,均可以重新返回流程继续使用;生产过程产生的余热,可以用风机抽出后送到流程用于始端空气的预热。

需要说明的是,商业操作中,应严格区别正当的材料再生利用与违法的假、冒、伪、劣产品制造。一般来讲,当材料完成一次应用使命后,其使用性能往往或多或少地发生某些退化。材料的循环再生,要求从业企业或从业人员必须在法律规定的营业范围内,依靠自身的技术和特长,对报废材料投入一定的劳动和创造,使得再生材料不低于甚至超过原有性能水平后,商品才被允许出售,并且在商品中一般应有明确的标注和附带权威部门的检验报告。而假、冒、伪、劣商品,是采用非法手段,以废弃物做原料,以次充好,欺骗消费者。

自然界可以消化的材料——环境降解材料

所谓的环境降解材料,一般是指可被环境自然吸收、消化或分解,从而不产生固体废弃物的材料。譬如,一些天然成分的材料(如木材、竹材)以及天然材料加工而成的材料(如纸制品、淀粉和纤维素等),本身就是自然降解材料。狭义的环境降解材料,主要是指可自然降解的塑料。

环境降解塑料与普通塑料的主要区别在于,当这类塑料受到光照或微生物作用时,会在较短的时间内分解成水、二氧化碳等低分子化合物,回归自然,而不是长久性不腐烂,造成"白色污染"。根据环境降解塑料的降解原理,可分为四种类型:

(1)天然物质利用型:采用天然物质,如蛋白质、多糖、纤维素、木质素、甲壳素、淀粉和海藻酸钠等天然高分子化合物,通过特殊工艺制成。甚至用荷叶、芦苇、谷壳和油菜籽渣等,都可以制成塑料制品。这类塑料不仅可以环境降解,而且有些还可以食用,常用于食品包装。

(2)天然物质改性型:将天然高分子化合物淀粉、纤维素等,与合成高分子化合物进行共混或接枝反应而成。由于天然高分子段容易被生物降解,时间不长,整个塑料就会崩解为碎末。

(3)化学合成型:主链上含有-COO-、-O-和 CONH-等结构单元的杂链高分子化合物,如聚乙烯醇、丙烯酸共聚物、聚酯、聚醚、聚氨基甲酸酯、聚酰胺、聚乳酸和聚己内酯等,具有较强的光降解和生物降解性。尤其具有类天然高分子化合物的带酯键和酰胺键的合成塑料,可降解性更强。

(4)微生物合成型:利用遗传工程将叶绿素、真菌等合成可生物降解的聚羟基丁酯。用这种树脂制成的塑料具有完全生物降解性。

在农林、水产和土木建筑中使用的环境降解塑料,可以通过在自然环境中的腐烂,回归到自然界中。日常生活中用到的食品包装容器、快餐盒、卫生材料和医用材料等,可通过堆肥处理,既防止蚊蝇、菌毒滋生,又可得到肥料。

除具有环保意义的生物降解材料外,还有一种生物降解材料是植入人体后,与人体组织逐渐融合、变成一体的所谓生物活性材料。最典型的生物活性材料是羟基磷灰石陶瓷,这种陶瓷在成分、结构、表面及性质上与牙齿、骨骼非常相似,植入人体后首先起到空间支架和临时充填作用,然后通过生物化学反应与活性肌体牢固结合,并逐渐被生物体降解、吸收,最终被新生成的生物组织所代替。可用于骨组织修复或替换。

环境卫士——环境净化材料

环境净化材料是指能够控制污染物排放,使大气、水体和环境空间等免遭污染、保持洁净的材料。常用的环境净化材料有大气污染控制材料、水污染控制材料、噪声污染控制材料和辐射控制材料等。

大气污染物包括悬浮颗粒物、有害化学气体和气传微生物。根据污染物性质不同,所采用的污染控制工艺和污染控制材料也不同。对于悬浮颗粒物,一般采用过滤、分离工艺脱除,常用的过滤、分离材料为玻璃纤维无纺布、尼龙等纤维编织物及针刺绒布等。对于有害气体,可采用燃烧、吸附、吸收和催化转化等工艺将其转化为无害气体。常用的吸附材料有活性炭、活性炭纤维、活性氧化铝、硅胶、沸石和离子交换树脂等;常用的碱性气体的吸收剂为浓硫酸;常用的酸性气体的吸收剂为石灰和石灰石等;常用的氧化性气体吸收剂如亚硫酸钠、氧化铁、氧化铜、氧化锰和氧化铈等;常用的还原性气体的吸收剂为氧气、浓硝酸、高锰酸钾和臭氧等。此外,还有些可与有害气体形成无毒络合物的物质,如硫酸铁等也可以作为吸收剂;常用的催化转化剂为一些高比表面积的金属,如铜、铁、锰、镍、铂和镧等,或几种金属的混合物。由于气传微生物一般黏附于颗粒物表面,通过过滤系统即可将大部分微生物"拦截"下来,"逃逸"的微生物可以采用紫外灯、光催化剂和臭氧等进行灭杀。

水污染可分为需氧型污染、毒物型污染、富营养型污染和感官型污染等;污染物既可为有机物又可为无机物,根据其性状,大体可分为悬浮物、溶胶和真溶液三种类型。对于悬浮物,可以通过采用各种沉淀、过滤等分离措施除去;对于溶胶型污染物,一般先用絮凝材料使胶粒变大,然后分离。常用的絮凝材料为硫酸铝、聚合氯化铝、明矾、硫酸铁和氯化铁等无机物或聚丙烯酰胺及聚丙烯酸等水溶性高分子化合物;对于真溶液型污染物,依其成分和性质不同,可分别采用氧化、还原、加热、中和、共沉淀、络合、离子交换、反渗透、光催化、微生物处理和灭菌消毒等各种措施,将污染物从水中脱除或转化为无害物质,常用的净化材料有氧化剂、还原剂、酸碱中和剂、共沉淀剂、离子络合剂、半透膜和离子交换树脂等。其中,纳米级的二氧化钛(TiO_2),在光线照射下具有很强的分解有机物和细菌的能力。

噪声污染控制材料分为三类:一类为减振材料,如弹簧和橡胶等,以降低噪音的产生;第二类为隔声材料,材质要求是:密实无空隙,有较大的质量,如隔声板、消声器等,以阻止噪声的传播;第三类为吸声材料,以吸收发射或反射声音。一般来说,吸声材料主要是一些具有轻质、多孔性质物质,如玻璃棉、矿渣棉、泡沫塑料、毛毡、棉絮和蜂窝纸板等。

电磁辐射和核辐射污染对于人体危害很大。有效的电磁辐射防护材料有金属膜反射材料、泡沫吸波材料、铁氧体吸波材料和镀金属纤维织物等。核辐射污染包括 α、β、γ、X 射线和中子射线等。其中,α 和 β 射线穿透力较弱,一般材料即可阻挡;X 射线和 γ 射线,需要高密度的重质材料如铅、铁、重晶石或赤铁矿等才能阻挡;中子射线则需要含氢、锂、铍、硼、碳等轻原子核的物质才能阻挡,如硼砂和碳酸锂等。

环境医生——环境修复材料

环境修复材料是指对已经被破坏的环境进行治理,恢复其原有环境状态的材料。如污染水体的修复材料、受污染室内空气的修复材料、重金属污染土壤的修复材料、酸化土壤修复材料、盐碱地修复材料、沙漠植被保水材料、二氧化碳固定材料以及臭氧层修复材料等。

修复受污染的水体,除前面所述的环境净化材料外,还可以使用水生生物和微生物,通过新陈代谢和光合作用,还原到原来状态。

大气受到污染以后,通过风吹雨洗,可以逐渐稀释、复原。但室内空气被污染以后,污染物往往会积累到较高的浓度,影响人类的身体健康。修复被污染的室内空气,除开窗换气外,可以采用多孔吸附材料活性炭及多孔陶瓷等进行吸附,采用纳米二氧化钛(TiO_2)光触媒进行催化转化等消除有害气体,用臭氧、消毒水或紫外灯等杀灭细菌和病毒。

被重金属污染的土壤,一方面影响农作物的生长,另一方面由于作物的吸收和食物链的逐渐积累,最终会影响人类的健康。修复重金属污染土壤可以采用物理法、化学法和生物法等。物理法主要是利用多孔材料吸附特性,将重金属离子固定在微孔隙中;化学法主要是通过修复材料,如蒙脱石、伊利石型黏土、离子交换树脂或石灰等,与金属离子发生离子交换或化学反应,形成难迁移或难溶解的化合物;生物法是利用微生物,使重金属离子暂时固定或转化为无毒状态。

酸化土壤的修复主要使用偏碱性的材料加以中和,如石灰、电石渣或草木灰等。盐碱化土壤可使用粉煤灰、腐殖酸、有机堆肥或酒糟等加以改良。

治理沙漠化土壤的最有效方法是种植植被。但由于沙漠化地区往往缺水,蒸发量大于降雨量,故修复沙漠化土壤的关键在于增加土壤的保水性。最有效的一类保水材料是用淀粉、天然纤维素改性的丙烯酸型高吸水性树脂。这类树脂可以吸收自身重量 0.5 万~1 万倍的水而不易蒸发掉,既可掺入植坑土中使用,也可作为种子包衣;另一类保水剂为高分子乳液,将其与草籽、肥料和水混合后,喷洒于沙化土地表面,既可以临时固定沙尘,也可以阻止下层水分的蒸发。

二氧化碳的大量排放是导致全球气候变暖的主要原因,将大气中多余的二氧化碳固定下来的最有效途径是栽种植物。但科学家正在研究采取工艺措施,以二氧化碳为原料生产甲醇、聚碳酸酯等工业原材料。

臭氧层的修复,一方面需要控制氟利昂、甲烷、一氧化碳和一氧化氮等还原性气体的排放量,减轻对臭氧层的破坏;另一方面,可以通过高压放电措施将氧气转化为臭氧,向高空输送,对已破坏的臭氧层进行修复。

环境大侠——环境替代材料

环境替代材料是指能够代替高环境负担性材料的低环境负担性材料。对于资源和能源消耗高、污染危害大、污染不易控制、不易修复的材料,可用不污染环境甚至有利于改善环境的其他材料代替。

譬如,制冷、空调、发胶中常用的氟利昂,释放到大气上层后,在太阳紫外线的照射下会产生氯原子,一个氯原子所引发的链式反应可以消耗掉 10 万个臭氧分子,所以说氟利昂是破坏臭氧层的罪魁祸首。现在,用环戊烷、丙烷、异丁烷、氟代乙烷或 HFC_{134a} 等不含氯原子物质代替氟利昂,就可减轻对臭氧层的破坏。

石棉是一种重要的工业原料,一度被广泛用于制造汽车刹车片、隔热密封圈、高温防护服以及建筑材料。由于发现石棉具有致癌作用,所以,现在的汽车刹车片多用石墨纤维代替,隔热密封材料改用硅酸铝纤维,高温防护服则采用芳族聚酰胺纤维。建筑材料中的增强纤维,也已普遍用玻璃纤维、聚丙烯纤维或碳纤维等代替石棉。

传统上,实心黏土烧结砖一直是我国的主要墙体材料,但烧制这种材料不仅需要消耗大量的能源,还会毁掉大量人们赖以生存的农田。现在,以煤矸石、矿渣、尾矿和粉煤灰等工业废渣代替黏土,同样也可以制得符合建筑要求的砌墙砖。

铝合金现在还大量用于建筑门窗,但铝合金生产能耗高、废弃物排放量大、隔热保温性能差,因此属于一种高环境负荷材料。今后,有望用低环境负荷的钢/塑、木/塑、竹/铝、苎麻/铝等复合材料取代铝合金。

汽油来自不可再生的石油资源,为了减少汽车对石油燃料的过分依赖,现在正在利用植物发酵生产甲醇、乙醇,代替或部分代替汽油,驱动汽车。

环境替代材料的例子很多。可以说,本节所涉及的所有生态环境材料,均含有替代传统非生态环境材料的含义。

绿色材料

所谓绿色材料,并不一定是绿颜色的材料。但由于绿色是植物的常色,郁郁葱葱的绿色,常常用来代表勃勃生机的大自然,因此,环境科学家就借用绿色来形容良好的生态环境。一段时间以来,"绿色"曾一度出现被滥用的趋势,绿色材料几乎成了生态环境材料的代名词。

其实,一种材料是否是绿色材料,需要依据严格的程序,经由权威机构的认证许可,才能使用绿色产品标志(中国环境标志徽标)。目前,中国环境标志产品认证委员会秘书处是国家对绿色产品进行权威认证授予环境产品标志的唯一机构,一般由该认证机构特批的各省认证检测单位进行检测达标后,再由中国环境标志产品认证委员会秘书处统一发牌。

得到中国环境标志的产品,俗称为绿色产品,必须是本身及其生产过程中具有节能、节水、低污染、低毒、可再生、可回收等环境协调性的产品。即使具备这种条件的产品,也需要经过如下程序才能获得认可:① 先了解欲申请的产品,有无认证标准。若没有,可向中国环境标志产品认证委员会秘书处(以下简称"秘书处")索要《环境标志种类建议表》。② 若该产品已有认证标准,可向秘书处或秘书处授权咨询的中国环境标志产品技术发展中心领取《环境标志产品认证申请书》,填写后将有关材料一并报秘书处。③ 秘书处收到经初审合格的申请材料后,发出文件审核通知单和收费通知单,与申请单位签订正式认证合同。④ 秘书处将书面通知申请单位应完成的现场检查前期准备工作,然后派审核人员赴现场检查、抽样,并负责编写综合评价报告和报批工作。⑤ 在审核单位的认证申请获得批准后,秘书处将通知该单位领取环境标志产品认证证书。

另外,由农业部中国绿色食品发展中心颁发的绿色食品标志,仍然有效,但只针对那些无污染的安全、优质、营养类食品而言。

现在,许多自称为绿色产品的材料,如果没有得到权威部门的许可,即使其具有一定的环境协调性,也不能称其为绿色材料。

清洁材料

一提清洁材料,大家可能会以为是干净、卫生的材料,或者用于洗漱的材料,其实并不是这么回事,它是环境生态材料中的一个专用名词。所谓清洁材料,一般是指采用清洁生产得到的材料。所谓清洁生产,简单地说就是不向环境排放污染物的生产。这是一种通过产品设计、原料选择、工艺革新、过程管理等措施,将最终污染物排放量最小化的生产方式与管理思路。主要目的就是改变过去那种先污染、后治理的传统思维,改末端治理为始端治理。

清洁生产包括清洁生产过程和清洁生产产品两个方面,即在材料生产和加工中,不仅要实现生产过程不产生或少产生污染物,而且在产品使用和最终报废处理过程中也不对环境造成危害。

清洁生产一般应包含如下内容:

(1)清洁能源:如化石能源的完全燃烧、太阳能等可再生能源的利用、提高能源利用效率与节能等。

（2）清洁资源：如矿产的综合利用、使用可再生原料、用无毒原料代替有毒原料、提高材料使用效率等。

（3）清洁工艺：如短流程工艺、自循环工艺、零排放工艺等。

（4）清洁设备：如密闭生产设备、无噪音生产设备、节能设备、小型高效率设备等。

（5）清洁产品：如不释放有害物质的产品、可回收的产品、生物降解产品、耐久性产品、模块化产品、节水节能的产品等。

（6）清洁服务：如维修服务、保养服务、翻新服务、废旧物品回收与再生服务、环境科研服务等。

（7）清洁管理：如优化生产组织方式、控制原材料与能源消耗、培养环境意识、严格环保控制指标等。

（8）清洁审核：如生产过程的环境数据采集、材料流分析、排放量统计检查、环境改进建议、环保项目可行性分析等。

现在，许多企业正在接受 ISO 14000 系列标准的环境管理认证。凡是已通过该系列环境管理标准认证的企业，其生产活动基本上都是采用了清洁生产方式，其产品可以认为是清洁产品，其中属于材料的，可认为是清洁材料。记住，清洁材料是对环境清洁的材料。

金属材料的生态之路

金属材料是由天然矿产中的金属元素，经过采矿、选矿、冶炼、轧制及加工等一系列复杂工艺获得的。金属材料属于一种环境负担性较大的材料，采矿往往破坏矿区的地质、地理、水文和生态结构；选矿会产生大量的尾矿和废水；冶炼不但消耗大量能源，还会产生大量的冶金废渣、废水和烟尘。与此同时，由于金属元素的物质不变性，金属材料又是最易于回收、再生的材料。因此，金属材料具有更加广阔的生态化前景。

金属材料生态化之路可以归纳为以下几条：

（1）改革生产工艺流程，节约资源、能源消耗，降低废气、废水及废渣排放量。例如，运用 20 世纪 90 年代初发明的熔融还原炼铁和近终型加工技术，炼钢不用焦炭、无需造块和轧制，全部采用液态传送，从而使得单吨钢的生产能耗仅为传统工艺的 30%，废气排放量仅为传统工艺的 10%。

（2）提高材料性能，延长使用寿命。例如，采用纤维增强、细粒强化等措施，可以使钢材的强度和韧性同时增加 1 倍以上，由此可节约钢材用量 $40\%\sim50\%$；采用表面高能轰击、表面镀膜等措施，可以延长钢材服务年限 1 倍以上。两者结合可使钢材的环境负荷降低 3/4。

（3）采用生态化设计思想，提高金属材料的可再生性。理论上讲，成分单一的金属材料最容易循环再生，但为了改善材料的性能，往往需要加入一些合金元素。由于合金元素在材料再生时往往对工艺或性能产生不利影响，因此，在材料设计时需要遵循"合金元素最少化和无害化"的生态原则。减少合金元素所损失的性能，可以通过细粒强化、相变强化、加工强化和表面处理等物理措施加以补偿。

（4）采用厂内闭路循环和固体废弃物综合利用技术，实现零排放和零废弃。通过技术改造，就可以实现生产和加工过程中的边角废料、废水、余热和可燃废气的闭路循环，冶炼废渣可以作为水泥和混凝土的原料。

（5）加强金属制品的拆解、分选、除杂和利用技术的研究，提高金属材料的循环再生利用率。利用废钢铁炼钢，与原生钢相比，可节省资源 90%，减轻空气污染 86%，减少水污染 76%，减少固体废弃物 97%，减少能耗 75%，节约压缩空气 86%，节约工业用水 40%。用再生铝炼铝，电耗仅为原生铝的 6.6%，热耗为 13.9%。

（6）积极寻求可代替金属材料的低环境负荷材料。例如建筑上用竹筋代替钢筋、用竹模板代替钢模板、用碳纤维代替金属纤维，通讯中用玻璃光纤代替铜、铝导线等，都具有重要的环境意义。

陶瓷和玻璃的生态之路

陶瓷和玻璃材料不仅给人一种坚硬、冰冷的感觉，同样对生态环境也并不十分"温柔"。这类材料与环境不协调的主要表现为生产过程能耗高、污染大、使用时易碎裂、不安全，陶瓷材料的废弃物比较难回收和处理。

那么，怎样才能使这类材料与环境变得融洽和谐呢？不妨从以下几方面进行生态化改造：

（1）采用一些工矿业固体废料，代替天然矿物原料。如用煤矸石代替高岭土，用尾矿代替石英、长石等。用粉煤灰、高炉矿渣、萤石矿渣、磷渣、钒渣、铜尾矿和硫酸渣等制造建筑陶瓷的坯体或熔制彩色玻璃等。

（2）采用先进技术，改进生产工艺，节约能源，减轻污染。如在陶瓷工艺中，采用硅灰石、透辉石和叶蜡石等低收缩助熔原料，降低烧成温度，实现低温快烧。利用纳米科技制粉，提高烧结速度和产品质量。改善窑炉结构与煅烧方法，采用热压烧结、微波烧结、反应烧结和自蔓延烧结等新工艺，提高能量利用效率。在玻璃工艺中，采用大型的浮法玻璃成型生产线，配以纯氧燃烧、真空澄清等技术，可以比传统的玻璃生产线节约燃料 20％～30％，降低氮氧化物排放量 80％～90％，降低粉尘 70％～80％，延长窑炉寿命 2～4年。最近发明的"溶胶—凝胶法"新技术，无需烧结和熔化阶段，就可在常温下制得优质的陶瓷、玻璃材料。

（3）提高陶瓷材料的韧性，延长使用寿命。通过精确的材料设计、多相复合等新技术，陶瓷和玻璃材料可以像钢铁一样具有韧性，能够承受巨大的冲击力和急冷急热的严酷条件而不碎裂，即使碎裂也不伤人。例如，防弹玻璃可以抵御枪弹撞击，某些工程陶瓷可以用作发动机活塞、曲轴、连杆、切削高硬度钢的刀具以及火箭发动机的喷火管等。

（4）开发在环境保护方面的新用途。如多孔陶瓷、陶瓷纤维和陶瓷薄膜等可作为吸附—过滤材料及催化—转化材料，处理废气、废水和噪声等。表面含有纳米二氧化钛或稀土元素的陶瓷与玻璃，可具有杀菌、灭毒、除臭和防霉等保健功能。

（5）提高废弃陶瓷、玻璃的回收利用率。废陶瓷和废玻璃一般可以重新回到原来的工艺流程循环利用，如不能直接循环，可以降级生产要求较低的其他类似材料，如陶瓷多孔管、铸石、粗陶器和泡沫玻璃、保温材料等。

（6）开发低环境负荷的新品种。如在木材中渗入高分子树脂，再经炭化而成的"木材陶瓷"，不仅具有优良的性能，废弃后还可以改良土壤。热反射玻璃、热吸收玻璃、中空玻璃和变色玻璃等可以节约建筑物的采暖与空调能耗。防辐射玻璃可以屏蔽核辐射、X 射线辐射和一般的电磁辐射等。

高分子材料的生态之路

高分子材料以其优良的使用性能、低廉的价格和丰富多彩的形式，已成为我们日常生活的重要组成部分，像塑料、橡胶、合成纤维和涂料等高分子制品真可谓无处不在。当人们享受着高分子材料带来的实惠的同时，又不免让人联想到随地可见的塑料快餐盒和漫天飞舞的塑料袋。人们一边在利用高分子建材装修着自己的豪华住宅，一边又在大声抱怨难闻的气味。这说明，一种材料无论其性能多么优秀，如果与环境不协调，就不会让人产生好感。如何让高分子材料更加"友好"，已经是摆在生态环境材料工作者面前的重要研究课题。

高分子材料与环境的不协调性，主要表现为自身难以降解，所形成的固体废弃物对土地、水体和景观等会造成巨大的环境负担。另外，在加工过程中使用的溶剂、增塑剂、引发剂、偶连剂和着色剂等有机小分子，在使用中易挥发出来，对人体健康产生危害。

降低高分子材料的环境负担性、提高对环境的友好性，可以通过以下途径实现：

（1）在材料设计时，即考虑废弃物的可再生性。例如，热塑性塑料虽然在机械性能、热稳定性等方面不及热固性塑料，但由于其可再生性好，因此，在同等情况下应优先选用热塑性塑料。

（2）通过分子设计或改进制备工艺，避免或减少有害化学助剂的使用。例如，以高分子材料为主料的涂料，过去多用苯、丙酮等有毒物质做溶剂和稀释剂，当这些物质挥发后便造成环境污染。现在改用水性涂料、热熔涂料及反应固化涂料等，就可以避免这类可挥发性有毒助剂的使用。

（3）研制可自然降解的高分子材料，使完成使用任务的高分子废弃物返回自然生态系统。

（4）开发可用于环境保护的高分子材料。如用于绝热保温的泡沫塑料，用于废水处理的离子交换树脂和高分子絮凝剂，用于土壤改良的高吸水性树脂，用于海水淡化的高分子分离膜等。此外，通过配方设计，还可以赋予高分子材料防水、防潮、防霉、杀菌、消毒、自洁、调温、抗震和防辐射等特殊的环境友好性能。

（5）开发废旧高分子材料的再生与综合利用技术。如通过对热塑性塑料的回收重塑、循环利用，称为物理再生；通过化学降解回收单体，然后重新合成，称为化学再生；也可以将废旧高分子材料作为其他材料的原材料二次利用，如塑料改性沥青和废纤维增强混凝土等。实在无法再利用后，还可以

当作燃料产生能源。

混凝土材料的生态之路

混凝土是现代社会用量最大的材料之一。其中,制作混凝土的重要原料之一——硅酸盐水泥,是一种资源和能源消耗高、废弃物排放量大的材料。每生产 1 000 千克水泥,大约需要消耗 1 300 千克石灰石、300 千克黏土、80 千克石膏、135 千克煤炭和 90 千瓦·时的电力,同时,向环境排放 1 000 千克二氧化碳、0.86 千克二氧化硫、1.75 千克氮氧化物、30 千克粉尘和 2 000 兆焦的废热。用这种水泥制作的混凝土建(构)筑物,一般使用年限不足 50 年,当损害拆毁后,将形成大量的难以再生的固体垃圾。大量混凝土地面的敷设,会隔断土壤中水分的通路而破坏当地的生态平衡。因此,从环境意义上说,现在的混凝土不是"绿色"的。

那么,怎样才能使混凝土变"绿"呢?可以用如下方法进行"染色"。

(1)首先考虑赋予硅酸盐水泥环境协调性。例如,用电石渣代替石灰石,用化学石膏代替天然石膏,用煤矸石、垃圾灰等代替天然黏土,用生活污泥、废轮胎等代替煤炭,即可减轻矿产资源消耗,又可处理固体废弃物。采用干法旋窑代替立窑、沸腾炉代替旋窑等,可以节约大量能耗。通过掺和粉煤灰、矿渣、火山灰等减少熟料的用量等,可以降低整体环境负荷。

(2)用非硅酸盐水泥代替硅酸盐水泥。譬如,新近研制成功的碱矿渣水泥和地聚合物水泥,以工业废渣或低温煅烧的黏土为原料,通过碱激发生成早强、高强、耐久的类水泥胶凝材料。不仅不产生二氧化碳、氮氧化物污染,而且节约资源、能源和延长使用寿命。又如,用水硬性石膏、菱苦土、再生塑料、硫黄等代替水泥,在很多场合也可满足使用要求,与环境的协调性比水泥要好得多。

(3)不用水泥而制作混凝土。譬如,用蒸汽或高压蒸汽直接将粉煤灰、炉渣、矿渣、尾矿工业废料与电石渣、化学石膏等工业废料反应合成,也生成类似混凝土的建筑制品。用石灰乳与二氧化碳反应生成碳酸钙的机理生产碳化石灰制品等,不仅不释放二氧化碳,而且还可固定二氧化碳。

(4)尽可能使用拆毁建筑物的废混凝土再生颗粒,做混凝土的粗、细骨料。

（5）将混凝土做成多孔结构，铺于地面，可以栽花种草，涵养城市降水；置于水体，可以净化水质，富集生物群落；做成建筑物，可以吸收噪音，降低建筑空调能耗，改善室内环境质量。

（6）通过精选骨料组成与级配、控制水泥有害成分、使用减水剂和矿物混合料、合理配筋、加强施工管理和保持正常维护等措施，提高混凝土制品的耐久性，延长建（构）筑物的使用寿命。

复合材料的生态之路

复合材料是指由两种或两种以上具有不同成分和特性的材料，按照设计的比例与结构组合而成的材料。典型的复合材料为玻璃纤维增强聚酯树脂，俗称为"玻璃钢"。另外，钢筋混凝土也是一种最常见的复合材料。复合材料由于具有性能最优化的条件，因此，与"单质"材料相比，一般具有质量轻、比强度高、比弹性模量大和使用寿命长等特点。从这种意义上讲，复合材料具有节约资源和能源的环境功能。但是，由于复合材料成分复杂，报废后难以再生，因此，又是一种环境负荷较重的材料。

复合材料的生态化问题可以从以下几个方向寻求解决：

（1）进一步强化复合材料的力学性质、化学稳定性和耐久性，通过节省制造过程中的资源消耗、使用阶段的能源消耗和延长一次性使用年限，来降低复合材料整个的生命周期环境负荷。如汽车上使用复合材料后，可以使车身重量降低 20%，每百千米燃油减少 1 升多，飞机、火箭使用复合材料可以降低自重 30%～40%，不仅减少燃料消耗，而且增加载物重量。

（2）采用仿生技术，制造具有自修复、自适应和自分解等"智慧"的智能环保型复合材料。如日本采用微胶囊技术，在弹性材料中分别装入含有黏合剂、固化剂、发泡剂和发泡引发剂等材料的微胶囊。当材料受力大于一定数值后，含黏合剂和固化剂的微胶囊破裂，黏合剂固化抵御应力破坏，被拉断的纤维可以自动焊接；当材料废弃不用后，含发泡剂和发泡引发剂的微胶囊在光、热、电、磁和辐射等外界刺激下破裂，使复合材料结构解体，便于回收再利用。

（3）开发便于反复使用和便于分离的复合材料。如利用液晶聚合物作纤维增强材料与树脂复合，当回收再利用时，纤维和树脂一起被粉碎、熔化、凝固后液晶材料会重新凝聚成纤维,如此反复多次,材料的性能也不会下降。又如,碳纤维具有较强的耐热性和抗化学腐蚀性,用此增强的塑料制品报废后,可以通过加热、溶剂溶解等措施,将塑料和碳纤维分离、分别回收和重新使用。

(4)扩大复合材料在能源、环保领域的应用。基于高性能、可设计的优势,复合材料可以在新能源开发、能源储存和海洋开发等对材料要求苛刻的领域大展宏图。质轻抗震、隔音防磁及隔热阻燃等性能的复合材料,可以为人们提供更加安全舒适的环境空间。

(5)大力开发废弃复合材料的回收利用技术和再生利用产品。鉴于复合材料直接再生比较困难,且往往经济上不合算的现实,可以在复合材料的梯度利用上下工夫。如用回收的复合汽车零部件,制成要求较低的安全帽,安全帽废弃后再模塑成家用电器外壳,家用电器外壳不用后,还可以通过干馏分解出燃料油,渣子可当作塑料填料。

(徐惠忠)

图书在版编目(CIP)数据

神奇的新材料/蒋民华主编. —济南:山东科学技术
出版社,2013.10(2020.9 重印)
　(简明自然科学向导丛书)
　ISBN 978-7-5331-7044-8

　Ⅰ.①神… Ⅱ.①蒋… Ⅲ.①材料科学—青年读物
②材料科学—少年读物　Ⅳ.①TB3-49

中国版本图书馆 CIP 数据核字(2013)第 205828 号

简明自然科学向导丛书

神奇的新材料

SHENQI DE XINCAILIAO

责任编辑:王晋辉
装帧设计:魏　然

主管单位:山东出版传媒股份有限公司
出　版　者:山东科学技术出版社
　　　　　地址:济南市市中区英雄山路 189 号
　　　　　邮编:250002　电话:(0531)82098088
　　　　　网址:www.lkj.com.cn
　　　　　电子邮件:sdkj@sdcbcm.com
发　行　者:山东科学技术出版社
　　　　　地址:济南市市中区英雄山路 189 号
　　　　　邮编:250002　电话:(0531)82098071
印　刷　者:天津行知印刷有限公司
　　　　　地址:天津市宝坻区牛道口镇产业园区一号路 1 号
　　　　　邮编:301800　电话:(022)22453180

规格:小 16 开(170mm×230mm)
印张:17　字数:250 千
版次:2013 年 10 月第 1 版　　2020 年 9 月第 3 次印刷
定价:29.80 元